# 建设工程检测见证取样员手册

(第三版)

潘延平 韩跃红 主编

中国建筑工业出版社

图书在版编目(CIP)数据

建设工程检测见证取样员手册/潘延平，韩跃红主编.
—3版.—北京：中国建筑工业出版社，2008
ISBN 978-7-112-08304-6

Ⅰ.建… Ⅱ.①潘…②韩… Ⅲ.建筑工程-质量检验-技术手册 Ⅳ.TU712-62

中国版本图书馆CIP数据核字(2008)第157370号

## 建设工程检测见证取样员手册
### （第三版）
潘延平 韩跃红 主编

\*

中国建筑工业出版社出版、发行(北京西郊百万庄)
各地新华书店、建筑书店经销
北京天成排版公司制版
廊坊市海涛印刷有限公司印刷

\*

开本：850×1168毫米 1/32 印张：11¾ 字数：304千字
2008年11月第三版 2018年1月第六十六次印刷
定价：30.00元
ISBN 978-7-112-08304-6
(17900)

**版权所有 翻印必究**
如有印装质量问题，可寄本社退换
(邮政编码 100037)

本书共有12章，主要内容有：建设工程检测管理规定、建筑材料检测、建筑及装修材料有害物质检测、建筑地基基础工程检测、主体结构工程检测、钢结构工程检测、建筑幕墙和门窗工程检测、建筑节能工程检测以及设备安装、市政工程检测等。

本书可作为建设单位施工单位和监理部门相关人员以及见证员、取样员的培训教材，也可作为工程技术人员的参考用书。

\* \* \*

责任编辑：周世明
责任设计：崔兰萍
责任校对：姜小莲　李欣慰

# 《建设工程检测见证取样员手册》
## （第三版）
## 编 委 会

**主　编：** 潘延平　韩跃红
**副主编：** 蔡　鹿　唐　民　乐嘉鲁　王　磊
**编　委**（按姓氏笔画为序）：

　　　　　丁　杰　　于开洋　　王　维　　王　滨
　　　　　付建明　　左蔚文　　纪怀钦　　李士宏
　　　　　周　东　　郑　建　　胡建华　　姚建阳
　　　　　桑　玫　　徐佳彦　　唐美红　　顾幽燕
　　　　　潘　红　　鞠琦奇

# 序

　　见证取样送样在建设工程质量检测工作中占有重要的地位，是保证建设工程质量检测工作公正性、科学性、权威性的首要环节。近年来，我国建设工程质量检测工作逐步形成规范，工程质量检测机构不断健全，检测网络逐步完善；特别在大中城市，基本上对建设工程施工全过程（包括土工、工程桩、建筑材料、混凝土结构、建筑幕墙等）实现了检测控制。但是随着工程建设任务的迅速发展，建筑市场的兴旺，特别是建筑施工队伍的不断壮大，一些施工企业素质低下，技术力量薄弱，对建筑施工的规范和质量标准缺乏了解，质量控制能力较差，致使原材料的取样或混凝土、砂浆试块制作中存在弄虚作假及不规范操作现象，导致检测单位检验结果不能正确反映工程实体质量。从而使工程上的不合格材料和实体质量问题得不到发现，给工程结构留下了不安全隐患。因此建设部要求建设工程质量检测必须强制执行见证取样送样的规定，以保证检测的结果能真实反映工程和原材料的质量。但是，见证取样毕竟是近年来出现的新事物，建筑业的领导、技术管理人员乃至作业者都不熟悉见证取样的基本内容。为了保证建设工程质量检测能严格按照见证取样送样制度的有关规定办事，必须加强对建设工程质量检测见证取样工作的普及辅导。为此在上海市建设委员会的指导下，上海市建设工程质量监督总站会同上海市建设工程质量检测中心编写了《建设工程质量检测见证取样员手册》一书，阐述了建设工程见证取样的目的意义、主要内容、基本程序、实施手续、监督管理以及理论依据。

　　该《手册》的编写为建设、设计、监理、施工、材料供应等单位的技术管理人员、质量监督站的监督人员和检测机构的检验人员搞好见证取样工作，确保质量检测真实性、准确性、公正性，以科学的数据正确反映工程质量提供方便，同时也是一本建设工程质量检测见证取样送样人员很好的统一培训教材。

姚 兵

1998年2月11日

# 第三版前言

建设工程检测见证取样制度在我国工程建设领域推行以来，得到了全社会的广泛关注和重视，在保障建设工程安全质量上发挥着越来越重要的作用，取得了显著的成绩。

为确保见证取样制度更好地实施，我们在1998年组织编写《建设工程质量检测见证取样员手册》（第一版）的基础上，2003年又进行了改版，形成了第二版。目前，本书已成为建设、监理、施工单位的技术人员以及质量监督人员和检测人员做好见证取样工作必备的工具书。

近年来，我国工程建设领域法制建设不断加强，建设工程检测实践经验不断丰富，新标准、新规范和新技术层出不穷，对见证取样工作提出了更高的要求，原《建设工程质量检测见证取样员手册》（第二版）中的很多内容已不能适应新形势的要求，需进一步改进和完善。我们在广泛征求政府主管部门、专家、见证人员和取样人员的基础上，对本书第二版进行了全面的修订，并根据业内人士的一致看法将此书第三版取名为《建设工程检测见证取样员手册》。

《建设工程检测见证取样员手册》（第三版）是在原《建设工程质量检测见证取样员手册》（第二版）的基础上编写的，与第二版相比，主要在以下几个方面作了较大的修改和补充：

一、根据有关部门规章和规范性文件调整了部分内容。如对"建设工程检测见证制度"内容进行了改写，在"文件汇编"中增加了部分相关文件。

二、新增了部分内容。根据新的建筑形势的需要，增加了

"建筑材料和装饰装修材料有害物质检测"、"建筑节能工程检测"、"通风与空调工程检测"和"市政道路工程检测"等章节。原"钢结构无损检测"更名为"钢结构工程检测",增加了"钢结构工程用钢"、"焊接材料"、"紧固件连接工程"和"网架节点承载力检验"的内容;原"结构混凝土"更名为"主体结构工程检测",增加了"结构混凝土钢筋保护层厚度检测"和"混凝土后置埋件现场力学性能检测"内容。

三、调整了部分章节的结构和内容。根据新标准对"水泥"、"建筑用砂"、"建筑用石"、"钢筋混凝土结构用钢"、"道路和基础回填材料"等章节进行了修订;各章节的结构也进行了重新编排,使本书更好地适用于见证取样实际工作;对第二版中存在的问题,本次修订也尽可能一一作了更正。

本书由上海市建设工程安全质量监督总站与上海市建设工程检测行业协会共同编写,编写中力求做到内容精炼,重点突出,有较强的针对性和实用性。由于编者水平所限,编写时间仓促,不妥之处在所难免,敬请广大读者批评指正。

2008 年 10 月

# 目 录

1 建设工程检测管理规定 ············································· 1
  1.1 建设工程检测管理规定 ········································ 1
  1.2 建设工程检测见证制度 ········································ 4
  1.3 建设工程检测结果处理 ········································ 8

2 建筑材料检测 ······················································ 17
  2.1 水泥 ························································ 17
  2.2 建筑用砂 ···················································· 24
  2.3 建筑用石 ···················································· 32
  2.4 混凝土 ······················································ 40
  2.5 建筑砂浆 ···················································· 56
  2.6 钢筋混凝土结构用钢 ·········································· 73
  2.7 钢筋焊接件 ·················································· 87
  2.8 钢筋机械连接件 ·············································· 96
  2.9 水泥基灌浆材料 ············································· 106
  2.10 砌墙砖和砌块 ·············································· 115
  2.11 道路和基础回填材料 ········································ 135
  2.12 防水材料 ·················································· 147

3 建筑材料和装饰装修材料有害物质检测 ····························· 170
  3.1 概述 ······················································· 170
  3.2 检验依据 ··················································· 171
  3.3 检验内容和使用要求 ········································· 172
  3.4 取样要求 ··················································· 174
  3.5 技术要求 ··················································· 180
  3.6 检测报告及不合格处理 ······································· 185

4 建筑地基基础工程检测 ············································ 186

  4.1 概述 ································································ 186
  4.2 依据标准 ························································ 187
  4.3 抽样要求 ························································ 187
  4.4 技术要求 ························································ 189
  4.5 检测报告 ························································ 193
5 主体结构工程检测 ····················································· 195
  5.1 结构混凝土抗压强度现场检测 ······························ 195
  5.2 砌筑砂浆抗压强度现场检测 ·································· 199
  5.3 结构混凝土钢筋保护层厚度检测 ···························· 202
  5.4 混凝土预制构件结构性能检测 ······························ 204
  5.5 混凝土后置埋件现场力学性能检测 ························ 210
6 钢结构工程检测 ························································ 219
  6.1 钢结构工程用钢 ················································ 219
  6.2 焊接材料 ························································ 225
  6.3 紧固件连接工程 ················································ 227
  6.4 网架节点承载力检验 ·········································· 230
  6.5 钢结构工程无损检测 ·········································· 231
7 建筑幕墙和门窗工程检测 ············································ 236
  7.1 建筑幕墙 ························································ 236
  7.2 建筑门窗 ························································ 248
8 建筑节能工程检测 ····················································· 254
  8.1 概述 ································································ 254
  8.2 依据标准 ························································ 255
  8.3 节能材料与设备的基本规定 ·································· 256
  8.4 检验内容及取样要求 ·········································· 258
  8.5 技术要求 ························································ 266
  8.6 检测报告 ························································ 274
9 通风与空调工程检测 ·················································· 275
  9.1 概述 ································································ 275
  9.2 依据标准 ························································ 276
  9.3 检验内容 ························································ 277

9.4 取样要求 ... 280
  9.5 技术要求 ... 282
  9.6 检测报告 ... 283
10 室内环境污染检测 ... 284
  10.1 概述 ... 284
  10.2 依据标准 ... 286
  10.3 抽样要求 ... 286
  10.4 技术要求 ... 289
  10.5 见证要点 ... 291
  10.6 检测报告及不合格处理 ... 292
11 市政道路工程检测 ... 293
  11.1 概述 ... 293
  11.2 依据标准 ... 293
  11.3 取样要求 ... 294
  11.4 技术要求 ... 295
  11.5 检测报告 ... 297
12 文件汇编 ... 298
  12.1 建设工程质量检测管理办法 ... 298
  12.2 上海市建筑工程质量监督管理办法 ... 307
  12.3 关于颁发《上海市建设工程质量检测见证取样送样暂行规定》的通知 ... 318
  12.4 关于颁发《上海市建设工程施工现场标准养护室管理规定》的通知 ... 320
  12.5 关于本市限期禁止工程施工使用现场搅拌砂浆的通知 ... 322
  12.6 关于推行使用《上海市建设工程检测合同示范文本（2008版）》的通知 ... 325
  12.7 关于加强水泥土搅拌桩质量管理的通知 ... 326
  12.8 关于转发建设部《关于印发〈房屋建筑工程和市政基础设施工程实行见证取样和送检的规定〉的通知》的通知 ... 327
  12.9 关于进一步加强本市建设工程检测管理的通知 ... 330
  12.10 关于加强混凝土同条件养护管理工作的通知 ... 333

12.11 关于进一步加强本市建设工程钢筋质量监督
　　　管理的通知……………………………………………… 334
12.12 关于印发《上海市建设工程材料监督管理告知要求》
　　　的通知…………………………………………………… 336
12.13 关于进一步加强预拌混凝土质量监督管理的通知……… 347
12.14 关于落实本市建设工程质量检测管理若干措施的通知… 349
12.15 关于印发《检测监督要点》的通知……………………… 354
12.16 关于进一步加强建筑门窗、玻璃质量管理的通知……… 359
12.17 关于在本市禁止使用海砂生产混凝土的紧急通知……… 364

# 1 建设工程检测管理规定

## 1.1 建设工程检测管理规定

### 1.1.1 概述

建设工程检测是指检测机构、建筑建材业企业、施工单位、监理单位、建设单位等检测活动相关单位依据国家有关法律法规、标准规范、规范性文件等的要求，确定建筑材料、构配件、设备器具及分部、分项工程等的质量或其他有关特性的全部活动。按检测对象的不同，建设工程检测可分为材料检测和工程检测；按检测地点的不同，建设工程检测可分为室内检测和现场检测。

建设工程检测是建筑活动的组成部分，是工程施工质量验收工作的重要内容。例如，《建筑地基基础工程施工质量验收规范》(GB 50202—2002)共有 7 条相关的强制性条文，其中 4 条涉及检测。检测是实施对工程质量和安全的监督管理的主要技术手段，检测工作的准确性和及时性直接影响到监管工作的有效性。检测工作贯穿于工程施工的全过程，直接关系人身健康、生命财产和城市安全，必须加强监督管理，确保检测工作质量。

### 1.1.2 建设工程检测机构及资质许可范围

建设工程检测机构是对社会出具建设工程检测数据或检测结论、具有独立法人资格的技术鉴证类中介机构。

根据原建设部《建设工程质量检测管理办法》，检测机构从

事下列检测业务,应当取得省、自治区、直辖市人民政府建设主管部门颁发的相应的资质证书:

1. 专项检测

（1）地基基础工程检测

① 地基及复合地基承载力静载检测;

② 桩的承载力检测;

③ 桩身完整性检测;

④ 锚杆锁定力检测。

（2）主体结构工程现场检测

① 混凝土、砂浆、砌体强度现场检测;

② 钢筋保护层厚度检测;

③ 混凝土预制构件结构性能检测;

④ 后置埋件的力学性能检测。

（3）建筑幕墙工程检测

① 建筑幕墙的气密性、水密性、风压变形性能、层间变位性能检测;

② 硅酮结构胶相容性检测。

（4）钢结构工程检测

① 钢结构焊接质量无损检测;

② 钢结构防腐及防火涂装检测;

③ 钢结构节点、机械连接用紧固标准件及高强度螺栓力学性能检测;

④ 钢网架结构的变形检测。

2. 见证取样检测

① 水泥物理力学性能检验;

② 钢筋（含焊接与机械连接）力学性能检验;

③ 砂、石常规检验;

④ 混凝土、砂浆强度检验;

⑤ 简易土工试验;

⑥ 混凝土掺加剂检验；

⑦ 预应力钢绞线、锚夹具检验；

⑧ 沥青、沥青混合料检验。

检测机构资质按照其承担的检测业务内容分为专项检测机构资质和见证取样检测机构资质。检测机构未取得相应的资质证书，不得承担上述检测业务。检测机构资质证书有效期为3年。

### 1.1.3 检测活动规则

根据原建设部《建设工程质量检测管理办法》，建设工程检测活动各相关单位应遵守下列要求：

1. 建设工程检测业务应由工程项目建设单位委托具有相应资质的检测机构进行检测，委托方与被委托方应当签订书面合同。

2. 检测机构不得转包检测业务。

3. 检测机构不得与行政机关，法律、法规授权的具有管理公共事务职能的组织以及所检测工程项目相关的设计单位、施工单位、监理单位有隶属关系或者其他利害关系。

4. 检测人员经过相关检测技术的培训，不得同时受聘于两个或者两个以上的检测机构。

5. 检测机构和检测人员不得推荐或者监制建筑材料、构配件和设备。

6. 检测试样的取样应当严格执行有关工程建设标准和国家有关规定，在建设单位或者工程监理单位监督下现场取样。提供质量检测试样的单位和个人，应当对试样的真实性负责。

7. 检测机构完成检测业务后，应当及时出具检测报告。检测报告经检测人员签字、检测机构法定代表人或者其授权的签字人签署，并加盖检测机构公章或者检测专用章后方可生效。检测报告经建设单位或者工程监理单位确认后，由施工单位归档。

8. 见证取样检测的检测报告中应当注明见证人单位及姓名。

9. 任何单位和个人不得明示或者暗示检测机构出具虚假检

测报告，不得篡改或者伪造检测报告。

10. 检测结果利害关系人对检测结果发生争议的，由双方共同认可的检测机构复检，复检结果由提出复检方报当地建设主管部门备案。

11. 检测机构跨省、自治区、直辖市承担检测业务的，应当向工程所在地的省、自治区、直辖市人民政府建设主管部门备案。

## 1.2 建设工程检测见证制度

### 1.2.1 概述

建设工程检测见证包括对检测取样、送检的见证和现场检测的见证。

材料检测包括检测委托、检测取样、检测操作和出具检测报告等过程，其中检测取样是直接影响检测工作质量的首要环节。由于取样工作通常在工地现场进行，检测样品的真实性、代表性和取样过程的规范性主要由建设单位或监理单位的见证人员进行监控，必须执行见证取样和送检制度。所谓见证取样和送检，是指在建设单位或工程监理单位人员的见证下，由施工单位的现场试验人员对工程中涉及结构安全的试块、试件和材料在现场取样，并送至有相应资质的检测机构进行检测。

工程检测的情况要复杂些。有的检测项目，如基桩承载力检测，是完全的现场检测，也不涉及检测取样；有的检测项目，如室内空气质量检测，既包括现场检测，又有室内检测，还要进行检测取样。为保证工程检测的规范性，建设单位或工程监理单位的见证人员应对工程检测的现场检测活动进行见证，对现场检测的关键环节进行旁站监督，对需要检测取样的，同样应做好见证取样和送检工作。

### 1.2.2 见证取样和送检的范围

根据原建设部《房屋建筑工程和市政基础设施工程实行见证取样和送检的规定》，涉及结构安全的试块、试件和材料见证取样和送检的比例不得低于有关技术标准中规定应取样数量的30%，下列试块、试件和材料必须实施见证取样和送检：

1. 用于承重结构的混凝土试块；
2. 用于承重墙体的砌筑砂浆试块；
3. 用于承重结构的钢筋及连接接头试件；
4. 用于承重墙的砖和混凝土小型砌块；
5. 用于拌制混凝土和砌筑砂浆的水泥；
6. 用于承重结构的混凝土中使用的掺加剂；
7. 地下、屋面、厕浴间使用的防水材料；
8. 国家规定必须实行见证取样和送检的其他试块、试件和材料。

上海市规定所有建设工程所使用的全部原材料及现场制作的混凝土、砂浆试块均实行见证取样和送检制度。

### 1.2.3 见证取样和送检的程序

1. 建设单位到工程质量监督机构办理质监手续时，应递交见证单位和见证人员书面授权书(表1.3-1)。每单位工程见证人员不得少于两人。授权书应同时递交给该工程的检测机构和施工单位。见证人员变动，建设单位应在其变动前书面告知该工程检测机构和施工单位，并报该工程的质量监督机构备案。

2. 在施工过程中，见证人员应按照见证取样和送检计划，对施工现场的取样和送检进行见证，取样人员应在试样或其包装上作出标识、封志。标识和封志应标明工程名称、取样部位、取样日期、样品名称和样品数量，并由见证人员和取样人员签字。见证人员应制作见证记录，并将见证记录归入施工技术档案。见证人员和取样人员应对试样的真实性和代表性负责。

3. 见证取样的试块、试件和材料送检时，见证人员应与施工单位送样人员共同将试样送达检测机构，或采取有效的封样措施送样。送检单位应填写检测委托单（表1.3-2），委托单应有见证人员和送检人员签字。

4. 检测机构收样人员应对检测委托单的填写内容及试样的状况进行检查，如委托单上注明封样的，还应检查试样上的标识和封志，确认无误后，在委托回执单上签认。

5. 检测机构应在检测报告中注明见证单位和取样单位的名称，以及见证人员和取样人员的姓名、证书编号。涉及到结构安全的检测项目结果为不合格时，检测机构应在一个工作日内上报工程质量监督机构，同时通知委托单位和见证单位。

上海市在实行见证取样和送检的基础上，推行见证单位、施工单位和供应单位三方确认制度。由施工单位负责通知供应单位参加检测取样的确认工作，三方根据采购合同或有关技术标准的要求，共同对样品的品种规格及外观质量情况、取样及制样过程、样品的留置及养护等情况进行确认（表1.3-3）。取样工作完成后，参与取样各方按商定的方法进行封样并填写检测委托单，见证人员和取样人员应对检测委托单当场签认，并注明是否封样。供应单位的确认人员可参与送检过程，可随时对混凝土、砂浆等试块的现场养护情况进行确认。

上海市还推行现场检测的见证制度。见证人员应对现场检测人员持证上岗情况进行检查，对现场检测的关键环节进行旁站监理，并在现场检测原始记录上签名确认。见证人员应制作现场检测的见证记录，见证记录应记录检测开始及结束时间、检测人员姓名及证书编号、主要检测设备的型号及其编号等信息；见证记录还应包括现场检测的影像资料，影像资料应能清晰地反映现场检测的见证情况，至少应有一张照片包含见证人员、检测人员、主要检测设备、受检对象和拍摄日期的影像信息。

### 1.2.4 见证人员和取样人员的基本要求和职责

1. 见证人应由建设单位或监理单位具备建筑施工试验知识的专业技术人员担任,并经培训考核并取得"见证人员证书",主要职责如下:

(1) 对检测取样的全过程进行旁站监控,并做好取样的见证记录;

(2) 对试样的封样和送检过程进行监督;

(3) 做好取样后的把关工作,确保合格的材料用于工程实体;

(4) 督促检查施工单位按要求建立和管理养护室;

(5) 对工程现场检测进行旁站见证,并做好工程现场检测的见证记录。

2. 施工单位取样人员应经培训考核并取得"取样人员证书",主要职责如下:

(1) 负责建筑材料的现场取样工作;

(2) 负责现场养护室的日常管理工作;

(3) 负责混凝土、砂浆、保温浆料等现场成型试件的制作、养护和保管等工作;

(4) 负责混凝土、砂浆、保温浆料等拌合物质量的现场检测工作;

(5) 负责与检测相关的测量设备的量值溯源或检验工作,并做好测量设备的维护保养。

### 1.2.5 见证取样和送检的管理

国务院建设行政主管部门对全国房屋建筑工程和市政基础设施工程的见证取样和送检工作实施统一监督管理。

县级以上地方人民政府建设行政主管部门对本行政区域内的房屋建筑工程和市政基础设施工程的见证取样和送检工作实施监

督管理。

检测机构试验室对无见证人签名的试验委托单及无见证人伴送的试件一律拒收，未注明见证单位和见证人的试验报告无效，不得作为质量保证资料和竣工验收资料，由工程质量监督机构指定检测机构重新检测。

## 1.3 建设工程检测结果处理

### 1.3.1 概述

建设单位收到检测报告后，应及时将检测报告交监理单位确认检测结果。项目监理机构应建立检测报告确认台账，检测报告经监理工程师确认后，由施工单位归档。

检测结果不合格的，项目监理机构应对检测结果不合格处理情况进行详细记录，对不合格处理过程进行全过程监控，并保存有关文件资料。

### 1.3.2 检测结果不合格处理

建筑材料、建筑构配件、设备器具检测结果不合格的，监理工程师应签发《监理工程师通知单》，书面通知施工单位限期将不合格品撤出施工现场。施工单位在监理人员的见证下完成不合格品撤离后，应由项目经理签发《监理工程师通知回复单》，书面回复有关的处理情况，并附有关证明材料，监理工程师应对回复内容及有关证明材料进行确认。

检测结果不合格的，可按下列方式进行处理：

1. 工程质量虽未达到标准或设计要求，但通过修补或更换设备器具后还可以达到要求的，经建设单位同意后，可以按一定的技术方案进行修补处理。

2. 工程质量未达到标准或设计要求，对结构的安全和使用构成重大影响，且无法进行修补处理的，应对相应工程作返工处理。

3. 工程质量虽未达到标准或设计要求构成质量事故，但经过分析论证、检测鉴定，对工程结构安全及使用影响不大的，经设计单位、建设单位同意，并采取相应措施后，可以不作其他处理。

上海市规定涉及到结构安全的检测项目结果为不合格时，检测机构应在一个工作日内上报质量监督机构，同时通知委托单位和见证单位；检测机构不得参与本机构检测项目的不合格处理，参与混凝土试块强度不合格处理的检测机构应由质量监督机构规定的程序随机选定；监理单位应通过检测信息管理系统对检测报告的真伪进行确认，并对检测结果进行确认。

### 1.3.3 检测报告确认

上海市规定在基桩、地基基础、主体结构、建筑节能及单位工程质量验收前，检测机构应向建设单位提交经单位负责人和技术负责人签认、加盖公章的《建设工程检测报告确认证明》（表1.3-4），证明应对检测的内容、项目和数量、检测结论进行汇总，并对以下情况进行详细说明：

1. 检测结果不合格情况；
2. 加倍复验或重新检测的情况；
3. 由于检测数量未达到规定要求，重新补充检测的情况；
4. 同一单位工程的同一检测项目重复出具检测报告的情况；
5. 相关规定、规范要求的检测参数的覆盖情况；
6. 在检测过程中发生的其他影响检测结论的情况。

工程建设、施工、监理、设计等相关单位应对《建设工程检测报告确认证明》中涉及的检测不合格问题及时处理和整改。待处理完毕后，方可进行工程质量验收。质量监督机构应将《建设工程检测报告确认证明》作为建设单位能否组织质量验收的条件之一。施工单位应把《建设工程检测报告确认证明》与相关检测报告一起归入质量竣工资料中。

表 1.3-1

# 见证单位及见证人员授权书

_____(建设工程质量监督站)
_____(检测机构):

现委托_____为本单位建设的_____工程见证单位,负责该工程见证取样送样工作。具体见证人员如下:

| 姓 名 | 技术职称 | 见证人证书编号 | 证书有效期 | 手机号码 | 本人签名 |
|--------|----------|----------------|------------|----------|----------|
|        |          |                |            |          |          |
|        |          |                |            |          |          |
|        |          |                |            |          |          |
|        |          |                |            |          |          |
|        |          |                |            |          |          |
|        |          |                |            |          |          |

见证单位地址_____邮编:_____
见证单位法定代表人姓名_____电话_____

委托单位_____(章)

               年 月 日

表 1.3-2

# 检 测 委 托 单

（适用于水泥、掺合料、外加剂、骨料、墙体材料、防水材料、节能材料等检测）

A-1-0706

委托编号：

| 合同登记编号 | | | | | | | |
|---|---|---|---|---|---|---|---|
| 工程名称 | | | | | 委托(甲)方 | | |
| 检测项目 | | | | | 检测方法 | □客户指定 □检测方指定 | |
| 送样人(甲方填写) | 样品名称 | 品种、型号 | 规格、等级 | 备案证号或有关证书号 | 生产厂家 | 批量、批号 | 生产日期代表数量 | 工程部位 | 样品(状态)说明 | 样品编号(乙方填写) |
| | | | | | | | | | | |
| | | | | | | | | | | |
| | | | | | | | | | | |
| | 见证单位 | | | | | 见证人 | 见证人证编号 | 联系电话 | |
| | 取样单位 | | | | | 取样人 | 取样员证编号 | 联系电话 | |
| | 取样方式 | □自取 □邮寄 □其他： | | | | 样品处理意见 | □废弃 □送样 □余样取回 | | |
| 承接人(乙方填写) | 样品外观检查 | □无异常 □有异常(详见备注) | | | | 类别 | □抽样 □比对 □特殊或复杂(需另行评审) | | |
| | 检测偏高 | □无偏离要求 □有偏离要求(详见备注) | | | | 分包项目 | | 分包单位 | |
| 承接(乙方)信息 | 附加条款 | 1. 对于送样检测，由取样员和见证人对样品的代表性和真实性负责；<br>2. 检测单位(乙方)仅对来样或(甲方)指定样品的承诺执行；<br>3. 协议完成时间按乙方公示规定执行；<br>4. 收费按物价局有关规定执行；<br>5. 委托单在送样人(代表甲方)和承接人(代表乙方)签字后生效。 | | | | | | | |
| 备注 | | | | | | | | | |

承接人：　　　　　　　　送样人：　　　　　　　　委托日期：

续表
A-2-0706

# 检 测 委 托 单

（适用于混凝土、砂浆、水泥土试块及灌浆材料的检测）

委托编号：

| 合同登记编号 | | | | 委托（甲）方 | | | | | 工程名称 | | |
|---|---|---|---|---|---|---|---|---|---|---|---|
| 检测项目 | □抗压 □抗渗 | | □抗折 □劈裂 | □轴心抗压 □配合比 □其他： | | | | | 检测方法 | □客户指定 □检测方方指定 | |
| 样品名称 | 样品规格(mm) | | 备案证编号 | 生产单位及代表数量 | 工程部位 | 强度等级 | 抗渗等级 | 制作日期 | 龄期 | 样品配比及要求 | 样品编号（乙方填写） |
| | □边长、□直径 | | | | | | | | | 养护条件 水泥用量(kg/m³) 水泥品种等级、强度、生产厂家 稠度(mm) | |
| 送样人（甲方）填写 | 150 | 100 70.7 其他： | | | | | | | | □标准养护 □自然养护 □同条件养护 | |
| | 150 | 100 70.7 其他： | | | | | | | | □标准养护 □自然养护 □同条件养护 | |
| | 150 | 100 70.7 其他： | | | | | | | | □标准养护 □自然养护 □同条件养护 | |
| | 150 | 100 70.7 其他： | | | | | | | | □标准养护 □自然养护 □同条件养护 | |
| | 150 | 100 70.7 其他： | | | | | | | | □标准养护 □自然养护 □同条件养护 | |
| 取报告方式 | 自取 □ 邮寄 □ | | | 其他： | | | | | | | |
| 见证单位 | | | | | | | 见证人 | | | 见证人证书号 | |
| 取样单位 | | | | | | | 取样员 | | | 取样员证书号 | |
| 承接人（乙方）填写 | 类别 | □送样 □油样 □比对 | | | □样契或复杂（需另行评审） | | 样品外观检查 | | | □无异常 □有异常（详见备注） | |
| | 检测偏离 | □无偏离要求 □有偏离要求 | | | 分包项目 | | 分包单位 | | | | |
| 承接信息（乙方）填写 | 附加条款 | | | | 1. 对于送样检测，由取样人和见证人（甲方）对来样的代表性和真实性负责；<br>2. 检测单（合同）按乙方公示或双方约定的承诺执行；<br>3. 收费按物价局有关规定执行；<br>4. 委托单在送样人（代表甲方）和承接人（代表乙方）签字后生效。 | | | | | 联系电话 联系电话 | |
| 备 注 | 原材料情况： | | | | | | | | | | |

送样人：　　　　　　　　　承接人：　　　　　　　　　委托日期：

续表

A-3-0706

# 检 测 委 托 单

(适用于道路和基础回填材料及道路的检测)

委托编号：

| 合同登记编号 | | | | | | |
|---|---|---|---|---|---|---|
| 工程名称 | | | | | | |
| 送样人(甲方)填写 | 样品名称 | 检测项目 | 样品规格 | 备案证号 | 生产厂家 | 委托(甲)方 |
| | | | | | | 检测方法 □客房指定 □检测方指定 |
| | | | | | | 取样时间 取样点桩定 取样点标高 代表数量 取样点部位 样品编号(乙方填写) |
| | | | | | | |
| | | | | | | |
| 取报告方式 | □自取 | □邮寄 | □其他 | | | |
| 见证单位 | | | | | 见证人 | 见证人证书号 联系电话 |
| 取样单位 | | | | | 取样员 | 取样员证书号 联系电话 |
| 承接人(乙方填写) | 样品外观检查 | □无异常 | □有异常(详见备注) | 类 别 | □送样 □油样 □现场 □比对 □特殊或复杂(需另行评审) | |
| | 检测偏离 | □无偏离要求 | □有偏离要求(详见备注) | 分包项目 | 分包单位 | |
| 检测(乙方)信息 | 附加条款 | 1. 对于送样检测，由取样员和见证人对样品的代表性和真实性负责；<br>2. 检测单位(乙方)仅对来样或(甲方)指定样品的承诺执行；<br>3. 协议完成时间按乙方公示规定执行；<br>4. 收费按物价局有关规定执行；<br>5. 委托单在送样人(代表甲方)和承接人(代表乙方)签字后生效。 | | | | |
| 备 注 | | | | | | |

送样人： 承接人： 委托日期：

续表

A-4-0706

# 检 测 委 托 单

(适用于钢筋原材、焊接件、机械连接件及钢结构原料、紧固件、预应力锚、夹具、连接器的检测)

委托编号：

| | | 委托(甲)方 | | | | | |
|---|---|---|---|---|---|---|---|
| 合同登记编号 | | | | | | | |
| 工程名称 | | | | | | | |
| 样品名称 | | | | | 检测项目 | | |

送样人(甲方)填写

| 序号 | 型号、等级或牌号 | 规格 | 准产证号或有关证书号 | 表面标识 | 生产厂家 | 批量批号 | 代表数量 | 工程部位 | 样品编号(乙方填写) |
|---|---|---|---|---|---|---|---|---|---|
| 1 | | | | | | | | | |
| 2 | | | | | | | | | |
| 3 | | | | | | | | | |
| 4 | | | | | | | | | |
| 5 | | | | | | | | | |

| 检测方法 | □检测方指定 □客户指定 | | | 样品处理意见 | □废弃 □余样取回 | |
|---|---|---|---|---|---|---|
| 取样方式 | □自取 □邮寄 □其他 | | | 其他要求 | | |
| 见证单位 | | 见证人 | | | 见证人证书号 | |
| 取样单位 | | 取样员 | | | 取样员证书号 | |

| 样品外观检查 | □无异常 □有异常(详见备注) | | 检测类别 | □送样 □抽样 □比对 □特殊或复杂需另行评审 | |
|---|---|---|---|---|---|
| 检测项目偏离 | □无偏离要求 □有偏离要求(详见备注) | | 分包项目 | | 分包单位 |

承接方(乙方)填写

| 承接方(乙方)信息 | | | 联系电话 | |
|---|---|---|---|---|
| | | | 联系电话 | |

附加条款

1. 对于送样检测，由取样员和见证人仅对来样或(甲方)指定样品的代表性和真实性负责；
2. 检测单位(乙方)对指定样品的承诺执行；
3. 协议完成时间按乙方公示的承诺规定执行；
4. 收费物价局有关规定执行；
5. 委托单在送样人(代表甲方)和承接人(代表乙方)签字后生效。

备注

承接人：　　　　　　　　　　　　　　送样人：　　　　　　　　　　　　　　委托日期：

表 1.3-3

# 建设工程检测取样确认表

编号：

| 工程名称 | | | |
|---|---|---|---|
| 工程地址 | | | |
| 见证单位名称 | | | |
| 施工单位名称 | | | |
| 供应单位名称 | | | |
| 备案证明和验证单编号 | | 生产许可证编号 | |
| 产品执行标准编号 | | 产品生产日期 | |
| 产品规格型号 | | 取样代表数量 | |
| 产品出厂编号 | | 产品出厂日期 | |
| 质量保证书编号 | | 销售合同编号 | |
| 取样依据标准编号 | | 取样日期 | |
| 试样数量 | | 代表部位 | |
| 见证人员签名 | | 见证人员证书编号 | |
| 取样人员签名 | | 取样人员证书编号 | |
| 供应单位确认人员签名 | | 供应单位确认人员证书编号 | |
| 备 注 | | | |

表1.3-4

# 建设工程检测报告确认证明

<table>
<tr><td rowspan="6">工程概况</td><td>工程名称</td><td colspan="4"></td></tr>
<tr><td>工程地址</td><td colspan="4"></td></tr>
<tr><td>委托单位</td><td colspan="4"></td></tr>
<tr><td>见证单位</td><td colspan="4"></td></tr>
<tr><td>检测机构</td><td>联系人</td><td></td><td>电话</td><td></td></tr>
<tr><td>验收部位</td><td>检测项目</td><td></td><td>检测总数</td><td></td></tr>
<tr><td>检测不合格信息</td><td colspan="5"></td></tr>
<tr><td>检测情况说明</td><td colspan="5"></td></tr>
<tr><td>检测机构承诺</td><td colspan="5">本单位根据"科学规范、诚实信用"原则开展检测工作，保证检测过程符合相关标准、规范、规程的要求，并对所提供的检测报告真实性和准确性负责。<br>本单位与所检测的工程项目相关的设计、施工、监理单位无隶属关系或其他利害关系。</td></tr>
<tr><td colspan="3">技术负责人：　　　　　年　月　日</td><td colspan="3" rowspan="2">检测机构公章：</td></tr>
<tr><td colspan="3">检测机构负责人：　　　年　月　日</td></tr>
</table>

填写说明：

1. 验收部位可填写：桩基、基础、主体结构、装饰装修工程等。
2. 检测项目可填写：建筑材料、地基基础、钢结构、主体结构、节能材料、装饰材料、门窗幕墙、通风空调等。
3. 本报告中不合格是指不符合相应设计、产品及验收标准要求。
4. 检测不合格信息应详细填写不合格的检测项目内容、检测参数、报告编号、检测日期等。
5. 检测情况说明一栏中应填写：
   (1) 检测中首次检测未达到设计及相关标准加倍复验或重新复验的情况；
   (2) 由于检测数量未达到相关要求，重新补充检测的情况；
   (3) 同一单位工程、同一检测项目重复或多次出具检测报告的情况；
   (4) 未按相关规定、规范要求覆盖检测参数的情况；
   (5) 在检测过程中发生的其他严重影响检测结论的情况。
   如无上述情况，就填写"无"。

# 2 建筑材料检测

## 2.1 水 泥

### 2.1.1 概述

水泥是一种细磨材料，与水混合形成塑性浆体后，能在空气中水化硬化，并能在水中继续硬化保持强度和体积稳定性的无机水硬性胶凝材料。它是建筑工程中重要的建筑材料之一，对工程建设起了巨大的推动作用。水泥不但大量用于工业和民用建筑工程中，而且广泛用于交通、水利、海港、矿山等工程。

水泥的品种繁多，按用途及性能分为通用水泥和特种水泥：

（1）通用水泥：一般土木建筑工程通常采用的水泥。以水泥的硅酸盐矿物名称命名，并可冠以混合材料名称或其他适当名称命名。例如：硅酸盐水泥、普通硅酸盐水泥、矿渣硅酸盐水泥等。

通用硅酸盐水泥的代号和强度等级详见表 2.1-1。

通用硅酸盐水泥的代号和强度等级　　　　表 2.1-1

| 品　　种 | 代号 | 强　度　等　级 |
|---|---|---|
| 硅酸盐水泥 | P·Ⅰ | 分为 42.5、42.5R、52.5、52.5R、62.5、62.5R 六个等级 |
| | P·Ⅱ | |
| 普通硅酸盐水泥 | P·O | 分为 42.5、42.5R、52.5、52.5R 四个等级 |

续表

| 品　种 | 代号 | 强　度　等　级 |
|---|---|---|
| 矿渣硅酸盐水泥 | P·S·A | 分为 32.5、32.5R、42.5、42.5R、52.5、52.5R 六个等级 |
| | P·S·B | |
| 火山灰质硅酸盐水泥 | P·P | |
| 粉煤灰硅酸盐水泥 | P·F | |
| 复合硅酸盐水泥 | P·C | 分为 32.5R、42.5、42.5R、52.5、52.5R 五个等级 |

通用硅酸盐水泥的适用范围详见表 2.1-2。

**通用硅酸盐水泥的适用范围**　　表 2.1-2

| 水泥品种 | 使　用　范　围 | |
|---|---|---|
| | 适用于 | 不宜用于 |
| 硅酸盐水泥 | 快硬、高强混凝土<br>预应力混凝土<br>道路、低温下施工的混凝土 | 大体积混凝土<br>耐热混凝土 |
| 普通硅酸盐水泥 | 适应性强，无特殊要求的工程都可以使用 | |
| 矿渣硅酸盐水泥 | 地面、水下、水中各种混凝土<br>耐热混凝土 | 快硬、高强混凝土<br>有抗渗要求混凝土 |
| 火山灰质硅酸盐水泥 | 地下工程、大体积混凝土、受侵蚀性介质作用的混凝土 | 受反复冻融及干湿变化作用的结构<br>长期干燥环境中<br>快硬、高强混凝土 |
| 粉煤灰硅酸盐水泥 | | |
| 复合硅酸盐水泥 | | 快硬、高强混凝土 |

（2）特种水泥：具有特殊性能或用途的水泥。以水泥的主要矿物名称、特性或用途命名，并可冠以不同型号或混合材料名称。例如：铝酸盐水泥、硫铝酸盐水泥、快硬硅酸盐水泥、低热矿渣硅酸盐水泥、G 级油井水泥等。

### 2.1.2　依据标准

1.《砌体结构工程施工质量验收规范》(GB 50203—2011)。
2.《混凝土结构工程施工质量验收规范》(GB 50204—2015)。

3.《建筑装饰装修工程质量验收规范》(GB 50210—2001)。

4.《通用硅酸盐水泥》(GB 175—2007)。

5.《水泥包装袋》(GB 9774—2010)。

6.《水泥取样方法》(GB 12573—2008)。

### 2.1.3 检验内容和使用要求

1. 检验内容

(1) 混凝土结构工程用水泥进场时,应对水泥的强度、安定性和凝结时间进行复验。

(2) 砌体工程用水泥进场使用前应分批对其强度、安定性进行复验。

(3) 建筑装饰装修工程抹灰和勾缝用水泥应对其凝结时间和安定性进行复验,饰面板(砖)粘贴用水泥还应对其抗压强度进行复验。

2. 使用要求

(1) 国家水泥产品实施工业产品生产许可证管理,水泥生产企业必须取得《全国工业产品生产许可证》。获证企业及其产品可通过国家质监总局网站 www.aqsiq.gov.cn 查询。

上海市对水泥产品实施建设工程材料备案管理,水泥生产企业必须取得《上海市建设工程材料备案证明》。获证企业及其产品可通过上海市建筑建材业网站 www.ciac.sh.cn "专题专栏"=>"建材管理"中查询。

(2) 上海市的重大工程,住宅工程以及商品混凝土搅拌站、水泥预制品生产企业,必须使用回转窑水泥,不得使用立窑水泥。

(3) 2004年1月1日起,上海市所有城镇区域内的建设工程禁止使用袋装水泥。

(4) 水泥在储存和运输工程中,应按不同强度等级、品种及出厂日期分别储运,水泥储存时应注意防潮,地面应铺放防水隔离材料或用木板加设隔离层。袋装水泥的堆放高度不得超过10袋。施工现场堆放的水泥应注明"合格"、"不合格"、"在检"、

"待检"等产品质量状态，注明该水泥生产企业名称、品种规格、进场日期及数量等内容，并以醒目标识标明。

（5）不同品种的水泥不能混合使用。虽然是同一品种的水泥，但强度等级不同，或出厂日期差距过久的也不能混合使用。

（6）水泥可以散装或袋装，袋装水泥每袋净含量为50kg，且不少于标志质量的99%；随机抽取20袋总质量（含包装袋）应不少于1000kg。其他包装形式由供需双方协商确定，但有关袋装质量要求，应符合上述规定。

水泥包装袋上应清楚标明：执行标准、水泥品种、代号、强度等级、生产者名称、生产许可证标志（QS）及编号、出厂编号、包装日期、净含量。包装袋两侧应根据水泥的品种采用不同的颜色印刷水泥名称和强度等级，硅酸盐水泥和普通硅酸盐水泥采用红色，矿渣硅酸盐水泥采用绿色，火山灰质硅酸盐水泥、粉煤灰硅酸盐水泥和复合硅酸盐水泥采用黑色或蓝色。散装发运时应提交与袋装标志相同内容的卡片。

### 2.1.4 取样要求

1. 取样批量

（1）混凝土结构工程用水泥应按同一生产厂家、同一强度等级、同一品种、同一批号且连续进场的水泥，袋装不超过200t为一批，散装不超过500t为一批，每批抽样不少于一次。

水泥进场检验，当满足下列条件之一时，其检验批容量可扩大一倍（检验批容量仅可扩大一次，扩大检验批后的检验中，出现不合格情况时，应按扩大前的检验批容量重新验收，且该产品不得再次扩大检验批容量）：

① 获得认证的产品；

② 同一厂家、同一品种、同一规格的水泥连续三次进场检验均一次检验合格的。

（2）砌体工程用水泥应以同一生产厂家、同一批号为一批，每批进行抽样。

(3) 建筑装饰装修工程用水泥应按同一生产厂家、同一品种、同一强度等级的进场水泥应至少抽取一组样品的规定进行复验,当合同另有约定时应按合同执行。

2. 取样数量和方法

(1) 水泥试样可连续取样,亦可从 20 个以上不同部位取等量样品,总量至少 12kg。袋装水泥可采用取样管取样,散装水泥可采用槽形管状取样器取样。

(2) 取样管取样：采用图 2.1-1 的取样管取样。随机选择 20 个以上不同的部位,将取样管插入水泥适当深度,用大拇指按住气孔,小心抽出取样管。将所取样品放入洁净、干燥、不易受污染的容器中。

(3) 槽形管状取样器取样：当所取水泥深度不超过 2m 时,采用图 2.1-2 的槽形管式取样器取样。通过转动取样器内管控开关,在适当位置插入水泥一定深度,关闭后小心抽出。将所取样品放入洁净、干燥、不易受污染的容器中。

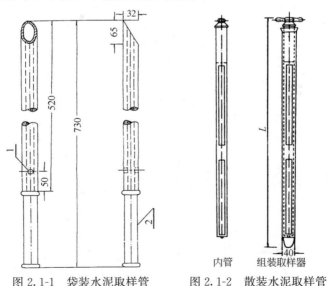

图 2.1-1　袋装水泥取样管　　图 2.1-2　散装水泥取样管

### 2.1.5 技术要求

1. 凝结时间

硅酸盐水泥初凝时间不小于 45min，终凝时间不大于 390min；普通硅酸盐水泥、矿渣硅酸盐水泥、火山灰质硅酸盐水泥、粉煤灰硅酸盐水泥和复合硅酸盐水泥初凝不小于 45min，终凝不大于 600min。

2. 安定性

沸煮法合格。

3. 强度

不同品种、不同强度等级的通用硅酸盐水泥，其不同龄期的强度应符合表 2.1-3 的规定。

通用硅酸盐水泥强度　　　　表 2.1-3

| 品　　种 | 强度等级 | 抗压强度（MPa） | | 抗折强度（MPa） | |
|---|---|---|---|---|---|
| | | 3d | 28d | 3d | 28d |
| 硅酸盐水泥 | 42.5 | ≥17.0 | ≥42.5 | ≥3.5 | ≥6.5 |
| | 42.5R | ≥22.0 | | ≥4.0 | |
| | 52.5 | ≥23.0 | ≥52.5 | ≥4.0 | ≥7.0 |
| | 52.5R | ≥27.0 | | ≥5.0 | |
| | 62.5 | ≥28.0 | ≥62.5 | ≥5.0 | ≥8.0 |
| | 62.5R | ≥32.0 | | ≥5.5 | |
| 普通硅酸盐水泥 | 42.5 | ≥17.0 | ≥42.5 | ≥3.5 | ≥6.5 |
| | 42.5R | ≥22.0 | | ≥4.0 | |
| | 52.5 | ≥23.0 | ≥52.5 | ≥4.0 | ≥7.0 |
| | 52.5R | ≥27.0 | | ≥5.0 | |
| 矿渣硅酸盐水泥 火山灰质硅酸盐水泥 粉煤灰硅酸盐水泥 | 32.5 | ≥10.0 | ≥32.5 | ≥2.5 | ≥5.5 |
| | 32.5R | ≥15.0 | | ≥3.5 | |
| | 42.5 | ≥15.0 | ≥42.5 | ≥3.5 | ≥6.5 |
| | 42.5R | ≥19.0 | | ≥4.0 | |
| | 52.5 | ≥21.0 | ≥52.5 | ≥4.0 | ≥7.0 |
| | 52.5R | ≥23.0 | | ≥4.5 | |
| 复合硅酸盐水泥 | 32.5R | ≥15.0 | ≥32.5 | ≥3.5 | ≥5.5 |
| | 42.5 | ≥15.0 | ≥42.5 | ≥3.5 | ≥6.5 |
| | 42.5R | ≥19.0 | | ≥4.0 | |
| | 52.5 | ≥21.0 | ≥52.5 | ≥4.0 | ≥7.0 |
| | 52.5R | ≥23.0 | | ≥4.5 | |

### 2.1.6 检测报告

水泥检测报告表式见表 2.1-4。

**《检测机构名称》**

水泥检测报告 C-15a-0806　　　　　　　　　　表 2.1-4

检测类别：　　　　　工程连续号：　　　　委托编号：
　　　　　　　　　　　　　　　　　　　　报告编号：

| 委托单位 | | | | |
|---|---|---|---|---|
| 工程名称 | | | | |
| 工程地址 | | | 委托日期 | |
| 施工单位 | | | 报告日期 | |

| 样品编号 | | 样品名称 | | 产品代号 | |
|---|---|---|---|---|---|
| 生产单位 | | | | 备案证号 | |
| 出厂编号 | | 代表数量 | | 强度等级 | |
| 工程部位 | | | | 检测日期 | |
| 检测方法 | | | | 评定依据 | |

| 检测参数 | 标准值 | 检测值 | 单项结果 |
|---|---|---|---|
| 细度(μm 筛析法) | ≤% | % | |
| 比表面积 | ≥m²/kg | m²/kg | |
| 初凝时间 | 不得早于 min | min | |
| 终凝时间 | 不得迟于 min | min | |
| 安定性 | 必须合格 | | |
| 标准稠度 | — | % | |

| 检测龄期 | 抗折强度/(MPa) | | | | 抗压强度/(MPa) | | | |
|---|---|---|---|---|---|---|---|---|
| | 标准值 | 检测值 | 平均值 | 单项结果 | 标准值 | 检测值 | 平均值 | 单项结果 |
| 3d | ≥ | | | | ≥ | | | |
| 28d | ≥ | | | | ≥ | | | |

| 见证单位 | | 见证人及证书号 | |
|---|---|---|---|
| 说明 | 1. 非本检测机构抽样的样品，本检测机构仅对来样的检测数据负责；<br>2. 未经本检测机构批准，部分复制本检测报告无效；<br>3. 由本检测机构抽样的样品按本检测机构抽样程序进行抽样、检测。 | | |
| 检测机构信息 | 1. 检测机构地址：<br>2. 联系电话：<br>3. 邮编： | 防伪校验码 | |
| 备注 | | | |

检测机构专用章：　批准/职务：　　/　　审核：　　　检测：

## 2.2 建筑用砂

### 2.2.1 概述

建筑用砂指适用于建筑工程中混凝土及其制品和建筑砂浆用砂，按产源分为天然砂、人工砂、混合砂。天然砂指由自然条件作用而形成的、公称粒径小于 5.00mm 的岩石颗粒，天然砂包括河砂、山砂、海砂；人工砂指经除土开采、机械破碎、筛分而形成公称粒径小于 5.00mm 的岩石颗粒；混合砂指由天然砂与人工砂按一定比例组合而成的砂。

### 2.2.2 依据标准

1.《砌体结构工程施工质量验收规范》（GB 50203—2011）。
2.《混凝土结构工程施工质量验收规范》（GB 50204—2015）。
3.《普通混凝土用砂、石质量及检验方法标准》（JGJ 52—2006）。
4.《普通混凝土配合比设计规程》（JGJ 55—2011）。
5.《砌筑砂浆配合比设计规程》（JGJ/T 98—2010）。

### 2.2.3 检验内容和使用要求

1. 检验内容

混凝土和砂浆用砂每验收批至少应进行颗粒级配、含泥量、泥块含量检验；对于海砂或有氯离子污染的砂，还应检验其氯离子含量；对于海砂，还应检验贝壳含量；对于人工砂及混合砂，还应检验石粉含量；对于重要工程及特殊工程，应根据工程要求增加检测项目；对于长期处于潮湿环境的重要混凝土结构所用的砂，应进行碱活性检验；对其他指标的合格性有怀疑时，应予检验。

2. 使用要求

（1）上海市对建筑用砂实施建设工程材料备案管理，建筑用砂生产企业必须取得《上海市建设工程材料备案证明》。获证企业及其产品可通过上海市建筑建材业网站 www.ciac.sh.cn "专题专栏"＝＞"建材管理"中查询。

（2）砂在运输、装卸和堆放过程中，应防止颗粒离析、混入杂质，并应按产地、种类、规格分别堆放。

（3）上海市建设工程中禁止使用特细砂；预拌（商品）混凝土中禁止使用细砂；外墙粉刷砂浆中禁止使用细砂；楼地面中细石混凝土和水泥砂浆面层禁止使用细砂。

（4）砌体砌筑砂浆和预制构件宜采用中砂。情况特殊采用细砂的，在使用前必须进行配合比等试验，有能保证强度、和易性的合理配合比后方可使用。

（5）监理单位应加强对工程用砂质量的监督。对进场使用的砂料应按照市建委"见证取样"的规定要求，督促施工单位严格按验收批次对工程使用砂的质量、配合比等进行检验。质量不合格的，不得允许其在工程中使用。

### 2.2.4 取样要求

1. 取样批量

（1）使用单位应按砂的同产地同规格分批验收。采用大型工具（如火车、货船或汽车）运输的，应以 400$m^3$ 或 600t 为一验收批；采用小型工具（如拖拉机等）运输的，应以 200$m^3$ 或 300t 为一验收批。不足上述量者，应按一验收批进行验收。

（2）当砂或石的质量比较稳定、进料量又较大时，可以 1000t 为一验收批。

（3）砂的数量验收，可按重量计算，也可按体积计算。测定重量，可用汽车地量衡或船舶吃水线；测定体积，可按车皮或船舶的容积为依据。采用其他小型运输工具时，可按量方确定。

2. 试样数量

对于每一单项检验项目，砂的每组样品取样数量应满足表

2.2-1 的规定。

**每一单项检验项目所需砂的最少取样质量**　　　　表 2.2-1

| 检验项目 | 最少取样质量(g) |
|---|---|
| 筛分析 | 4400 |
| 含泥量 | 4400 |
| 泥块含量 | 20000 |
| 石粉含量 | 1600 |
| 表观密度 | 2600 |
| 吸水率 | 4000 |
| 紧密密度和堆积密度 | 5000 |
| 含水率 | 1000 |
| 人工砂压碎值指标 | 分成公称粒级 5.00～2.50mm；2.50～1.25mm；1.25mm～630$\mu$m；630～315$\mu$m；315～160$\mu$m 每个粒级各需 1000g |
| 有机物含量 | 2000 |
| 云母含量 | 600 |
| 轻物质含量 | 3200 |
| 坚固性 | 分成公称粒级 5.00～2.50mm；2.50～1.25mm；1.25mm～630$\mu$m；630～315$\mu$m；315～160$\mu$m 每个粒级各需 100g |
| 硫化物及硫酸盐含量 | 50 |
| 氯离子含量 | 2000 |
| 贝壳含量 | 10000 |
| 碱活性 | 20000 |

注：当需要做多项检验时，可在确保样品经一项试验后不致影响其他试验结果的前提下，用同组样品进行多项不同的试验。

3. 取样方法

每验收批取样方法应按下列规定执行：

（1）从料堆上取样时，取样部位应均匀分布。取样前应先将取样部位表层铲除，然后由各部位抽取大致相等的砂 8 份，组成一组样品。

（2）从皮带运输机上取样时，应在皮带运输机机尾的出料处用接料器定时抽取砂 4 份组成一组样品。

(3) 从火车、汽车、货船上取样时,应从不同部位和深度抽取大致相等的砂 8 份,组成一组样品。

(4) 每组样品应妥善包装,避免细料散失,防止污染,并附样品卡片,标明样品的编号、取样时间、代表数量、产地、样品量、要求检验项目及取样方式等。

### 2.2.5 技术要求

1. 粗细程度及颗粒级配

(1) 砂的粗细程度按细度模数 $\mu_f$ 分为粗、中、细、特细四级,其范围应符合下列规定:

粗砂:3.1~3.7

中砂:2.3~3.0

细砂:1.6~2.2

特细砂:0.7~1.5

(2) 除特细砂外,砂的颗粒级配可按公称直径 $630\mu m$ 筛孔的累计筛余量(以质量百分率计),分成三个级配区(表 2.2-2),且砂的颗粒级配应处于表 2.2-2 中的某一区内。

砂颗粒级配区　　　　表 2.2-2

| 累计筛余(%)＼级配区<br>公称粒 | Ⅰ区 | Ⅱ区 | Ⅲ区 |
|---|---|---|---|
| 5.00mm | 10~0 | 10~0 | 10~0 |
| 2.50mm | 35~5 | 25~0 | 15~0 |
| 1.25mm | 65~35 | 50~10 | 25~0 |
| 630$\mu m$ | 85~71 | 70~41 | 40~16 |
| 315$\mu m$ | 95~80 | 92~70 | 85~55 |
| 160$\mu m$ | 100~90 | 100~90 | 100~90 |

(3) 砂的实际颗粒级配与标准规定的累计筛余相比,除公称直径为 5.00mm 和 $630\mu m$ 的累计筛余外,其余公称粒径的累计筛余可稍有超出分界线,但总超出量不应大于 5%。

(4) 当天然砂的实际颗粒级配不符合要求时,宜采取相应的技术措施,并经试验证明能确保混凝土质量后,方允许使用。

(5) 配制混凝土时宜优先使用Ⅱ区砂。当采用Ⅰ区砂时,应提高砂率,并保持足够的水泥用量,满足混凝土的和易性;当采用Ⅲ区砂时,宜适当降低砂率;当采用特细砂时,应符合相应的规定。

(6) 配置高强度混凝土时,砂的细度模数宜大于2.6。

(7) 泵送混凝土、大体积混凝土宜采用中砂,泵送混凝土用砂通过0.315mm筛孔的颗粒含量不应少于15%。

(8) 砌筑砂浆和水泥砂浆防水层用砂宜选用中砂,其中毛石砌体宜选用粗砂。

(9) 水泥砂浆面层用砂应为中粗砂。

2. 天然砂含泥量

(1) 天然砂中含泥量应符合表2.2-3的规定。

天然砂中含泥量  表2.2-3

| 混凝土强度等级 | ≥C60 | C55~C30 | ≤C25 |
|---|---|---|---|
| 含泥量(按质量计,%) | ≤2.0 | ≤3.0 | ≤5.0 |

(2) 对于有抗冻、抗渗或其他特殊要求的小于或等于C25混凝土用砂,其含泥量不应大于3.0%。

(3) 配置高强度混凝土时,砂的含泥量不应大于2.0%。

(4) 砌筑砂浆用砂的含泥量不应超过5%。强度等级为M2.5的水泥混合砂浆,砂的含泥量不应超过10%,水泥砂浆防水层用砂含泥量不得大于1%。

3. 泥块含量

(1) 砂中泥块含量应符合表2.2-4的规定。

砂中泥块含量  表2.2-4

| 混凝土强度等级 | ≥C60 | C55~C30 | ≤C25 |
|---|---|---|---|
| 泥块含量(按质量计,%) | ≤0.5 | ≤1.0 | ≤2.0 |

(2) 对于有抗冻、抗渗或其他特殊要求的小于或等于C25混

凝土用砂,其泥块含量不应大于1.0%。

4. 人工砂或混合砂石粉含量

人工砂或混合砂中石粉含量应符合表2.2-5的规定。

人工砂或混合砂中石粉含量　　　　表2.2-5

| 混凝土强度等级 | | ≥C60 | C55～C30 | ≤C25 |
|---|---|---|---|---|
| 石粉含量(%) | $MB<1.4$(合格) | ≤5.0 | ≤7.0 | ≤10.0 |
| | $MB≥1.4$(不合格) | ≤2.0 | ≤3.0 | ≤5.0 |

5. 坚固性

砂的坚固性应采用硫酸钠溶液检验,试样经5次循环后,其质量损失应符合表2.2-6的规定。

砂的坚固性指标　　　　表2.2-6

| 混凝土所处的环境条件及其性能要求 | 5次循环后的质量损失(%) |
|---|---|
| 在严寒及寒冷地区室外使用并经常处于潮湿或干湿交替状态下的混凝土<br>对于有抗疲劳、耐磨、抗冲击要求的混凝土<br>有腐蚀介质作用或经常处于水位变化区的地下结构混凝土 | ≤8 |
| 其他条件下使用的混凝土 | ≤10 |

6. 压碎指标

人工砂的总压碎指标值应小于30%。

7. 有害物质含量

(1) 当砂中含有云母、轻物质、有机物、硫化物及硫酸盐等有害物质时,其含量应符合表2.2-7的规定。

砂中的有害物质含量　　　　表2.2-7

| 项 目 | 质 量 指 标 |
|---|---|
| 云母含量(按质量计,%) | ≤2.0 |
| 轻物质含量(按质量计,%) | ≤1.0 |
| 硫化物及硫酸盐含量(折算成$SO_3$按质量计,%) | ≤1.0 |

续表

| 项　　目 | 质　量　指　标 |
|---|---|
| 有机物含量(用比色法试验) | 颜色不应深于标准色。当颜色深于标准色时，应按水泥胶砂强度试验方法进行强度对比试验，抗压强度比不应低于0.95 |

（2）对于有抗冻、抗渗要求的混凝土用砂，其云母含量不应大于1.0%。

（3）当砂中含有颗粒状的硫酸盐或硫化物杂质时，应进行专门检验，确认能满足混凝土耐久性要求后，方可采用。

8. 碱含量

对于长期处于潮湿环境的重要混凝土结构用砂，应采用砂浆棒(快速法)或砂浆长度法进行骨料的碱活性检验。经上述检验判断为有潜在危害时，应控制混凝土中的碱含量不超过 $3kg/m^3$，或采用能抑制碱—骨料反应的有效措施。

9. 氯离子含量

（1）对于钢筋混凝土用砂，其氯离子含量不得大于0.06%（以干砂的质量百分率计）。

（2）对于预应力混凝土用砂，其氯离子含量不得大于0.02%（以干砂的质量百分率计）。

10. 贝壳含量

（1）海砂中贝壳含量应符合表2.2-8的规定。

海砂中贝壳含量　　　　　表2.2-8

| 混凝土强度等级 | ≥C40 | C35～C30 | C25～C15 |
|---|---|---|---|
| 贝壳含量(按质量计，%) | ≤3 | ≤5 | ≤8 |

（2）对于有抗冻、抗渗或其他特殊要求的小于或等于C25混凝土用砂，其贝壳含量不应大于5%。

11. 含水量

现场拌制混凝土前，应测定砂含水率，并根据测试结果调整材料用量，提出施工配合比。

12. 复验

除筛分析外，当其余检测项目存在不合格项时，应加倍取样进行复验。当复验仍有一项不满足标准要求时，应按不合格品处理。

### 2.2.6 检测报告

普通混凝土用砂检测报告见表 2.2-9。

《检测机构名称》

普通混凝土用砂检测报告 C-12a-080　　　　表 2.2-9

委托编号：

检测类别：　　　　工程连续号：　　　　报告编号：

| 委托单位 | | | | | | | |
|---|---|---|---|---|---|---|---|
| 工程名称 | | | | | | | |
| 工程地址 | | | | | 委托日期 | | |
| 施工单位 | | | | | 报告日期 | | |
| 样品编号 | | 样品名称 | | | 样品规格 | | |
| 生产单位 | | | | | 备案证号 | | |
| 工程部位 | | | | | 代表数量 | | |
| 检测日期 | | 检测方法 | | | 评定依据 | | |

| | 筛孔公称直径 | 标准颗粒级配区 | | | 累计筛余/% | 检测项目 | | 检测结果 |
|---|---|---|---|---|---|---|---|---|
| | | Ⅰ区 | Ⅱ区 | Ⅲ区 | | | | |
| 1级配检测 | 10.0mm | 0 | 0 | 0 | | 2 | 表观密度/(kg/m³) | |
| | 5.00mm | 10〜0 | 10〜0 | 10〜0 | | 3 | 堆积密度/(kg/m³) | |
| | 2.50mm | 35〜5 | 25〜0 | 15〜0 | | 4 | 紧密密度/(kg/m³) | |
| | 1.25mm | 65〜35 | 50〜10 | 25〜0 | | 5 | 含水率/% | |
| | 630μm | 85〜71 | 70〜41 | 40〜16 | | 6 | 含泥量/% | |
| | 315μm | 95〜80 | 92〜70 | 85〜55 | | 7 | 泥块含量/% | |
| | 160μm | 100〜90 | 100〜90 | 100〜90 | | 8 | 云母含量/% | |
| | | | | | | 9 | 硫酸盐硫化物/% | |
| 10mm以上颗粒含量/% | | | | | | 10 | 贝壳含量/% | |
| | | | | | | 11 | 轻物质含量 | |
| 实测所属级配区 | | | | | | 12 | 坚固性重量损失/% | |
| | | | | | | 13 | 碱活性 | |
| | | | | | | 14 | 氯离子含量/% | |
| 细度模数 | | | | | | 15 | 压碎值指标/% | |
| | | | | | | 16 | 石粉含量(亚甲蓝试验) | |
| 检测结论 | | | | | | | | |

续表

| 见证单位 | | 见证人及证书号 | |
|---|---|---|---|
| 说明 | 1. 非本检测机构抽样的样品,本检测机构仅对来样的检测数据负责;<br>2. 未经本检测机构批准,部分复制本检测报告无效;<br>3. 由本检测机构抽样的样品按本检测机构抽样程序进行抽样、检测 | | |
| 检测机构信息 | 1. 检测机构地址:<br>2. 联系电话:<br>3. 邮编: | 防伪校验码 | |
| 备注 | | | |

检测机构专用章: 批准/职务: / 审核: 检测:

共 页 第 页

## 2.3 建筑用石

### 2.3.1 概述

建筑用石为建筑工程中水泥混凝土及其制品用石,由天然岩石或卵石经破碎、筛分而得的,公称粒径大于5.00mm的岩石颗粒。

### 2.3.2 依据标准

1.《混凝土结构工程施工质量验收规范》(GB 50204—2015)。

2.《普通混凝土用砂、石质量及检验方法标准》(JGJ 52—2006)。

3.《普通混凝土配合比设计规程》(JGJ 55—2011)。

### 2.3.3 检验内容和使用要求

1. 检验内容

混凝土用碎石或卵石每验收批至少应进行颗粒级配、含泥量、泥块含量、针片状颗粒含量检测;对于长期处于潮湿环境的重要混凝土结构用石,应进行碱活性检验;对于重要工程及特殊工程,应根据工程要求增加检测项目;对其他指标的合格性有怀疑时，应予检验。

2. 使用要求

（1）混凝土中用石，其最大颗粒粒径不得超过构件截面最小尺寸的 1/4，且不得超过钢筋最小净间距的 3/4；对混凝土实心板，石的最大粒径不宜超过板厚的 1/3，且不得超过 40mm。

（2）上海市对建筑用石实施建设工程材料备案管理，建筑用石生产企业必须取得《上海市建设工程材料备案证明》。获证企业及其产品可通过上海市建筑建材业网站 www.ciac.sh.cn"专题专栏"=>"建材管理"中查询。

（3）石在运输、装卸和堆放过程中，应防止颗粒离析、混入杂质，并应按产地、种类、规格分别堆放。碎石或卵石的堆料高度不宜超过 5m，对于单粒级或最大粒径不超过 20mm 的连续粒级，其堆料高度可增加到 10m。

### 2.3.4 取样要求

1. 取样批量

（1）使用单位应按石的同产地同规格分批验收。采用大型工具（如火车、货船或汽车）运输的，应以 400m³ 或 600t 为一验收批；采用小型工具（如拖拉机等）运输的，应以 200m³ 或 300t 为一验收批。不足上述量者，应按一验收批进行验收。

（2）当石的质量比较稳定、进料量又较大时，可以 1000t 为一验收批。

（3）石的数量验收，可按重量计算，也可按体积计算。测定重量，可用汽车地量衡或船舶吃水线；测定体积，可按车皮或船舶的容积为依据。采用其他小型运输工具时，可按量方确定。

2. 试样数量

对于每一单项检验项目，碎石或卵石的每组样品取样数量应满足表 2.3-1 的规定。

每一单项检验项目所需碎石或卵石的最小取样重量(kg)  表 2.3-1

| 试 验 项 目 | 最大公称粒径(mm) | | | | | | | |
|---|---|---|---|---|---|---|---|---|
| | 10.0 | 16.0 | 20.0 | 25.0 | 31.5 | 40.0 | 63.0 | 80.0 |
| 筛分析 | 8 | 15 | 16 | 20 | 25 | 32 | 50 | 64 |
| 含泥量 | 8 | 8 | 24 | 24 | 40 | 40 | 80 | 80 |
| 泥块含量 | 8 | 8 | 24 | 24 | 40 | 40 | 80 | 80 |
| 针、片状含量 | 12 | 4 | 8 | 12 | 20 | 40 | — | — |
| 表观密度 | 8 | 8 | 8 | 8 | 12 | 16 | 24 | 24 |
| 含水率 | 2 | 2 | 2 | 2 | 3 | 3 | 4 | 6 |
| 吸水率 | 8 | 8 | 16 | 16 | 16 | 24 | 24 | 32 |
| 堆积密度、紧密密度 | 40 | 40 | 40 | 40 | 80 | 80 | 120 | 120 |
| 硫化物及硫酸盐 | 1.0 | | | | | | | |

注：1. 有机物含量、坚固性、压碎值指标及碱-骨料反应检验，应按试验要求的粒级及重量取样。

2. 当需要做多项检验时，可在确保样品经一项试验后不致影响其他试验结果的前提下，用同组样品进行多项不同的试验。

3. 取样方法

每验收批取样方法应按下列规定执行：

（1）从料堆上取样时，取样部位应均匀分布。取样前应先将取样部位表层铲除，然后由各部位抽取大致相等的石 16 份，组成一组样品。

（2）从皮带运输机上取样时，应在皮带运输机机尾的出料处用接料器定时抽取石 8 份组成一组样品。

（3）从火车、汽车、货船上取样时，应从不同部位和深度抽取大致相等的石 16 份，组成一组样品。

（4）每组样品应妥善包装，避免细料散失，防止污染，并附样品卡片，标明样品的编号、取样时间、代表数量、产地、样品量、要求检验项目及取样方式等。

### 2.3.5 技术要求

1. 颗粒级配

(1)碎石或卵石的颗粒级配，应符合表 2.3-2 的规定，混凝土用石应采用连续粒级。

碎石或卵石的颗粒级配范围　　　　表 2.3-2

| 级配情况 | 公称粒级(mm) | 累计筛余，按质量(%) ||||||||||
|---|---|---|---|---|---|---|---|---|---|---|---|---|
| | | 方孔筛筛孔边长尺寸(mm) ||||||||||
| | | 2.36 | 4.75 | 9.5 | 16.0 | 19.0 | 26.5 | 31.5 | 37.5 | 53 | 63 | 75 | 90 |
| 连续粒级 | 5~10 | 95~100 | 80~100 | 0~15 | 0 | — | — | — | — | — | — | — | — |
| | 5~16 | 95~100 | 85~100 | 30~60 | 0~10 | 0 | — | — | — | — | — | — | — |
| | 5~20 | 95~100 | 90~100 | 40~80 | — | 0~10 | 0 | — | — | — | — | — | — |
| | 5~25 | 95~100 | 90~100 | — | 30~70 | — | 0~5 | 0 | — | — | — | — | — |
| | 5~31.5 | 95~100 | 90~100 | 70~90 | — | 15~45 | — | 0~5 | 0 | — | — | — | — |
| | 5~40 | — | 95~100 | 70~90 | — | 30~65 | — | — | 0~5 | 0 | — | — | — |
| 单粒级 | 10~20 | — | 95~100 | 85~100 | — | 0~15 | 0 | — | — | — | — | — | — |
| | 16~31.5 | — | 95~100 | — | 85~100 | — | — | 0~10 | 0 | — | — | — | — |
| | 20~40 | — | — | 95~100 | — | 80~100 | — | — | 0~10 | 0 | — | — | — |
| | 31.5~63 | — | — | 95~100 | — | — | 75~100 | 45~100 | — | — | 0~10 | 0 | — |
| | 40~80 | — | — | — | — | 95~100 | — | — | 70~100 | — | 30~60 | 0~10 | 0 |

(2)单粒级宜用于组合成满足要求的连续粒级；也可与连续粒级混合使用，以改善其级配或配成较大粒度的连续粒级。

(3)当卵石的颗粒级配不符合表 2.3-2 的要求时，应采取措施并经试验证实能确保工程质量后，方允许使用。

(4)配制抗渗、抗冻混凝土时宜采用连续级配，抗渗混凝土其碎石最大粒径不宜大于 40mm。

(5) 对于强度等级为C60的混凝土，最大粒径不应大于31.5mm，对强度等级高于C60级的混凝土，其最大粒径不应大于25mm。

(6) 泵送混凝土、大体积混凝土碎石宜采用连续级配，泵送混凝土碎石最大粒径与输送管径之比宜符合下列要求：泵送高度小于50m时，小于等于1∶3.0；泵送高度50～100m时，小于等于1∶4.0；泵送高度大于100m时，小于等于1∶5.0。

2. 针、片状颗粒含量

(1) 碎石或卵石中针、片状颗粒含量应符合表2.3-3的规定。

**针、片状颗粒含量** 表2.3-3

| 混凝土强度等级 | ≥C60 | C55～C30 | ≤C25 |
|---|---|---|---|
| 针、片状颗粒含量（按质量计，%） | ≤8 | ≤15 | ≤25 |

(2) 对高强混凝土，碎石中针、片状颗粒含量不宜大于5.0%。

(3) 对泵送混凝土，碎石中针、片状颗粒含量不宜大于10%。

3. 含泥量

(1) 碎石中含泥量应符合表2.3-4的规定。

**碎石或卵石中含泥量** 表2.3-4

| 混凝土强度等级 | ≥C60 | C55～C30 | ≤C25 |
|---|---|---|---|
| 含泥量（按质量计，%） | ≤0.5 | ≤1.0 | ≤2.0 |

(2) 对于有抗冻、抗渗或其他特殊要求的混凝土，其所用碎石中含泥量不应大于1.0%。

(3) 当碎石的含泥是非黏土质的石粉时，其含泥量可由表2.3-4的0.5%、1.0%、2.0%，分别提高到1.0%、1.5%、3.0%。

4. 泥块含量

(1) 碎石中泥块含量应符合表2.3-5的规定。

(2) 对于有抗冻、抗渗或其他特殊要求的强度等级小于C30的混凝土，其所用碎石中泥块含量不应大于0.5%。

**碎石或卵石中泥块含量**　　　　　　　表 2.3-5

| 混凝土强度等级 | ≥C60 | C55～C30 | ≤C25 |
|---|---|---|---|
| 泥块含量(按质量计，%) | ≤0.2 | ≤0.5 | ≤0.7 |

5．强度

(1) 碎石的强度可用岩石的抗压强度和压碎值指标表示。

(2) 当混凝土强度等级大于或等于 C60 时，应进行岩石抗压强度检验。岩石的抗压强度应比所配制的混凝土强度至少高 20％。

(3) 岩石强度首先应由生产单位提供，工程中可采用压碎值指标进行质量控制。碎石的压碎值指标应符合表 2.3-6 的规定。

**碎石的压碎值指标**　　　　　　　表 2.3-6

| 岩石品种 | 混凝土强度等级 | 碎石压碎值指标(％) |
|---|---|---|
| 沉积岩 | C60～C40 | ≤10 |
|  | ≤C35 | ≤16 |
| 变质岩或深成的火成岩 | C60～C40 | ≤12 |
|  | ≤C35 | ≤20 |
| 喷出的火成岩 | C60～C40 | ≤13 |
|  | ≤C35 | ≤30 |

注：沉积岩包括石灰岩、砂岩等；变质岩包括片麻岩、石英岩等；深成的火成岩包括花岗岩、正长岩、闪长岩和橄榄岩等；喷出的火成岩包括玄武岩和辉绿岩等。

(4) 卵石的强度可用压碎值指标表示，其压碎值指标宜符合表 2.3-7 的规定。

**碎石的压碎值指标**　　　　　　　表 2.3-7

| 混凝土强度等级 | C60～C40 | ≤C35 |
|---|---|---|
| 压碎值指标(％) | ≤12 | ≤16 |

6．坚固性

碎石或卵石的坚固性应用硫酸钠溶液法检验，试样经 5 次循环后，其质量损失应符合表 2.3-8 的规定。

**碎石或卵石的坚固性指标** 表 2.3-8

| 混凝土所处的环境条件及其性能要求 | 5次循环后的质量损失(%) |
|---|---|
| 在严寒及寒冷地区室外使用,并经常处于潮湿或干湿交替状态下的混凝土;有腐蚀性介质作用或经常处于水位变化区的地下结构或有抗疲劳、耐磨、抗冲击等要求的混凝土 | ≤8 |
| 在其他条件下使用的混凝土 | ≤12 |

7. 有害物质含量

当碎石或卵石中含有颗粒状硫酸盐或硫化物杂质时,应进行专门检验,确认能满足混凝土耐久性要求后,方可采用。碎石或卵石中的硫化物和硫酸盐含量以及卵石中有机物等有害物质含量,应符合表2.3-9要求。

**建筑用石中的有害物质含量** 表 2.3-9

| 项　　目 | 质　量　要　求 |
|---|---|
| 硫化物及硫酸盐含量(折算成 $SO_3$,按质量计,%) | ≤1.0 |
| 卵石中有机物含量(用比色法试验) | 颜色应不深于标准色。当颜色深于标准色时,应配置成混凝土进行强度对比试验,抗压强度比应不低于0.95 |

8. 碱活性检验

(1) 对于长期处于潮湿环境的重要结构混凝土,其所使用的碎石或卵石应进行碱活性检验。

(2) 当判定骨料存在碱—碳酸盐反应危害时,不宜用作混凝土骨料;否则,应通过专门的混凝土试验,做最后评定。

(3) 当判定骨料存在潜在碱—硅反应危害时,应控制混凝土中的碱含量不超过 $3kg/m^3$,或采用能抑制碱—骨料反应的有效措施。

9. 含水量

现场拌制混凝土前,应测定石含水率,并根据测试结果调整材料用量,提出施工配合比。

10. 复验

除筛分析外,当其余检测项目存在不合格项时,应加倍取样进行复验。当复验仍有一项不满足标准要求时，应按不合格品处理。

### 2.3.6 检测报告

普通混凝土用石检测报告表式见表2.3-10。

《检测机构名称》

普通混凝土用石检测报告 C-11a-0806　　表 2.3-10

| 检测类别： | 工程连续号： | 委托编号：<br>报告编号： | | | | | |
|---|---|---|---|---|---|---|---|
| 委托单位 | | | | | | | |
| 工程名称 | | | | | | | |
| 工程地址 | | | | 委托日期 | | | |
| 施工单位 | | | | 报告日期 | | | |

| | 样品编号 | | 样品名称 | | | 种类规格 | |
|---|---|---|---|---|---|---|---|
| | 生产单位 | | | | | 备案证号 | |
| | 工程部位 | | | | | 代表数量 | |
| | 检测日期 | | 检测方法 | | | 评定依据 | |

<table>
<tr><th rowspan="2">1级配检测</th><th>筛孔公称直径/mm</th><th colspan="4">标准颗粒级配区</th><th rowspan="2">/mm</th><th rowspan="2">累计筛余/%</th><th colspan="2">检测项目</th><th>检测结果</th></tr>
<tr><td>5～16/mm</td><td>5～25/mm</td><td>5～31.5/mm</td><td>5～40/mm</td><td>2</td><td>表观密度/(kg/m³)</td><td></td></tr>
<tr><td>2.50</td><td>95～100</td><td>95～100</td><td>95～100</td><td>—</td><td></td><td>3</td><td>含水率/%</td><td></td></tr>
<tr><td>5.00</td><td>85～100</td><td>90～100</td><td>90～100</td><td>95～100</td><td></td><td>4</td><td>吸水率/%</td><td></td></tr>
<tr><td>10.0</td><td>30～60</td><td>—</td><td>70～90</td><td>70～90</td><td></td><td>5</td><td>堆积密度/(kg/m³)</td><td></td></tr>
<tr><td>16.0</td><td>0～10</td><td>30～70</td><td>—</td><td>—</td><td></td><td>6</td><td>紧密密度/(kg/m³)</td><td></td></tr>
<tr><td>20.0</td><td>0</td><td>—</td><td>15～45</td><td>30～65</td><td></td><td>7</td><td>含泥量/%</td><td></td></tr>
<tr><td>25.0</td><td>—</td><td>0～5</td><td>—</td><td>—</td><td></td><td>8</td><td>泥块含量/%</td><td></td></tr>
<tr><td>31.5</td><td>—</td><td>0</td><td>0～5</td><td>—</td><td></td><td>9</td><td>针片状颗粒含量/%</td><td></td></tr>
<tr><td>40.0</td><td>—</td><td>—</td><td>0</td><td>0～5</td><td></td><td>10</td><td>有机物含量/%</td><td></td></tr>
<tr><td>50.0</td><td>—</td><td>—</td><td>—</td><td>0</td><td></td><td>11</td><td>坚固性总质量损失/%</td><td></td></tr>
<tr><td colspan="2">实测级配范围/mm</td><td colspan="4"></td><td>13</td><td>压碎值指标/%</td><td></td></tr>
<tr><td colspan="2"></td><td colspan="4"></td><td>14</td><td>碱活性</td><td></td></tr>
<tr><td colspan="2">检测结论</td><td colspan="7"></td></tr>
</table>

| 见证单位 | | 见证人及证书号 | |
|---|---|---|---|
| 说明 | 1. 非本检测机构抽样的样品，本检测机构仅对来样的检测数据负责；<br>2. 未经本检测机构批准，部分复制本检测报告无效；<br>3. 由本检测机构抽样的样品按本检测机构抽样程序进行抽样、检测 | | |
| 检测机构信息 | 1. 检测机构地址：<br>2. 联系电话：<br>3. 邮编： | 防伪校验码 | |
| 备注 | | | |

检测机构专用章：　　　批准/职务：　　　/　　　审核：　　　检测：

共 页 第 页

## 2.4 混 凝 土

### 2.4.1 概述

混凝土是由胶凝材料、水、粗细骨料,按适当比例配合,必要时掺入一定数量的外加剂和矿物掺合料,经均匀搅拌、密实成型和养护硬化而成的人造石材。

混凝土的原材料丰富、成本低,具有适应性强、抗压强度高、耐久性好、施工方便,且能消纳大量的工业废料等优点,是各项建设工程不可缺少的重要的工程材料。

根据表观密度分类,混凝土可分为重混凝土、普通混凝土、轻混凝土等;根据采用胶凝材料的不同,混凝土可分为水泥混凝土、石膏混凝土、沥青混凝土、聚合物水泥混凝土、水玻璃混凝土等;按生产工艺和施工方法分类,可分为泵送混凝土、喷射混凝土、压力混凝土、离心混凝土、碾压混凝土等;按使用功能可分为结构混凝土、水工混凝土、道路混凝土、特种混凝土等。

根据拌合方式的不同,混凝土分为自拌混凝土和预拌混凝土。自拌混凝土是指将原材料(水泥、砂、石等)运送到施工现场,在施工现场人工加水后拌合使用的混凝土。由于原材料质量不稳定、施工现场存储环境不良以及混合比例不精确,自拌混凝土质量波动较大,文明施工程度低并容易造成污染环境。预拌混凝土是指水泥、砂、石、水以及根据需要掺入的外加剂、矿物掺合料等组分按一定比例,在搅拌站经计量、集中拌制后出售的并采用搅拌运输车,在规定时间内运至使用地点的混凝土拌合物。

### 2.4.2 依据标准

1.《混凝土结构工程施工质量验收规范》(GB 50204—2015)。
2.《地下防水工程质量验收规范》(GB 50208—2011)。

3.《建筑地面工程施工质量验收规范》(GB 50209—2010)。
4.《人民防空工程施工及验收规范》(GB 50134—2004)。
5.《混凝土强度检验评定标准》(GB/T 50107—2010)。
6.《预拌混凝土》(GB 14902—2012)。
7.《普通混凝土配合比设计规程》(JGJ 55—2011)。

### 2.4.3 检验内容和使用要求

1. 检验内容

（1）配合比

混凝土配合比设计应满足混凝土配制强度及其他力学性能、拌合物性能、长期性能和耐久性能的设计要求。

（2）强度

检验评定混凝土强度时，应采用28d或设计规定龄期的标准养护试件。

① 立方体抗压强度

立方体抗压强度标准值系指按照标准方法制作养护的边长为150mm的立方体试件，在28d龄期用标准试验方法测得的具有95%保证率的抗压强度。混凝土强度等级应按立方体抗压强度标准值确定，包括C10、C15、C20、C25、C30、C35、C40、C45、C50、C55、C60、C65、C70、C75、C80、C85、C90、C95、C100 19个强度等级。

结构实体混凝土强度应按不同强度等级分别检验，检验方法宜采用同条件养护试件方法；当未取得同条件养护试件强度或同条件养护试件强度不符合要求时，可采用回弹-取芯法进行检验。混凝土强度检验时的等效养护龄期可取日平均温度逐日累计达到600℃·d时所对应的龄期，且不应小于14d。日平均温度为0℃及以下的龄期不计入。对于设计规定标准养护试件验收龄期大于28d的大体积混凝土，混凝土实体强度检验的等效养护龄期也应相应按比例延长，如规定龄期为60d时，等效养护龄期的度日积为1200℃·d。

② 抗折强度

混凝土抗折强度是指混凝土的抗弯拉强度。混凝土抗弯拉强度应符合设计要求。

（3）抗水渗透性能

混凝土抵抗压力水渗透的性能，称为混凝土的抗水渗透性能。抗水渗透试验所用试件应按现行国家标准《普通混凝土力学性能试验方法标准》GB/T 50081 中的规定制作和养护。混凝土抗水渗透性能分为：P4、P6、P8、P10、P12、＞P12，6 个等级。混凝土抗水渗透性能应满足设计要求，应按现行行业标准《混凝土耐久性检验评定标准》JGJ/T 193 的规定检验评定。

（4）混凝土拌合物稠度

对于骨料最大粒径不大于 40mm、坍落度不小于 10mm 的混凝土拌合物以坍落度法测定其稠度；对于骨料最大粒径不大于 40mm、坍落度不小于 160mm 的混凝土拌合物以扩展度法测定其稠度；对于骨料最大粒径不大于 40mm、维勃稠度在 5～30s 的混凝土拌合物以维勃稠度法测试其干硬性。混凝土拌合物稠度应满足施工方案的要求。

2. 使用要求

（1）上海市市区范围内的以下建设工程（结构部位）必须使用预拌混凝土浇捣。

① 钻孔灌注桩（单桩混凝土浇灌量小于 15m$^3$ 的除外）、现场预制桩等桩基工程；钢筋混凝土结构的基坑围护工程。

② 高层建筑的基础工程、主体结构工程。

③ 单、多层混合结构、框架结构，其混凝土一次浇灌量 30m$^3$ 以上（含 30m$^3$）的基础工程、主体结构工程。

④ 混凝土一次浇灌量 30m$^3$ 以上（含 30m$^3$）的市政工程。

（2）上海郊县（区）（含闵行、宝山、嘉定三区）范围内高层建筑的基础工程、主体结构工程必须使用预拌混凝土浇捣。

（3）凡违反以上（1）和（2）规定的建设单位、施工单位，由上海市建筑业管理办公室责令其限期改正，对未使用预拌混凝土浇捣的工程部位由有资质的检测机构进行非破损检测，鉴定其质量,并按有关规定予以处理。

(4)上海市对预拌混凝土实施建设工程材料备案管理,预拌混凝土生产企业必须取得《上海市建设工程材料备案证明》。获证企业及其产品可通过上海市建筑建材业网站 www.ciac.sh.cn "专题专栏"=>"建材管理"中查询。

(5)上海市规定供应的每批预拌混凝土必须向用户提交预拌混凝土的质量证明书、混凝土配合比报告、水泥出厂合格证及检验报告。预拌混凝土供需合同应注明产品标准、强度、坍落度等技术指标和强度评定方法。

### 2.4.4 取样要求

1. 取样批量及数量

(1)结构混凝土强度

用于检查结构构件混凝土强度的试件,应在混凝土浇筑地点随机抽取,取样与试件留置应符合下列规定:

① 每拌制 100 盘且不超过 $100m^3$ 的同配合比的混凝土,取样不得少于一次。

② 每工作班拌制的同一配合比的混凝土不足 100 盘时,取样不得少于一次。

③ 当一次连续浇筑超过 $1000m^3$ 时,同一配合比的混凝土每 $200m^3$ 取样不得少于一次。

④ 每一楼层、同一配合比的混凝土,取样不得少于一次。

⑤ 每次取样应至少留置一组试件。

(2)结构混凝土强度(同条件养护)

对涉及混凝土结构安全的重要部位,应制作、养护、检测混凝土同条件养护试件。同条件养护试件的留置组数,应符合下列要求:

① 同条件养护试件所对应的结构构件或结构部位,应由施工、监理等各方共同选定,且同条件养护试件的取样宜均匀分布于工程施工周期内;

② 同条件养护试件应在混凝土浇筑入模处见证取样；

③ 同条件养护试件应留置在靠近相应结构构件的适当位置，并应采取相同的养护方法；

④ 同一强度等级的同条件养护试件不宜少于 10 组，且不应少于 3 组。每连续两层楼取样不应少于 1 组；每 2000m³ 取样不得少于 1 组。

⑤ 上海市规定同一强度等级的等效养护龄期同条件养护试件留置的数量，多层建筑每层不少于 1 组，中高层、高层建筑每 3 层不少于 1 组并且总数不少于 6 组。同时，施工单位还应留取用于确定是否符合拆模、吊装、张拉、放张以及施工期间临时负荷要求的同条件养护试件。

(3) 建筑地面工程水泥混凝土强度

检验同一施工批次、同一配合比水泥混凝土强度的试块，应按每一层(或检验批)建筑地面工程不应小于 1 组。当每一层(或检验批)建筑地面工程面积大于 1000m² 时，每增加 1000m² 应增做 1 组试块；小于 1000m² 按 1000m² 计算，取样 1 组；检验同一施工批次、同一配合比的散水、明沟、踏步、台阶、坡道的水泥混凝土强度的试块，应按每 150 延长米不少于 1 组。

(4) 粉煤灰混凝土强度

对于非大体积粉煤灰混凝土每拌制 100m³，至少成型一组试块；大体积粉煤灰混凝土每拌制 500m³，至少成型一组试块。不足上列规定数量时，每班至少成型一组试块。

(5) 人民防空工程混凝土强度

人民防空工程浇筑混凝土时，应按下列规定制作试块：

① 口部、防护密闭段应各制作一组试块。

② 每浇筑 100m³ 混凝土应制作一组试块。

③ 变更水泥品种或混凝土配合比时，应分别制作试块。

(6) 混凝土抗渗

对有抗渗要求的混凝土结构，其混凝土试件应在浇筑地点随机取样。同一工程、同一配合比的混凝土，取样不应少于一次，留置组数可根据实际需要确定。

地下防水工程中防水混凝土抗渗试件应在浇筑地点制作。连续浇筑混凝土每 500m³ 应留置一组标准养护抗渗试件（一组为 6 个抗渗试件），且每项工程不得少于两组。采用预拌混凝土的抗渗试件，留置组数应视结构的规模和要求而定。

（7）预拌混凝土

用于交货检验的预拌混凝土试样应在交货地点采取。交货检验的混凝土试样的采取及坍落度试验应在混凝土运送到交货地点时开始算起 20min 内完成，强度试件的制作应在 40min 内完成。强度和坍落度试样的取样频率应符合结构混凝土强度试件取样的要求。

每个试样应随机地从一盘或一运输车中抽取；混凝土试样应在卸料过程中卸料量的 1/4～3/4 之间采取。每个试样量应满足混凝土质量检验项目所需用量的 1.5 倍，且不宜少于 0.02m³。

预拌混凝土必须现场制作试块，作为结构混凝土强度评定依据。试块制作数量：每拌制 100m³ 相同配合比的混凝土，不少于 1 组；每工作班不少于 1 组；一次浇捣量 1000m³ 以上相同配合比混凝土时，每 200m³ 不少于 1 组。

（8）结构混凝土拌合物稠度

混凝土拌合物稠度应满足施工方案的要求。检查数量：同（1）结构混凝土强度。

2. 试件尺寸

（1）普通混凝土立方体抗压强度试块为正立方体，试块尺寸按表 2.4-1 采用，每组 3 块。

**混凝土抗压强度试块允许最小尺寸**　　　　表 2.4-1

| 骨料最大颗粒直径(mm) | 试块尺寸(mm) |
| --- | --- |
| 31.5 | 100×100×100（非标准试块） |
| 40 | 150×150×150（标准试块） |
| 60 | 200×200×200（非标准试块） |

特殊情况下，可采用 $\phi150mm\times300mm$ 的圆柱体标准试件或 $\phi100mm\times200mm$ 和 $\phi200mm\times400mm$ 的圆柱体非标准试件。

（2）普通混凝土抗折（即抗弯拉）强度试验，采用边长为 150mm×150mm×600mm（或 550mm）的棱柱体试件作为标准试件，每组 3 块。采用边长为 100mm×100mm×400mm 的棱柱体试件为非标准试件。

（3）普通混凝土抗渗试件采用顶面直径为 175mm，底面直径为 185mm，高度为 150mm 的圆台体，每组 6 块，试块在移入标准养护室以前，应用钢丝刷将顶面的水泥薄膜刷去。

（4）试模应符合表 2.4-2 的规定。应定期对试模进行自检，自检周期宜为三个月。

**试模的主要技术指标**　　　　　　　　表 2.4-2

| 部件名称 | 技术指标 |
| --- | --- |
| 试模内部尺寸 | 不应大于公称尺寸的 0.2%，且不大于 1mm |
| 试模相邻两面之间的夹角 | 90°±0.2° |
| 试模内表面平面度 | 每 100mm 不应大于 0.04mm |
| 组装试模连接面的缝隙 | 不应大于 0.1mm |

3. 试件制作

（1）在制作试件前应检查试模尺寸并符合表 2.4-2 的要求，试模内表面应涂一薄层矿物油或其他不与混凝土发生反应的隔离剂。

（2）根据混凝土拌合物的稠度确定混凝土成型方法，坍落度不大于 70mm 的混凝土宜用振动振实；大于 70mm 的宜用捣棒人工捣实。检验现浇混凝土或预制构件的混凝土，试件成型方法宜与实际采用的方法相同。

（3）试件用振动台振实制作试件时，混凝土拌合物应一次装入试模，装料时应用抹刀沿试模壁插捣，并使混凝土拌合物高出试模口。振动时试模不得有任何跳动，振动应持续到混凝土表面出浆为止，不得过振。

（4）用人工插捣制作试件时，混凝土拌合物应分两层装入试模，每层装料厚度应大致相等。插捣按螺旋方向从边缘向中心均匀进行。在插捣底层混凝土时，捣棒（长 600mm，直径 16mm，端部磨圆）应达到试模底部，插捣上层时，捣棒应贯穿上层后插入下层 20～30mm。插捣时振动棒应保持垂直，不得倾斜，然后用抹刀沿试模内壁插拔数次。

每层的插捣次数按在 $10000mm^2$ 截面积内不得少于 12 次。插捣后应用橡皮锤轻轻敲击试模四周，直至插捣棒留下的空洞消失为止。

（5）用插入式振动棒振实制作试件，应将混凝土拌合物一次装入试模，装料时应用抹刀沿各试模壁插捣，并使混凝土拌合物高出试模口。宜用直径为 $\phi25mm$ 的插入式振捣棒，插入试模振动时，振动棒距试模底板 10～20mm 且不得触及试模底板，振动应持续到表面出浆为止，且应避免过振，以防止混凝土离析。一般振捣时间为 20s。振动棒拔出时要缓慢，拔出后不得留有孔洞。

（6）刮除试模上口多余的混凝土，待混凝土临近初凝时，用抹刀抹平。

（7）试块制作后应在终凝前用铁钉刻上制作日期、工程部位、设计强度等，不允许试块在终凝后用毛笔等书写。

（8）试件成型后应立即用不透水的薄膜覆盖表面。采用标准养护的试件，应在 $20±5℃$ 的环境中静置一昼夜至二昼夜，然后拆模。拆模后应立即放入标准养护室中养护。标准养护龄期为 28d（从搅拌加水开始计时）。

同条件养护试件的拆模时间可与实际构件的拆模时间相同，拆模后，试件仍需保持同条件养护。

（9）施工单位应在监理和预拌混凝土生产企业的见证下，在工程现场取样，进行坍落度试验和试件制作。从事混凝土取样、试件制作和试验的工作人员应经过岗位培训。预拌混凝土应按有关标准的要求进行浇筑、振捣和养护。预拌混凝土在施工现场和泵送过程中不得加水。

（10）施工现场不得留有未标识的空白试件。预拌混凝土生产企业不得代替施工单位制作和养护混凝土强度试件。

4. 坍落度试验

本实验方法适用于骨料最大公称粒径不大于 40mm、坍落度不小于 10mm 的混凝土拌合物坍落度的测定。

（1）坍落度筒内壁和底板（平面尺寸不小于 $1500mm×$

1500mm，厚度不小于3mm的钢板）应润湿无明水；底板应放置在坚实的水平面上，并把坍落度筒放在底板中心，然后用脚踩住两边的脚踏板，坍落度筒在装料时应保持在固定的位置；

（2）混凝土拌合物试样应分三层均匀地装入坍落度筒内，每装一层混凝土拌合物，应用捣棒由边缘到中心按螺旋形均匀插捣25次，捣实后每层混凝土拌合物试样高度约为筒高的三分之一；

（3）插捣底层时，捣棒应贯穿整个深度，插捣第二层和顶层时，捣棒应插透本层至下一层的表面；

（4）顶层混凝土拌合物装料应高出筒口，插捣过程中，混凝土拌合物低于筒口时，应随时添加；

（5）顶层插捣完后，取下装料漏斗，应将多余混凝土拌合物刮去，并沿筒口抹平；

（6）清除筒边底板上的混凝土后，应垂直平稳地提起坍落度筒，并轻放于试样旁边；当试样不再继续坍落或坍落时间达30s时，用钢尺测量出筒高与坍落后混凝土试体最高点之间的高度差，作为该混凝土拌合物的坍落度值。

（7）坍落度筒的提离过程宜控制在3~7s；从开始装料到提坍落度筒的整个过程应连续进行，并应在150s内完成。

（8）将坍落度筒提起后混凝土发生一边崩坍或剪坏现象时，应重新取样另行测定；第二次试验仍出现一边崩坍或剪坏现象，应予记录说明。

（9）混凝土拌合物坍落度值测量应精确至1mm，结果应修约至5mm。

5. 扩展度试验

本试验方法宜用于骨料最大公称粒径不大于40mm、坍落度不小于160mm混凝土扩展度的测定。

（1）试验设备准备、混凝土拌合物装料和插捣应符合4.坍落度试验中第1~5款的规定。

（2）清除筒边底板上的混凝土后，应垂直平稳地提起坍落度筒，坍落度筒的提离过程宜控制在3~7s；当混凝土拌合物不再扩散或扩散持续时间已达50s时，应使用钢尺测量混凝土拌合物展开扩展面的最大直径以及与最大直径呈垂直方向的直径；

（3）当两直径之差小于50mm时，应取其算数平均值作为扩展度试验结果；当两直径之差不小于50mm时，应重新取样另行测定。

（4）发现粗骨料在中央堆集或边缘有浆体析出时，应记录说明。

（5）扩展度试验从开始装料到测得混凝土扩展度值的整个过程应连续进行，并应在4min内完成。

（6）混凝土拌合物扩展度值测量应精确至1mm，结果应修约至5mm。

### 2.4.5 现场养护

1. 建设工程应在施工现场设置混凝土、砂浆、节能材料试件的养护室。

2. 养护室由施工单位负责建立和管理，建设、监理单位负责督促检查，工程质量监督机构负责监督抽查。供应单位确认人员可随时对现场养护情况进行确认，发现有不符合规定要求的情况，应及时向见证单位、工程质量监督机构等有关单位反映。

3. 养护室应配备温度计、湿度计，以及合适的控温、保湿设备和设施，确保混凝土、砂浆试块的静置、养护条件符合相关标准的规定。温湿度记录至少每天上午、下午各一次。

4. 混凝土标准养护室温度为$20\pm2℃$，相对湿度为95%以上，标准养护室内的试件应放在支架上，彼此间隔10~20mm，试件表面应保持潮湿，并不得被水直接冲淋。混凝土试件也可在温度为$20\pm2℃$的不流动$Ca(OH)_2$饱和溶液中养护。标准养护龄期为28d(从搅拌加水开始计时)。

5. 混凝土、砂浆标准养护试块在现场养护室的养护时间不得少于7d，同条件养护混凝土试块必须在达到规定的累计温度值后方可送检测机构。

6. 工程开工前，施工单位应制定混凝土试块同条件养护计划。监理单位应审查施工单位制定的混凝土同条件养护计划，核对施工单位留取试件的数量，检查试件的养护情况，督促施工单位做好温度累计工作。

施工单位应使用日平均温度进行温度累计，也可自行进行温度测量。自行测量的数据应准确，测量方法应符合国家气象局发布的《地面气象观测规范》的要求。对于日平均温度，当无实测值时，可采用当地天气预报的最高温、最低温的平均值。上海市建设工程检测行业协会向上海市气象局购买了上海市行政区域内各个测点的日平均温度数据，并通过检测信息系统免费提供给工程现场使用。自行进行日平均温度测量累计不准确的，其同条件试块强度检测报告不得作为竣工验收备案的依据。

### 2.4.6 技术要求

1. 混凝土强度根据《混凝土强度检验评定标准》(GB/T 50107—2010)规定进行评定。划入同一检验批混凝土，其施工持续时间不宜超过3个月。

（1）当连续生产的混凝土，生产条件在较长时间内保持一致，且同一品种、同一强度等级混凝土的强度变异性保持稳定时，应按以下规定进行评定。

一个检验批的样本容量应为连续的3组试件，其强度应同时符合下列规定：

$$mf_{cu} \geqslant f_{cu,k} + 0.7\sigma_0 \quad (2.4.6\text{-}1)$$
$$f_{cu,min} \geqslant f_{cu,k} - 0.7\sigma_0 \quad (2.4.6\text{-}2)$$

检验批混凝土立方体抗压强度的标准差按下式计算：

$$\sigma_0 = \sqrt{\frac{\sum_{i=1}^{n} f_{cu,i}^2 - nmf_{cu}^2}{n-1}} \quad (2.4.6\text{-}3)$$

当混凝土强度等级不高于C20时，其强度的最小值尚应满足下式要求：

$$f_{cu,min} \geqslant 0.85 f_{cu,k} \quad (2.4.6\text{-}4)$$

当混凝土强度等级高于C20时，其强度的最小值尚应满足下式要求：
$$f_{cu,min} \geq 0.90 f_{cu,k} \quad (2.4.6\text{-}5)$$

式中：$mf_{cu}$——同一验收批混凝土立方体抗压强度的平均值 $(N/mm^2)$，精确到 $0.1(N/mm^2)$；

$f_{cu,k}$——混凝土立方体抗压强度标准值 $(N/mm^2)$，精确到 $0.1(N/mm^2)$；

$f_{cu,i}$——前一个检验期内同一品种、同一强度等级的第 $i$ 组混凝土试件的立方体抗压强度代表值 $(N/mm^2)$，精确到 $0.1(N/mm^2)$；该检验期不应少于 60d，也不得大于 90d；

$\sigma_0$——检验批混凝土立方体抗压强度的标准差 $(N/mm^2)$，精确到 $0.01(N/mm^2)$；当检验批混凝土强度标准差 $\sigma_0$ 计算值小于 $2.5N/mm^2$ 时，应取 $2.5N/mm^2$；

$n$——前一检验期内的样本容量，在该期间内样本容量不应少于 45；

$f_{cu,min}$——同一验收批混凝土立方体抗压强度的最小值 $(N/mm^2)$，精确到 $0.1(N/mm^2)$。

（2）当样品容量不少于 10 组时，其强度应同时满足下列要求：
$$mf_{cu} \geq \lambda_1 s_{fcu} + f_{cu,k} \quad (2.4.6\text{-}6)$$
$$f_{cu,min} \geq \lambda_2 f_{cu,k} \quad (2.4.6\text{-}7)$$

同一检验批混凝土立方体抗压强度的标准差应按下式计算：
$$s_{fcu} = \sqrt{\frac{\sum_{i=1}^{n} f_{cu,i}^2 - nm f_{cu}^2}{n-1}} \quad (2.4.6\text{-}8)$$

式中：$s_{fcu}$——同一检验批混凝土立方体抗压强度的标准差 $(N/mm^2)$，精确到 $0.01(N/mm^2)$；当检验批混凝土强度标准差 $s_{fcu}$ 计算值小于 $2.5N/mm^2$ 时，应取 $2.5N/mm^2$；

$\lambda_1$，$\lambda_2$——合格评定系数，按表 2.4-3 取用；

$n$——本检验期内的样本容量。

**混凝土强度的合格评定系数** 表 2.4-3

| 试件组数 | 10～14 | 15～19 | ≥20 |
|---|---|---|---|
| $\lambda_1$ | 1.15 | 1.05 | 0.95 |
| $\lambda_2$ | 0.90 | 0.85 | |

（3）用非统计方法评定

当用于评定的样本容量小于10组时，应采用非统计方法评定混凝土强度。

按非统计方法评定混凝土强度时，其强度应同时符合下列规定：

$$mf_{cu} \geq \lambda_3 f_{cu,k} \quad (2.4.6\text{-}9)$$

$$f_{cu,min} \geq \lambda_4 f_{cu,k} \quad (2.4.6\text{-}10)$$

式中：$\lambda_3$、$\lambda_4$——合格评定系数，应按表 2.4-4 取用。

**混凝土强度的非统计法合格评定系数** 表 2.4-4

| 混凝土强度等级 | ＜C60 | ≥C60 |
|---|---|---|
| $\lambda_3$ | 1.15 | 1.10 |
| $\lambda_4$ | 0.95 | |

（4）当检验结果能满足（1）、（2）、（3）条的规定时，则该批混凝土强度应评定为合格；当不能满足上述规定时，该批混凝土强度评定为不合格。

（5）对评定为不合格批的混凝土，可按国家现行的有关标准进行处理。

2. 抗渗

混凝土的抗渗等级以每组6个试件中4个试件未出现渗水时的最大水压力计算，其结果应满足设计的抗渗等级。

3. 坍落度及坍落度扩展度值

坍落度及坍落度扩展度值应满足相应的设计要求。

### 2.4.7 检测报告及不合格处理

1. 检测报告表式

检测报告表式见表 2.4-5～表 2.4-7。

## 《检测机构名称》

### 混凝土抗压强度检测报告 C-06a-080

表 2.4-5

委托编号：
检测类别：　　　　工程连续号：　　　　报告编号：

| 委托单位 | | | |
|---|---|---|---|
| 工程名称 | | | |
| 工程地址 | | 委托日期 | |
| 施工单位 | | 报告日期 | |

| 样品编号 | | 强度等级 | | | 样品规格 | | |
|---|---|---|---|---|---|---|---|
| 生产单位 | | | | | 备案证号 | | |
| 工程部位 | | | | | 稠度/mm | | |
| 成期日期 | 检测日期 | 龄期/d | 养护条件 | 破坏荷载/kN | 抗压强度/MPa | 强度代表值/MPa | 折合标准试块强度/MPa | 达到设计强度/% |
| | | | | | | | | |
| | | | | | | | | |

| 样品编号 | | 强度等级 | | | 样品规格 | | |
|---|---|---|---|---|---|---|---|
| 生产单位 | | | | | 备案证号 | | |
| 工程部位 | | | | | 稠度/mm | | |
| 成期日期 | 检测日期 | 龄期/d | 养护条件 | 破坏荷载/kN | 抗压强度/MPa | 强度代表值/MPa | 折合标准试块强度/MPa | 达到设计强度/% |
| | | | | | | | | |
| | | | | | | | | |

| 见证单位 | | 见证人及证书号 | |
|---|---|---|---|
| 检测方法 | | 评定依据 | |
| 说明 | 1. 非本检测机构抽样的样品，本检测机构仅对来样的检测数据负责；<br>2. 未经本检测机构批准，部分复制本检测报告无效；<br>3. 由本检测机构抽样的样品按本检测机构抽样程序进行抽样、检测 | | |
| 检测机构信息 | 1. 检测机构地址：<br>2. 联系电话：<br>3. 邮编： | 防伪校验码 | |
| 备注 | | | |

检测机构专用章：　　批准/职务：　　/　　审核：　　检测：

共　页　第　页

## 《检测机构名称》

### 混凝土抗折强度检测报告 C-14a-0806

表 2.4-6

委托编号：

检测类别：　　　　　工程连续号：　　　　　报告编号：

| 委托单位 | | | |
|---|---|---|---|
| 工程名称 | | | |
| 工程地址 | | 委托日期 | |
| 施工单位 | | 报告日期 | |

| 样品编号 | | 设计抗折强度 | | 样品规格 | |
|---|---|---|---|---|---|
| 生产单位 | | | | 备案证号 | |
| 工程部位 | | | | 稠度/mm | |

| 成期日期 | 检测日期 | 龄期/d | 养护条件 | 支座间距离/mm | 破坏荷载/kN | 抗折强度/MPa | 平均强度/MPa | 折合标准试块强度/MPa | 达到设计强度/% |
|---|---|---|---|---|---|---|---|---|---|
| | | | | | | | | | |
| | | | | | | | | | |
| | | | | | | | | | |

| 样品编号 | | 设计抗折强度 | | 样品规格 | |
|---|---|---|---|---|---|
| 生产单位 | | | | 备案证号 | |
| 工程部位 | | | | 稠度/mm | |

| 成期日期 | 检测日期 | 龄期/d | 养护条件 | 支座间距离/mm | 破坏荷载/kN | 抗折强度/MPa | 平均强度/MPa | 折合标准试块强度/MPa | 达到设计强度/% |
|---|---|---|---|---|---|---|---|---|---|
| | | | | | | | | | |
| | | | | | | | | | |
| | | | | | | | | | |

| 见证单位 | | 见证人及证书号 | |
|---|---|---|---|
| 检测方法 | | 评定依据 | |
| 说明 | 1. 非本检测机构抽样的样品，本检测机构仅对来样的检测数据负责；<br>2. 未经本检测机构批准，部分复制本检测报告无效；<br>3. 由本检测机构抽样的样品按本检测机构抽样程序进行抽样、检测 | | |
| 检测机构信息 | 1. 检测机构地址：<br>2. 联系电话：<br>3. 邮编： | 防伪校验码 | |
| 备注 | | | |

检测机构专用章：　　批准/职务：　　/　　审核：　　检测：

共　页　第　页

## 《检测机构名称》

### 混凝土抗渗性能检测报告 C-05a-0806

表 2.4-7

委托编号：

检测类别：　　　　工程连续号：　　　　报告编号：

| 委托单位 | | | | | | | | | | |
|---|---|---|---|---|---|---|---|---|---|---|
| 工程名称 | | | | | | | | | | |
| 工程地址 | | | | | | 委托日期 | | | | |
| 施工单位 | | | | | | 报告日期 | | | | |

| 样品编号 | | 强度等级 | | | | 抗渗等级 | | | | |
|---|---|---|---|---|---|---|---|---|---|---|
| 生产单位 | | | | | | 备案证号 | | | | |
| 工程部位 | | | | | | 稠度/mm | | | | |
| 成期日期 | | 检测日期 | | | | 龄期/d | | | | |
| 养护条件 | 序号 | 结束水压/MPa | 结束水压下持续时间 | 样品渗透情况 | 序号 | 结束水压/MPa | 结束水压下持续时间 | 样品渗透情况 | | 检测结论 |
| | 1 | | | | 4 | | | | | |
| | 2 | | | | 5 | | | | | |
| | 3 | | | | 6 | | | | | |

| 样品编号 | | 强度等级 | | | | 抗渗等级 | | | | |
|---|---|---|---|---|---|---|---|---|---|---|
| 生产单位 | | | | | | 备案证号 | | | | |
| 工程部位 | | | | | | 稠度/mm | | | | |
| 成期日期 | | 检测日期 | | | | 龄期/d | | | | |
| 养护条件 | 序号 | 结束水压/MPa | 结束水压下持续时间 | 样品渗透情况 | 序号 | 结束水压/MPa | 结束水压下持续时间 | 样品渗透情况 | | 检测结论 |
| | 1 | | | | 4 | | | | | |
| | 2 | | | | 5 | | | | | |
| | 3 | | | | 6 | | | | | |

| 见证单位 | | 见证人及证书号 | |
|---|---|---|---|
| 检测方法 | | 评定依据 | |
| 说明 | 1. 非本检测机构抽样的样品，本检测机构仅对来样的检测数据负责；<br>2. 未经本检测机构批准，部分复制本检测报告无效；<br>3. 由本检测机构抽样的样品按本检测机构抽样程序进行抽样、检测 | | |
| 检测机构信息 | 1. 检测机构地址：<br>2. 联系电话：<br>3. 邮编： | 防伪校验码 | |
| 备注 | | | |

检测机构专用章：　　批准/职务：　　/　　审核：　　检测：

共 页 第 页

2. 不合格处理

当施工中或验收时出现混凝土强度试块缺乏代表性或试块数量不足、对混凝土强度试块的试验结果有怀疑或有争议、混凝土强度试块的检测结果不能满足设计要求，且同一验收批混凝土强度评定不合格的，可采用非破损或局部破损的检测方法（详见5 主体结构工程检测），按国家现行有关标准的规定对结构构件中的混凝土强度进行推定，作为处理依据。

上海地区规定结构工程上发生未按规定制作混凝土试块、混凝土检测结果无效或混凝土试块强度评定不合格等情况，造成相应的检验批无法验收时，施工单位应通过上海市建设工程检测网（www.scetia.com）随机抽取和委托有资质的检测机构实施混凝土结构实体检测。抽取的检测机构不得与项目的建设单位、设计单位、施工单位、监理单位有隶属关系或者其他利害关系，并且不应承揽过该项目的检测业务。检测结果应提交设计单位，并由设计单位根据检测结果对工程安全性进行核算，并做出是否符合设计要求的结论。工程质量监督机构应通过检测信息管理系统查询混凝土不合格信息情况，并按相关规定对参建方混凝土不合格处理的质量行为进行监督处置，处置结果一并纳入信息系统。

因预拌混凝土质量原因造成工程返工、工程实体混凝土强度没有达到设计要求、混凝土凝结异常或浇筑后出现严重裂缝等质量问题的，建设单位（或施工单位）应在24h内上报市混凝土构件质监分站和工程质量监督机构，并在一周内书面补报详细情况。

## 2.5 建筑砂浆

### 2.5.1 概述

建筑砂浆是由胶凝材料、细骨料和水按一定比例配制而成的建筑材料，有时也掺入某些外加剂和掺合料。根据用途又可分为砌筑砂浆、抹灰砂浆、防水砂浆及特种砂浆等。

1. 砌筑砂浆

将砖、石、砌块等粘结成为砌体的砂浆称为砌筑砂浆。砌筑砂浆的主要作用是：把分散的块状材料胶结成坚固的整体，提高砌体的强度、稳定性；使上层块状材料所受的荷载能够均匀传递到下层；填充块状材料之间缝隙，提高建筑物的保温、隔声、防潮等性能。

2. 抹灰砂浆

抹灰砂浆也称抹面砂浆，以薄层涂抹在建筑物内外表面。既可以保护墙体不受风雨、潮气等侵蚀，提高墙体耐久性；同时也使建筑物表面平整、光滑、清洁美观。与砌筑砂浆不同，对抹面砂浆的要求不是抗压强度，而是和易性以及与基底材料的粘结力。

3. 防水砂浆

用作防水层的砂浆叫做防水砂浆，防水砂浆又叫刚性防水层，适用于不受振动和具有一定刚度的混凝土或砖石砌体工程，应用于地下室、水塔、水池等防水工程。

4. 特种砂浆

包括保温砂浆、陶瓷砖粘结砂浆、界面砂浆、保温板粘结砂浆、自流平砂浆、耐磨地坪砂浆、饰面砂浆等。

根据拌合方式的不同，建筑砂浆分为现场配置砂浆和预拌砂浆。

1. 现场配置砂浆

将原材料（胶凝材料、细骨料）运送到施工现场，在施工现场人工加水后小批量拌合使用的砂浆。由于原材料质量不稳定、施工现场存储环境不良以及混合比例不精确，砂浆质量波动较大，文明施工程度低并容易造成污染环境。

2. 预拌砂浆

指由专业生产厂生产的湿拌砂浆或干混砂浆。其中湿拌砂浆系指由水泥、细骨料、矿物掺合料、水、外加剂和添加剂等按一定比例，在搅拌站经计量、拌制后，运至使用地点，并在规定时间内使用的拌合物。干混砂浆系指水泥、干燥骨料或粉料、添加剂以及根据性能确定的其他组分，按一定比例，在专业生产厂经计量、混合而成的混合物，在使用地点按规定比例加水或配套组分拌和使用。

随着建筑业技术进步和文明施工要求的提高，现场配置砂浆日益显示出其固有的缺陷，取消现场配置砂浆，采用工业化生产的预拌砂浆势在必行，它是保证建筑工程质量、提高建筑施工现代化水平、实现资源综合利用、减少城市污染、改善大气环境、实现可持续发展的一项重要举措。

### 2.5.2 依据标准

1.《砌体结构工程施工质量验收规范》（GB 50203—2011）。
2.《砌体结构设计规范》（GB 50003—2011）。
3.《地下防水工程质量验收规范》（GB 50208—2011）。
4.《建筑地面工程施工质量验收规范》（GB 50209—2010）。
5.《建筑装饰装修工程质量验收规范》（GB 50210—2001）。
6.《砌筑砂浆配合比设计规程》（JGJ/T 98—2010）。
7.《预拌砂浆》（GB/T 25181—2010）。
8.《预拌砂浆应用技术规程》（DG/TJ 08-502—2012）。
9.《建筑砂浆基本性能试验方法标准》（JGJ/T 70—2009）。
10.《预拌砂浆应用技术规程》（JGJ/T223—2010）。
11.《抹灰砂浆技术规程》（JGJ/T220—2010）。

### 2.5.3 检验内容和使用要求

1. 检验内容

（1）现场配置的砌筑砂浆、抹灰砂浆和地面砂浆应通过试配确定配合比。当砂浆的组成材料有变更时，其配合比应重新确定。

（2）干混砂浆进场时，应按表 2.5-1 的规定进行进场检验，进场检验项目应符合《预拌砂浆》(GB/T25181—2010)的要求。

干混砂浆进场检验项目  表 2.5-1

| 砂浆品种 | | 代号 | 检测项目 |
|---|---|---|---|
| 干混砌筑砂浆 | 普通砌筑砂浆 | DM | 保水性、抗压强度 |
| | 薄层砌筑砂浆 | | 保水性、抗压强度 |
| 干混抹灰砂浆 | 普通抹灰砂浆 | DP | 保水性、抗压强度、拉伸粘结强度 |
| | 薄层抹灰砂浆 | | 保水性、抗压强度、拉伸粘结强度 |
| 干混地面砂浆 | | DS | 保水性、抗压强度 |
| 干混普通防水砂浆 | | DW | 保水性、抗压强度、抗渗压力、拉伸粘结强度 |
| 聚合物水泥防水砂浆 | | DWS | 凝结时间、耐碱性、耐热性 |
| 界面砂浆 | | DIT | 14d 常温常态拉伸粘结强度 |
| 陶瓷砖粘结砂浆 | | DTA | 常温常态拉伸粘结强度、晾置时间 |

（3）砌筑砂浆、抹灰砂浆和地面砂浆现场施工时应制作砂浆强度试块，试块制作按 2.5.4 中 2 的要求进行。

砂浆强度分为 M30、M25、M20、M15、M10、M7.5、M5 等等级，以标准养护，龄期为 28d 的试块抗压试验结果为准，砂浆强度应满足设计要求。

（4）砌筑砂浆、抹灰砂浆和地面砂浆的施工稠度应满足 2.5.6 的要求，砂浆稠度检测按 2.5.4 中 3 的要求进行。

砂浆稠度指砂浆在自重或外力作用下流动的性能，用砂浆稠度仪测定，以沉入度(mm)表示。沉入度越大，流动性越好。对砂浆稠度进行检测，以达到控制用水量的目的，确保其满足和易性要求。

（5）抹灰砂浆施工配合比确定后，在进行外墙及顶棚抹灰施工前，宜在实地制作样板，并在抹灰层施工完成 28d 后进行现场实体拉伸粘结强度试验。

外墙及顶棚抹灰工程施工完成 28d 后还应进行现场实体拉伸粘结强度试验。

(6) 当预拌抹灰砂浆外表面粘结饰面砖时,应按现行行业标准《外墙饰面砖工程施工及验收规范》(JGJ 126—2000)、《建筑工程饰面砖粘结强度检验标准》(JGJ 110—2008)的规定进行验收。

(7) 除模塑聚苯板和挤塑聚苯板表面涂抹界面砂浆外,涂抹预拌界面砂浆的工程应在28d龄期进行实体拉伸粘结强度检验,检验方法可按现行行业标准《抹灰砂浆技术规程》(JGJ/T 220—2010)的规定进行,也可根据对涂抹在界面砂浆外表面的抹灰砂浆层实体拉伸强度的检验结果进行判定。

(8) 对于预拌陶瓷砖粘结砂浆,施工前施工单位应和砂浆生产单位、监理单位等共同制作样板并经拉伸粘结强度检验合格后再施工。外墙饰面砖工程还应检测预拌陶瓷粘结砂浆的实体拉伸粘结强度。

2. 使用要求

(1) 现场配置砂浆应采用机械搅拌,自投料完算起,搅拌时间应符合下列规定:

① 水泥砂浆和水泥混合砂浆不得少于2min;
② 水泥粉煤灰砂浆和掺用外加剂的砂浆不得少于3min;
③ 掺用有机塑化剂的砂浆,应为3~5min。

(2) 现场配置砂浆应随拌随用,水泥砂浆和水泥混合砂浆应分别在3h和4h内使用完毕;当施工期间最高温度超过30℃时,应分别在拌成后2h和3h内使用完毕。对掺用缓凝剂的砂浆,其使用时间可根据具体情况延长。

(3) 上海地区规定自2008年2月1日起,所有新建、改建、扩建工程施工禁止使用现场配置砂浆。施工现场未按规定禁止搅拌砂浆,或未按规定使用预拌砂浆的,依据《上海市扬尘污染防治管理办法》第二十一条第一款的规定对施工单位予以处罚,同时该项工程不得参加白玉兰奖、文明工地评选和绿色建筑评估,不予通过创建节约型工地考核。

工程监理单位应当按照设计文件和施工验收规范，对使用预拌砂浆进行日常监理。对不按规定使用预拌砂浆的，监理工程师不得签署同意文件。设计单位、施工图设计文件审查机构、工程监理单位未按规定进行设计、施工图审查和现场监理的，依照相关法规、规章予以处罚。

(4) 上海市对预拌砂浆实施建设工程材料备案管理，预拌砂浆生产企业必须取得《上海市建设工程材料备案证明》。获证企业及其产品可通过上海市建筑建材业网站 www.ciac.sh.cn "专题专栏"＝＞"建材管理"中查询。

(5) 预拌砂浆进场时应进行外观检验，并符合下列规定：
① 湿拌砂浆应外观均匀，无离析、泌水现象。
② 散装干混砂浆应外观均匀，无结块、受潮现象。
③ 袋装干混砂浆应包装完整，无受潮现象。

(6) 施工现场宜配备湿拌砂浆储存容器，并符合下列规定：
① 储存容器应密闭、不吸水。
② 储存容器的数量、容量应满足砂浆品种、供货量的要求。
③ 储存容器使用时，内部应无杂物、无明水。
④ 储存容器应便于储运、清洗和砂浆存取。
⑤ 砂浆存取时，应有防雨措施。
⑥ 储存容器宜采取遮阳、保温等措施。

(7) 不同品种、强度等级的湿拌砂浆应分别存放在不同的储存容器中，并应对储存容器进行标识，标识内容应包括砂浆的品种、强度等级和使用时限等。砂浆应先存先用。

(8) 湿拌砂浆在储存及使用过程中不应加水。砂浆存放过程中，当出现少量泌水时，应拌合均匀后使用。砂浆用完后，应立即清理其储存容器。

(9) 湿拌砂浆储存地点的环境温度宜为 5～35℃。

(10) 不同品种的散装干混砂浆应分别储存在散装移动筒仓中，不得混存混用，并应对筒仓进行标识。筒仓数量应满足砂浆品种及施工要求。更换砂浆品种时，筒仓应清空。

（11）筒仓应符合现行行业标准《干混砂浆散装移动筒仓》(SB/T 10461)的规定，并应在现场安装牢固。

（12）袋装干混砂浆应储存在干燥、通风、防潮、不受雨淋的场所，并应按品种、批号分别堆放，不得混堆混用，且应先存先用。配套组分中的有机类材料应储存在阴凉、干燥、通风、远离火和热源的场所，不应露天存放和曝晒，储存环境温度应为5~35℃。

（13）散装干混砂浆在储存及使用过程中，当对砂浆质量的均匀性有疑问或争议时，应检验其均匀性。

（14）干混砂浆应按产品说明书的要求加水或其他配套组分拌合，不得添加其他成分。

（15）干混砂浆拌合水应符合现行行业标准《混凝土拌合用水标准》(JGJ 63)中对混凝土拌合用水的规定。

（16）干混砂浆应采用机械搅拌，搅拌时间应符合产品说明书的要求外，尚应符合下列规定：

① 采用连续式搅拌器搅拌时，应搅拌均匀，并应使砂浆拌合物均匀稳定。

② 采用手持式电动搅拌器搅拌时，应先在容器中加入规定量的水或配套液体，再加入干混砂浆搅拌，搅拌时间宜为3~5min，且应搅拌均匀。应按产品说明书的要求静停后再拌合均匀。

③ 搅拌结束后，应及时清洗搅拌设备。

（17）砂浆拌合物应在砂浆可操作时间内用完，且满足工程施工的需要。

（18）当砂浆拌合物出现少量泌水时，应拌合均匀后使用。

### 2.5.4 取样要求

1. 取样批量、数量及方法

(1) 干混砂浆进场检验取样批量和取样数量见表 2.5-2。

**干混砂浆进场检验取样批量及取样数量**　　　表 2.5-2

| 砂浆品种 | | 取样批量 | 取样数量 |
|---|---|---|---|
| 干混砌筑砂浆 | 普通砌筑砂浆 | 同一生产厂家、同一品种、同一等级、同一批号且连续进场的干混砂浆，每 500t 为一个检验批，不足 500t 时，应按一个检验批计 | 25kg |
| | 薄层砌筑砂浆 | | |
| 干混抹灰砂浆 | 普通抹灰砂浆 | | |
| | 薄层抹灰砂浆 | | |
| 干混地面砂浆 | | | |
| 干混普通防水砂浆 | | | |
| 聚合物水泥防水砂浆 | | 同一生产厂家、同一品种、同一批号且连续进场的砂浆，每 50t 为一个检验批，不足 50t 时，应按一个检验批计 | |
| 界面砂浆 | | 同一生产厂家、同一品种、同一批号且连续进场的砂浆，每 30t 为一个检验批，不足 30t 时，应按一个检验批计 | 7kg |
| 陶瓷砖粘结砂浆 | | 同一生产厂家、同一品种、同一批号且连续进场的砂浆，每 50t 为一个检验批，不足 50t 时，应按一个检验批计 | |

(2) 砌筑砂浆强度（依据 GB 50203—2011）

每一检验批且不超过 250m³ 砌体的各类、各强度等级的普通砌筑砂浆，每台搅拌机应至少抽检一次。验收批的预拌砂浆、蒸压加气混凝土砌块专用砂浆，抽检可为 3 组。在砂浆搅拌机出料口或在湿拌砂浆的储存容器出料口随机取样制作砂浆试块（现场拌制的砂浆，同盘砂浆只应作 1 组试块），试块标养 28d 后作强度试验。

(3) 建筑地面工程砂浆强度（依据 GB 50209—2010）

检验同一施工批次、同一配合比水泥砂浆强度的试块，应按每一层（或检验批）建筑地面工程不应小于 1 组。当每一层（或检验批）建筑地面工程面积大于 1000m² 时，每增加 1000m² 应增做 1 组试块；小于 1000m² 按 1000m² 计算，取样 1 组；检验同一施工批次、同一配合比的散水、明沟、踏步、台阶、坡道的水泥砂浆强度的试块，应按每 150 延长米不少于 1 组。

(4) 抹灰砂浆(依据JGJ/T 220—2010)

① 相同砂浆品种、强度等级、施工工艺的室外抹灰工程,每 $1000m^2$ 应划分为一个检验批,不足 $1000m^2$ 的,也应划分为一个检验批。相同砂浆品种、强度等级、施工工艺的室内抹灰工程,每 50 个自然间(大面积房间和走廊按抹灰面积 $30m^2$ 为一间)应划分为一个检验批,不足 50 间的,也应划分为一个检验批。抹灰砂浆抗压强度验收时,同一验收批砂浆试块不应少于 3 组。

砂浆试块应在使用地点或出料口随机取样,砂浆稠度应与实验室稠度一致。砂浆试块的养护条件应与实验室的养护条件相同。

② 抹灰层砂浆层拉伸粘结强度检验,相同砂浆品种、强度等级、施工工艺的外墙、顶棚抹灰工程每 $5000m^2$ 应为一个检验批,每个检验批应取一组试件进行检测,不足 $5000m^2$ 的也应取一组。

(5) 预拌砂浆强度(依据JGJ/T 223—2010)

① 对同品种、同强度等级的预拌砌筑砂浆,湿拌砌筑砂浆应以 $50m^3$ 为一个检验批,干混砌筑砂浆应以 100t 为一个检验批;不足一个检验批的数量时,应按一个检验批计。每检验批应至少留置 1 组抗压强度试块。

砌筑砂浆取样时,干混砌筑砂浆宜从搅拌机出料口、湿拌砌筑砂浆宜从运输车出料口或储存容器随机取样。

② 相同材料、工艺和施工条件的室外抹灰工程,每 $1000m^2$ 应划分为一个检验批,不足 $1000m^2$ 的,也应划分为一个检验批。相同材料、工艺和施工条件的室内抹灰工程,每 50 个自然间(大面积房间和走廊按抹灰面积 $30m^2$ 为一间)应划分为一个检验批,不足 50 间的,也应划分为一个检验批。抹灰砂浆抗压强度验收时,同一验收批砂浆试块不应少于 3 组。

③ 室外预拌抹灰砂浆层应在 28d 龄期时,应进行实体拉伸粘结强度检验。相同材料、工艺和施工条件的室外抹灰工程,每

$5000m^2$ 应至少取一组试件；不足 $5000m^2$ 时，也应取一组。

④ 对同一品种、同一强度等级的地面砂浆，每检验批且不超过 $1000m^2$ 应至少留置一组抗压强度试块。

⑤ 相同材料、相同施工工艺的涂抹预拌界面砂浆的工程，每 $5000m^2$ 应至少取一组试件做实体拉伸粘结强度；不足 $5000m^2$ 时，也应取一组。

⑥ 同类墙体、相同材料和施工工艺的外墙饰面砖工程，每 $1000m^2$ 应划分为一个检验批，不足 $1000m^2$ 时，应按一个检验批计。对外墙饰面砖工程，每检验批应至少检验一组实体拉伸粘结强度。试样应随机抽取，一组试样应由 3 个试样组成，取样间距不得小于 500mm，每相邻的三个楼层应至少取一组试样。

(6) 当改变配合比时，亦应相应地制作试块组数。

2. 砂浆强度试件的制作及养护

(1) 一组砂浆试块为 3 块 70.7mm×70.7mm×70.7mm 立方体试件。

(2) 试模为 70.7mm×70.7mm×70.7mm 立方体带底试模，符合《混凝土试模》(JG 237)的规定，并具有足够的刚度并拆装方便。试模的内表面应机械加工，其不平度应为每 100mm 不超过 0.05mm。组装后各相邻面的不垂直度不应超过±0.5°。

(3) 砂浆拌合物取样后，应尽快进行试验。现场取来的试样，在试验前应经人工再翻拌，以保证其质量均匀。

(4) 应采用黄油等密封材料涂抹试模的外接缝，试模内应涂刷薄层机油或脱模剂。应将拌制好的砂浆一次性装满砂浆试模，成型方法应根据稠度而确定。当稠度大于 50mm 时，宜采用人工振捣成型，当稠度不大于 50mm 时采用振动台振实成型。

a) 人工振捣：应采用捣棒均匀地由边缘向中心按螺旋方式插捣 25 次，插捣过程中如砂浆沉落低于试模口时，应随时添加砂浆，可用油灰刀插捣数次，并用手将试模一边抬高 5～10mm 各振动 5 次，砂浆应高出试模顶面 6～8mm；

b）机械振动：将砂浆一次装满试模，放置到振动台上，振动时试模不得跳动，振动5～10s或持续到表面出浆为止；不得过振。

（5）应待表面水分稍干后，再将高出试模部分的砂浆沿试模顶面刮去并抹平。

（6）试块制作后应在终凝前用铁钉刻上制作日期、工程部位、设计强度等，不允许在终凝后用毛笔等书写。

（7）试件制作后应在室温为(20±5)℃的环境下静置(24±2)h，对试件进行拆模。当气温较低时，或者凝结时间大于24h的砂浆，可适当延长时间，但不应超过2d。试件拆模后应立即放入温度为(20±2)℃，相对湿度为90%以上的标准养护室中养护。养护期间，试件彼此间隔不小于10mm，混合砂浆、湿拌砂浆试件上面应覆盖，防止有水滴在试件上。

3. 砂浆稠度试验

使用砂浆稠度仪测定砂浆稠度，稠度试验按下列步骤进行：

（1）试样的采取及稠度试验应在砂浆运送到交货地点时开始算起20min内完成，试件的制作应在30min内完成。砂浆拌合物取样后，应尽快进行试验。现场取来的试样，在试验前应经人工再翻拌，以保证其质量均匀。

（2）盛浆容器和试锥表面用湿布擦干净，并用少量润滑油轻擦滑杆，后将滑杆上多余的油用吸油纸擦净，使滑杆能自由滑动。

（3）将砂浆拌合物一次装入容器，使砂浆表面低于容器口约10mm左右，用捣棒自容器中心向边缘均匀地插捣25次，然后轻轻地容器摇动或敲击5～6下，使砂浆表面平整，随后将容器置于稠度测定仪的底座上。

（4）拧开试锥滑杆的制动螺丝，向下移动滑杆，当试锥尖端与砂浆表面刚接触时，拧紧制动螺丝，使齿条测杆下端刚接触滑杆上端，并将指针对准零点上。

（5）拧开制动螺丝，同时计时间，待10s立即固定螺丝，将齿条测杆下端接触滑杆上端，从刻度盘上读出下沉深度(精确至1mm)即为砂浆的稠度值。

(6)圆锥形容器内的砂浆，只允许测定一次稠度，测定时，应重新取样测定之。

(7)同盘砂浆稠度试验取两次试验结果的算术平均值作为测定值，并精确至1mm。当两次试验值之差大于10mm时，应重新取样测定。

### 2.5.5 现场养护

应建立施工现场砂浆养护室，并符合2.4.5的要求。砂浆试块的标准养护条件应满足2.5.4中2砂浆强度试件的制作及养护的要求。

### 2.5.6 技术要求

1. 干混砂浆进场检验结果应符合表2.5-3～表2.5-8的要求。

干混砂浆性能指标　　　　　　表2.5-3

| 项目 | 干混砌筑砂浆 | | 干混抹灰砂浆 | | 干混地面砂浆 | 干混普通防水砂浆 |
|---|---|---|---|---|---|---|
| 保水率/% | ≥88 | ≥88 | ≥88 | ≥88 | ≥88 | ≥88 |
| 14d拉伸粘结强度 | — | — | M5：≥0.15<br>＞M5：≥0.20 | ≥0.30 | — | ≥0.20 |

干混陶瓷砖粘结砂浆性能指标　　　表2.5-4

| 项目 | | 性能指标 | |
|---|---|---|---|
| | | Ⅰ（室内） | E（室外） |
| 拉伸粘结强度/MPa | 常温状态 | ≥0.5 | ≥0.5 |
| | 晾置时间，20min | ≥0.5 | ≥0.5 |

**干混界面砂浆性能指标**　　　　　　　　　　表 2.5-5

| 项目 | 性能指标 | | | |
|---|---|---|---|---|
| | C（混凝土界面） | AC（加气混凝土界面） | EPS（模塑聚苯板界面） | XPS（挤塑聚苯板界面） |
| 14d 常温状态拉伸粘结强度 | ≥0.5 | ≥0.3 | ≥0.10 | ≥0.20 |

**聚合物水泥防水砂浆性能指标**　　　　　　　表 2.5-6

| 序号 | 项目 | | | 技术指标 | |
|---|---|---|---|---|---|
| | | | | Ⅰ型 | Ⅱ型 |
| 1 | 凝结时间 | 初凝/min | ≥ | 45 | |
| 2 | | 终凝/h | ≤ | 24 | |
| 3 | 耐碱度 | | | 无开裂、剥落 | |
| 4 | 耐热度 | | | 无开裂、剥落 | |

**干粉砂浆抗压强度**　　　　　　　　　　　　表 2.5-7

| 强度等级 | M5 | M7.5 | M10 | M15 | M20 | M25 | M30 |
|---|---|---|---|---|---|---|---|
| 28d 抗压强度/MPa | ≥5.0 | ≥7.5 | ≥10.0 | ≥15.0 | ≥20.0 | ≥25.0 | ≥30.0 |

**干粉砂浆抗渗压力**　　　　　　　　　　　　表 2.5-8

| 抗渗等级 | P6 | P8 | P10 |
|---|---|---|---|
| 28d 抗渗压力/MPa | ≥0.6 | ≥0.8 | ≥1.0 |

2. 砂浆强度

（1）砌筑砂浆试块强度验收时其强度合格标准必须符合以下规定：

① 同一验收批砂浆试块强度平均值应大于或等于设计强度等级值的 1.10 倍；

② 同一验收批砂浆试块抗压强度的最小一组平均值应大于或等于设计强度等级值的 85%。

注：砌筑砂浆的验收批，同一类型、强度等级的砂浆试块不应少于3组；同一验收批砂浆只有1组或2组试块时，每组试块抗压强度平均值应大于或等于设计强度等级值的1.10倍；对于建筑结构的安全等级为一级或设计使用年限为50年及以上的房屋，同一验收批砂浆试块的数量不得少于3组。制作砂浆试块的砂浆稠度应与配合比设计一致。

（2）建筑地面工程砂浆面层强度

砂浆面层的强度等级必须符合设计要求，强度等级不应小于M15。

（3）抹灰砂浆

① 抹灰砂浆同一验收批的砂浆试块抗压强度平均值应大于或等于设计强度等级值，且抗压强度最小值应大于或等于设计强度值的75%。当同一验收批试块少于3组时，每组试块抗压强度均应大于或等于设计强度等级值。

② 抹灰砂浆同一验收批的抹灰层拉伸粘结强度平均值应大于或等于表2.5-9中的规定值，且最小值应大于或等于表2.5-9中规定值的75%。当同一验收批抹灰层拉伸粘结强度试验少于3组时，每组试件拉伸粘结强度均应大于或等于表2.5-9中的规定值。

抹灰层拉伸粘结强度的规定值　　　　　　表2.5-9

| 抹灰砂浆品种 | 拉伸粘结强度(MPa) |
|---|---|
| 水泥抹灰砂浆 | 0.20 |
| 水泥粉煤灰抹灰砂浆、水泥石灰抹灰砂浆、掺塑化剂水泥抹灰砂浆 | 0.15 |
| 聚合物水泥抹灰砂浆 | 0.30 |
| 预拌抹灰砂浆 | 0.25 |

（4）预拌砂浆

① 同一验收批预拌砌筑砂浆试块抗压强度平均值应大于或等于设计强度等级所对应的立方体抗压强度的1.10倍；且最小

值应大于或等于设计强度等级所对应的立方体抗压强度的0.85倍。

当同一批预拌砌筑砂浆抗压强度试块少于3组时，每组试块抗压强度应大于或等于设计强度等级所对应的立方体抗压强度的1.10倍。

② 室外预拌抹灰砂浆实体拉伸粘结强度应按验收批进行评定。当同一验收批实体拉伸粘结强度的平均值不小于0.25MPa时，可判为合格；否则，应判定为不合格。

③ 砂浆面层的强度等级必须符合设计要求，强度等级不应小于M15。预拌地面砂浆抗压强度应按批进行评定。当同一验收批地面砂浆试块抗压强度平均值大于或等于设计强度等级多对应的立方体抗压强度值时，可判定该批地面砂浆的抗压强度为合格。

④ 预拌界面砂浆当实体拉伸粘结强度检验时的破坏面发生在非界面砂浆层时，可判定为合格；否则，应判定为不合格。

⑤ 外墙饰面砖拉伸粘结强度的检验评定应符合现行行业标准《建筑饰面砖粘结强度检验标准》(JGJ 110—2008)。现场粘结的同类饰面砖，当一组试样均符合下列两项指标时，其粘结强度应定为合格；当一组试样均不符合下列两项指标要求时，其粘结强度应定为不合格；当一组试样只符合下列两项指标的一项要求时，应在该组试样原取样区域内重新抽取两组试样检验，若检验结果仍有一项不符合下列指标要求时，则该组饰面砖粘结强度应定为不合格：

a) 每组试样平均粘结强度不应小于0.4MPa；

b) 每组可有一个试样的粘结强度小于0.4MPa，但不应小于0.3MPa。

3. 稠度

(1)砌筑砂浆的稠度应符合表2.5-10的规定。

**砌筑砂浆的稠度** 表 2.5-10

| 砌体种类 | 砂浆稠度(mm) |
|---|---|
| 烧结普通砖砌体、粉煤灰砖砌体 | 70~90 |
| 混凝土砖砌体、普通混凝土小型空心砌块砌体、灰砂砖砌体 | 50~70 |
| 烧结多孔砖砌体、烧结空心砖砌体、轻集料混凝土小型空心砌块砌体、蒸压加气混凝土砌块砌体 | 60~80 |
| 石砌体 | 30~50 |

注：1. 砌筑其他块材时，砌筑砂浆的稠度可根据块材吸水特性及气候条件确定；
  2. 采用薄层砂浆施工法砌筑蒸压加气混凝土砌块等砌体时，砌筑砂浆稠度可根据产品说明书确定。

（2）抹灰砂浆的稠度应符合表 2.5-11 的规定。

**抹灰砂浆的稠度** 表 2.5-11

| 抹灰层 | 施工稠度(mm) |
|---|---|
| 底层 | 90~110 |
| 中层 | 70~90 |
| 面层 | 70~80 |

注：聚合物水泥砂浆的施工稠度宜为 50~60mm，石膏抹灰砂浆的施工稠度宜为 50~70mm。

（3）地面面层砂浆的稠度宜为 50mm±10mm。
（4）湿拌砂浆稠度偏差应满足表 2.5-12 的要求。

**湿拌砂浆稠度偏差** 表 2.5-12

| 规定稠度 | 允许偏差(mm) |
|---|---|
| 50、70、90 | ±10 |
| 110 | +5；-10 |

### 2.5.7 检测报告及不合格处理

1. 检测报告表式

砂浆抗压强度检测报告表式见表 2.5-13。

## 《检测机构名称》

### 砂浆抗压强度检测报告 C-01a-0806

表 2.5-13

检测类别：　　　　　工程连续号：　　　　　委托编号：
　　　　　　　　　　　　　　　　　　　　　报告编号：

| 委托单位 | |
|---|---|
| 工程名称 | |
| 工程地址 | 委托日期 |
| 施工单位 | 报告日期 |

| 样品编号 | | 砂浆品种 | | 强度等级 | |
|---|---|---|---|---|---|
| 生产单位 | | | | 备案证号 | |
| 工程部位 | | | | 稠度/mm | |
| 成期日期 | | 检测日期 | | 龄期/d | |
| 养护条件 | 受压面积/mm² | 破坏荷载/kN | 抗压强度/MPa | 平均强度/MPa | 达到设计强度/% |
| | | | | | |

| 样品编号 | | 砂浆品种 | | 强度等级 | |
|---|---|---|---|---|---|
| 生产单位 | | | | 备案证号 | |
| 工程部位 | | | | 稠度/mm | |
| 成期日期 | | 检测日期 | | 龄期/d | |
| 养护条件 | 受压面积/mm² | 破坏荷载/kN | 抗压强度/MPa | 平均强度/MPa | 达到设计强度/% |
| | | | | | |

| 见证单位 | | 见证人及证书号 | |
|---|---|---|---|
| 检测方法 | | 评定依据 | |
| 说明 | 1. 非本检测机构抽样的样品，本检测机构仅对来样的检测数据负责；<br>2. 未经本检测机构批准，部分复制本检测报告无效；<br>3. 由本检测机构抽样的样品按本检测机构抽样程序进行抽样、检测 | | |
| 检测机构信息 | 1. 检测机构地址：<br>2. 联系电话：<br>3. 邮编： | 防伪校验码 | |
| 备注 | | | |

检测机构专用章：　批准/职务：　/　审核：　检测：

共 页 第 页

2. 不合格处理

① 当施工中或验收时出现砌筑砂浆试块缺乏代表性或试块数量不足、对砂浆试块的试验结果有怀疑或有争议、砂浆试块的试验结果不能满足设计要求时，可采用现场检验方法(详见 5 主体结构工程检测)对砂浆和砌体强度进行原位检测或取样检测，并判定其强度。

② 当内墙抹灰工程中抗压强度检验不合格时，应在现场对内墙抹灰层进行拉伸粘结强度检测，并应以其检测结果为准。当外墙或顶棚抹灰施工中抗压强度检验不合格时，应对外墙或顶棚抹灰砂浆加倍取样进行抹灰层拉伸粘结强度检测，并应以其检测结果为准。

## 2.6　钢筋混凝土结构用钢

### 2.6.1　概述

建筑钢材是指建筑工程中使用的各种钢材，它是一种重要的建筑材料，广泛应用于现代建筑中。建筑钢材包括钢筋混凝土结构用钢以及钢结构工程用钢，钢结构用钢将在第 6 章中介绍。

按化学成分分类，建筑钢材可以分为碳素钢和合金钢两大类。碳素钢按其含碳量的多少又分为低碳钢、中碳钢和高碳钢；合金钢按其合金元素总量的多少，分为低合金钢、中合金钢和高合金钢。在工程中应用的钢材主要是碳素结构钢和低合金高强度结构钢。

钢筋混凝土结构用钢与混凝土组成的钢筋混凝土结构，虽然自重较大，但节省钢材，同时由于混凝土的保护作用，很大程度上克服了钢材易锈蚀、维修费用高的缺点。

钢筋混凝土结构用钢包括钢筋、钢丝、钢绞线和钢棒，主要品种有热轧光圆钢筋、热轧带肋钢筋、冷轧带肋钢筋、余热处理钢筋、冷拔低碳钢丝、预应力钢丝和钢绞线、预应力钢棒等。

### 2.6.2 依据标准

1.《混凝土结构工程施工质量验收规范》(GB 50204—2015)。
2.《钢筋混凝土用钢 第2部分：热轧带肋钢筋》(GB 1499.2—2007)。
3.《钢筋混凝土用钢 第1部分：热轧光圆钢筋》(GB 1499.1—2008)。
4.《钢筋混凝土用余热处理钢筋》(GB 13014—2013)。
5.《碳素结构钢》(GB/T 700—2006)。
6.《冷轧带肋钢筋》(GB 13788—2008)。
7.《型钢验收、包装、标志及质量证明书的一般规定》(GB/T 2101—2008)。
8.《钢及钢产品交货一般技术要求》(GB/T 17505—2016)。
9.《冷轧带肋钢筋混凝土结构技术规程》(JGJ 95—2011)。
10.《高延性冷轧带肋钢筋》(YB/T 4260—2011)。
11.《混凝土结构工程施工规范》(GB 50666—2011)。
12.《混凝土结构用成型钢筋》(JG/T 226—2008)。
13.《预应力混凝土用螺纹钢筋》(GB/T 20065—2006)。
14.《预应力混凝土用钢棒》(GB/T 5223.3—2005)。
15.《预应力混凝土用钢绞线》(GB/T 5224—2014)。
16.《无粘结预应力钢绞线》(JG 161—2004)。
17.《预应力混凝土用钢丝》(GB/T 5223—2014)。
18.《预应力混凝土用钢材试验方法》(GB/T 21839—2008)。
19.《钢丝验收、包装、标志及质量证明书的一般规定》(GB/T 2103—2008)。

### 2.6.3 检验内容和使用要求

1. 检验内容

(1) 钢材进场时，应按国家现行相关标准的规定抽取试件作屈服强度、抗拉强度、伸长率、弯曲性能和重量偏差检验，其中，预应力混凝土用钢材进场时，应按国家现行相关标准的规定抽取试件作屈服强度、抗拉强度、规定非比例延伸力、断后伸长率或最大总伸长率检验，检验结果必须符合有关标准的规定。

（2）钢筋调直后应进行力学性能和重量偏差的检验，其强度、断后伸长率和重量负偏差应符合有关标准的规定。

（3）各类钢材检验项目见表2.6-1。

**钢筋检测项目表** 表2.6-1

| 序号 | 钢筋品种 | 检测项目 |
|---|---|---|
| 1 | 热轧带肋钢筋 | 拉伸、弯曲、重量偏差 |
| 2 | 钢筋混凝土用热轧光圆钢筋 | |
| 3 | 钢筋混凝土用余热处理钢筋 | |
| 4 | 碳素结构钢 | 拉伸、弯曲 |
| 5 | 冷轧带肋钢筋 | 拉伸、弯曲（CRB550、CRB600H）或反复弯曲（CRB650、CRB650H、CRB800、CRB800H、CRB970）、重量偏差 |
| 6 | 调直后钢筋 | 拉伸、重量偏差 |
| 7 | 成型钢筋 | |
| 8 | 预应力混凝土用螺纹钢筋 | 拉伸 |
| 9 | 预应力混凝土用钢棒 | 拉伸、弯曲或反复弯曲 |
| 10 | 预应力混凝土用钢丝 | 拉伸 |
| 11 | 预应力混凝土用钢绞线 | |
| 12 | 无粘结预应力钢绞线 | |

注：1. 采用无延伸功能的机械设备调直的钢筋，可不进行调直后的检测。对钢筋调直机械是否有延伸功能的判定，可由施工单位检查并经监理单位确认，当不能判断或对判断结果有争议时，应进行调直后的检测。
2. 拉伸试验包括：屈服强度、抗拉强度、断后伸长率、最大力下总伸长率等，按有关现行标准选择相应检验项目。
3. 无粘结预应力钢绞线进场时，应进行防腐润滑脂量和护套厚度的检验，检验结果应符合现行行业标准《无粘结预应力钢绞线》（JGJ161）的规定；经观察认为涂包质量有保证，且有厂家提供的涂包质量检验报告时，可不作此检验。

(4)当钢筋在加工过程中,如发现脆断、焊接性能不良或力学性能显著不正常等现象,应根据现行国家标准对该批钢筋进行化学成分检验或其他专项检验。

(5)对于钢筋伸长率,牌号带"E"的钢筋必须检验最大力下总伸长率。

2．使用要求

(1)国家热轧带肋钢筋、冷轧带肋钢筋、热轧光圆钢筋和预应力混凝土用钢材(钢丝、钢棒、钢绞线)产品实施工业产品生产许可证管理,钢材生产企业必须取得《全国工业产品生产许可证》。获证企业及其产品可通过国家质监总局网站www.aqsiq.gov.cn查询。上海市对用于建设工程的钢材实行备案管理,获证企业及其产品可通过上海市建筑建材业网站www.ciac.sh.cn"专题专栏"＝＞"建材管理"中查询。

(2)钢筋加工企业向建设工程提供成型钢筋,应出具有效"成型(半成型)钢筋出厂合格证",明示钢筋生产企业名称,《生产许可证》编号、生产企业出厂质量指标及加工企业的机械性能和焊接复验数据。

(3)使用单位应严格执行钢筋质量验收制度,核查《生产许可证》、产品质量证明书、产品标牌、表面标志及其标示内容的一致性,并在《建设工程材料采购验收检验使用综合台账》中予以记录。使用单位应当收集并保存产品标牌。产品质量证明书应当是原件,复印件必须有保存原件单位的公章、责任人签名、送货日期及联系方式。

(4)使用现场的钢筋应按产品规格分开堆放,并清晰标明生产单位、产品规格、进场数量、质量检测状态等。在条件允许的情况下,建筑钢材应尽可能存放在库房或料棚内(特别是有精度要求的冷拉、冷拔等钢材),若采用露天存放,则料场应选择地势较高而又平坦的地面,经平整、夯实、预设排水沟道、安排好垛底后方能使用。为避免因潮湿环境而引起的钢材表面锈蚀现象，雨雪季节建筑钢材要用防雨材料覆盖。

（5）热轧带肋钢筋应在其表面轧上牌号标志，经注册的厂名（或商标）和公称直径毫米数字。公称直径不大于10mm的钢筋，可不轧制标志，可采用挂标牌方法。

（6）检测单位出具的热轧带肋钢筋检测报告中应标明被检产品的表面标志。

（7）钢筋宜采用无延伸功能的机械设备进行调直，也可采用冷拉方式调直。当采用冷拉方式调直时，HPB235、HPB300光圆钢筋的冷拉率不宜大于4%；HRB335、HRB400、HRB500、HRBF335、HRBF400、HRBF500及RRB400带肋钢筋的冷拉率不宜大于1%。

（8）预应力混凝土用钢材，每一盘卷或捆应拴挂标牌，其上注明供方名称、产品名称、牌号、批号、尺寸、重量及件数等。预应力混凝土用螺纹钢筋还应按强度级别进行端头涂色。

### 2.6.4 取样要求

1. 取样批量和数量（表2.6-2）

钢材取样批量及数量　　　　表2.6-2

| 钢筋品种 | 批量 | 试件数量 | 备注 |
|---|---|---|---|
| 热轧带肋钢筋 | 每批由同一牌号、同一炉罐号、同一规格的钢筋组成。每批重量通常不大于60t | 每批钢筋2个拉伸试样、2个弯曲试样和5个重量偏差试样 | 超过60t的部分，每增加40t（或不足40t的余数），增加1个拉伸试样、1个弯曲试样和5个重量偏差试样 |
| 热轧光圆钢筋 | 每批由同一牌号、同一炉罐号、同一尺寸的钢筋组成。每批重量通常不大于60t | | |
| 余热处理钢筋 | 每批由同一牌号、同一炉罐号、同一规格、同一余热处理制度的钢筋组成。每批重量不大于60t | | |

续表

| 钢筋品种 | 批量 | 试件数量 | 备注 |
|---|---|---|---|
| 碳素结构钢 | 每批由同一牌号、同一炉号、同一质量等级、同一品种、同一尺寸、同一交货状态的钢材组成。每批重量不应大于60t | 用《碳素结构钢》(GB/T 700—2006)验收的直条钢筋每批1个拉伸试样、1个弯曲试样 | — |
| 冷轧带肋钢筋 | 按进场同一厂家、同一牌号、同一直径、同一交货状态的钢筋划分检验批。CRB550、CRB600H每批重量不超过10t；CRB650、CRB650H、CRB800、CRB800H、CRB970每批重量不超过5t，当连续10批检验结果均合格，可改为不超过10t为一个检验批 | 每批随机抽取3捆（盘），每捆（盘）抽取一个试样，3个试样进行重量偏差检测后，再取其中2个试样分别进行拉伸、弯曲（反复弯曲）试验 | |
| 调直后钢筋 | 同一加工设备、同一牌号、同一规格的调直钢筋，重量不大于30t为一批 | 每批钢筋抽取3个试样，先进行重量偏差检验，再取其中2个试样进拉伸检验 | — |
| 成型钢筋 | 同一厂家、同一类型、同一钢筋来源的成型钢筋，不超过30t为一批 | 每批中每种钢筋牌号、规格均应至少抽取1个钢筋试件，总数不应少于3个，做拉伸、重量偏差 | 对由热轧钢筋制成的成型钢筋，当有施工单位或监理单位的代表驻厂监督生产过程，并提供原材钢筋力学性能报告，可仅进行重量偏差检验 |
| 预应力混凝土用螺纹钢筋 | 每批由同一炉罐号、同一规格、同一交货状态的组成的钢筋组成，每批重量不大于60t | 每批随机抽取2个拉伸试样 | 超过60t的部分，每增加40t（或不足40t的余数），增加1个拉伸试样 |

续表

| 钢筋品种 | 批量 | 试件数量 | 备注 |
|---|---|---|---|
| 预应力混凝土用钢棒 | 每批由同一牌号、同一规格、同一加工状态的钢材组成，每批重量不大于60t | 每批在不同盘中抽取3个拉伸试样 | — |
| 预应力混凝土用钢丝 | | | — |
| 预应力混凝土用钢绞线 | 每批由同一牌号、同一规格、同一生产工艺捻制的钢绞线组成，每批重量不大于60t | 每批随机抽取3个拉伸试样 | — |
| 无粘结预应力钢绞线 | 每批由同一钢号、同一规格、同一生产工艺生产的钢绞线组成，每批重量不大于60t | | — |

注：1. 上海地区规定钢材在见证取样时，应同时封存复验所需样品，一并送检测机构办理样品检测委托手续。
2. 热轧带肋钢筋、热轧光圆钢筋及余热处理钢筋允许由同一牌号、同一冶炼方法、同一浇筑方法的不同炉罐号组成混合批，但各炉罐号含碳量之差不大于0.02%，含锰量之差不大于0.15%，混合批的重量不大于60t。

钢筋、成型钢筋、预应力筋进场检验，当满足下列条件之一时，其检验批容量可扩大一倍：

（1）获得认证的钢筋、成型钢筋；

（2）同一厂家、同一牌号、同一规格的钢筋，连续三批均一次检验合格；

（3）同一厂家、同一类型、同一钢筋来源的成型钢筋，连续三批均一次检验合格。

检验批容量只可扩大一次，当扩大检验批后的检验出现一次不合格情况时，应按扩大前的检验批容量重新验收，并不得再次扩大检验批容量。

2. 试样长度

拉伸试样和弯曲试样长度根据试样直径和所使用的设备确定。日常取样参考长度见表2.6-3。

**钢筋试样取样参考长度（mm）** 表 2.6-3

| 试样直径 | 拉伸试样长度 | 弯曲试样长度 | 重量偏差试样长度 |
|---|---|---|---|
| 6.5～20 | 400～450 | 350～400 | ≥500 |
| 22～32 | 450～500 | | |

3. 取样方法

（1）重量偏差试验的试样应从不同根钢筋上截取，试样切口应平滑且与长度方向垂直；在进行重量偏差检验后，再取其中试件进行拉伸试验、弯曲性能试验，钢筋试样不需作任何加工。

（2）上海地区规定凡是表面轧上牌号标志的带肋钢筋，见证取样时截取的热轧带肋钢筋样品应当带有表面标志。

（3）成型钢筋每批抽取的试件应在不同成型钢筋上截取。

### 2.6.5 技术要求

1. 钢筋混凝土用热轧光圆钢筋（包括热轧直条、盘卷光圆钢筋）力学性能应满足表 2.6-4 的要求。

**钢筋混凝土用热轧光圆钢筋** 表 2.6-4

| 牌号 | 下屈服强度 $R_{eL}$(MPa) 不小于 | 抗拉强度 $R_m$(MPa) 不小于 | 断后伸长率 $A$(%)不小于 | 断后伸长率 $A_{gt}$(%)不小于 | 冷弯180° $d$—弯芯直径 $a$—钢筋直径 |
|---|---|---|---|---|---|
| HPB235 | 235 | 370 | 25.0 | 10.0 | $d=a$ |
| HPB300 | 300 | 420 | | | |

2. 钢筋混凝土用热轧带肋钢筋力学性能应满足表 2.6-5 的要求。

**钢筋混凝土用热轧带肋钢筋** 表 2.6-5

| 牌号 | 公称直径（mm） | 下屈服强度 $R_{eL}$(MPa) 不小于 | 抗拉强度 $R_m$(MPa) 不小于 | 断后伸长率 $A$(%) 不小于 | 冷弯180° $d$—弯心直径 $a$—钢筋直径 |
|---|---|---|---|---|---|
| HRB335 HRBF335 | 6～25 28～40 >40～50 | 335 | 455 | 17 | $d=3a$ $d=4a$ $d=5a$ |

续表

| 牌号 | 公称直径(mm) | 下屈服强度 $R_{eL}$(MPa) 不小于 | 抗拉强度 $R_m$(MPa) 不小于 | 断后伸长率 $A$(%) 不小于 | 冷弯180° $d$—弯心直径 $a$—钢筋直径 |
|---|---|---|---|---|---|
| HRB400 HRBF400 | 6～25 28～40 >40～50 | 400 | 540 | 16 | $d=4a$ $d=5a$ $d=6a$ |
| HRB500 HRBF500 | 6～25 28～40 >40～50 | 500 | 630 | 15 | $d=6a$ $d=7a$ $d=8a$ |

注：1. 直径28～40mm各牌号钢筋的断后伸长率可降低1%；直径大于40mm各牌号钢筋的断后伸长率可降低2%；
2. 有较高要求的抗震结构适用牌号为在表2.6.5中已有牌号后加E(例如：HRB400E)的钢筋。该类钢筋除满足2.6.5中6的要求外，其他要求与相对应的已有牌号的钢筋相同。

3. 钢筋混凝土用余热处理钢筋力学性能应满足表2.6-6的要求。

**钢筋混凝土用余热处理钢筋**　　　　表2.6-6

| 牌号 | 公称直径(mm) | $R_{eL}$(MPa) 不小于 | $R_m$(MPa) 不小于 | $A$(%) 不小于 | $A_{gt}$(%) 不小于 | 冷弯 $d$—弯芯直径 $a$—钢筋直径 |
|---|---|---|---|---|---|---|
| RRB400 | 8～25 32～50 | 400 | 540 | 14 | 5.0 | $d=4a$ $d=5a$ |
| RRB400W | 8～25 28～40 | 430 | 570 | 16 | 7.5 | $d=4a$ $d=5a$ |
| RRB500 | 8～25 32～50 | 500 | 630 | 13 | 5.0 | $d=6a$ |

注：1. 时效后检验结果；
2. 直径28～40mm各牌号钢筋的断后伸长率$A$可降低1%；直径大于40mm各牌号钢筋的断后伸长率可降低2%；
3. 对于没有明显屈服强度的钢，屈服强度特征值$R_{eL}$应采用规定非比例延伸强度$R_{p0.2}$。

4. 按《碳素结构钢》(GB/T 700—2006)验收的直条钢筋力学性能应满足表2.6-7的要求。

**碳素结构钢（节选）** 表 2.6-7

| 级别 | 牌号 | 直径（mm） | 上屈服强度 $R_{eH}$(MPa) 不小于 | 抗拉强度 $R_m$(MPa) | 伸长率 $A$(％) 不小于 | 冷弯 $d$—弯心直径 $a$—钢筋直径 |
|---|---|---|---|---|---|---|
| A | Q235 | >16～40 | ≥225 | 375～500 | ≥25 | 180° $d=a$ |

5. 冷轧带肋钢筋力学性能应满足表 2.6-8 的要求。

**冷轧带肋钢筋** 表 2.6-8

| 牌号 | $R_{p0.2}$（MPa）不小于 | 抗拉强度 $R_m$(MPa) 不小于 | 伸长率不小于 | | 弯曲试验 180° | 反复弯曲次数 |
|---|---|---|---|---|---|---|
| | | | $A_{11.3\%}$ | $A_{100mm}$(％) | | |
| CRB550 | 500 | 550 | 8.0 | — | $D=3d$ | — |
| CRB600H | 520 | 600 | 14.0 | — | $D=3d$ | — |
| CRB650 | 585 | 650 | — | 4.0 | | 3 |
| CRB650H | 585 | 650 | — | 7.0 | | 4 |
| CRB800 | 720 | 800 | — | 4.0 | | 3 |
| CRB800H | 720 | 800 | — | 7.0 | | 4 |
| CRB970 | 875 | 970 | — | 4.0 | | 3 |

注：1. 冷轧带肋钢筋的强屈比 $R_m/R_{p0.2}$ 比值应不小于 1.03。
2. 高延性冷轧带肋钢筋（牌号带"H"）的强屈比 $R_m/R_{p0.2}$ 比值应不小于 1.05。

6. 预应力混凝土用螺纹钢筋力学性能应满足表 2.6-9 的要求。

**预应力混凝土用螺纹钢筋** 表 2.6-9

| 级别 | 屈服强度 $R_{eL}$(MPa) | 抗拉强度 $R_m$(MPa) | 断后伸长率 $A$(％) | 最大力下总伸长度 $A_{gt}$(％) |
|---|---|---|---|---|
| | 不小于 | | | |
| PSB785 | 785 | 980 | 7 | 3.5 |
| PSB830 | 830 | 1030 | 6 | |
| PSB930 | 930 | 1080 | 6 | |
| PSB1080 | 1080 | 1230 | 6 | |

注：无明显屈服时，用规定非比例延伸强度（$R_{p0.2}$）代替。

7. 预应力混凝土用钢棒力学性能应满足表2.6-10的要求。

**预应力混凝土用钢棒** 表2.6-10

| 抗拉强度 $R_m$ 不小于(MPa) | 规定非比例延伸强度 $R_{p0.2}$ 不小于(MPa) |
|---|---|
| 1080 | 930 |
| 1230 | 1080 |
| 1420 | 1280 |
| 1570 | 1420 |

8. 预应力混凝土用钢丝力学性能应满足表2.6-11的要求。

**预应力混凝土用钢丝** 表2.6-11

| 公称直径 $d_m$(mm) | 公称抗拉强度 $R_m$(MPa) | 0.2%屈服力 $F_{p0.2}$(kN)⩾ | 最大力总伸长率 $A_{gt}$(%)⩾ |
|---|---|---|---|
| 5 | 1570 | 27.12 | |
| 5 | 1860 | 32.13 | |
| 7 | 1570 | 53.16 | 3.5 |
| 9 | 1470 | 82.07 | |
| 9 | 1570 | 87.89 | |

9. 预应力混凝土用钢绞线及无粘结预应力钢绞线力学性能应满足表2.6-12的要求。

**预应力混凝土用钢绞线及无粘结预应力钢绞线** 表2.6-12

| 种类 | 公称直径 $d_m$(mm) | 公称抗拉强度 $R_m$(MPa) | 0.2%屈服力 $F_{p0.2}$(kN)⩾ | 最大力总伸长率 $A_{gt}$(%)⩾ |
|---|---|---|---|---|
| | 8.60 | | 52.1 | |
| | 10.80 | 1570 | 81.4 | |
| | 12.90 | | 117 | |
| | 8.60 | | 61.7 | |
| 1×3（三股） | 10.80 | 1860 | 96.8 | 3.5 |
| | 12.90 | | 139 | |
| | 8.60 | | 65.0 | |
| | 10.80 | 1960 | 101 | |
| | 12.90 | | 146 | |

续表

| 种类 | 公称直径 $d_m$(mm) | 公称抗拉强度 $R_m$(MPa) | 0.2%屈服力 $F_{p0.2}$(kN)≥ | 最大力总伸长率 $A_{gt}$(%)≥ |
|---|---|---|---|---|
| 1×7（三股） | 9.50 | 1720 | 83.0 | 3.5 |
| | 12.70 | | 150 | |
| | 15.20 | | 212 | |
| | 17.80 | | 288 | |
| | 9.50 | 1860 | 89.8 | |
| | 12.70 | | 162 | |
| | 15.20 | | 229 | |
| | 17.80 | | 311 | |
| | 9.50 | 1960 | 94.2 | |
| | 12.70 | | 170 | |
| | 15.20 | | 241 | |
| | 21.60 | 1860 | 466 | |

10. 盘卷钢筋调直后的强度应满足表2.6-4、表2.6-5和表2.6-6的要求，断后伸长率、重量负偏差应符合表2.6-13的要求。

**盘卷钢筋调直后的断后伸长率、重量负偏差要求** 表2.6-13

| 钢筋牌号 | 断后伸长率 $A$(%) | 重量负偏差(%) | | |
|---|---|---|---|---|
| | | 直径6~12mm | 直径14~20mm | 直径22~50mm |
| HPB235、HPB300 | ≥21 | ≤10 | — | — |
| HRB335、HRBF335 | ≥16 | ≤8 | ≤6 | ≤5 |
| HRB400、HRBF400 | ≥15 | | | |
| RRB400 | ≥13 | | | |
| HRB500、HRBF500 | ≥14 | | | |

注：对直径为28~40mm的带肋钢筋，表中断后伸长率可降1%，对于直径大于40mm的带肋钢筋，表中断后伸长率可降低2%。

11. 对有抗震设防要求的框架结构,其纵向受力钢筋的性能应满足设计要求;当设计无具体要求时,对按一、二、三级抗震等级设计的框架和斜撑构件(含梯段)中的纵向受力钢筋应采用HRB335E、HRB400E、HRB500E、HRBF335E、HRBF400E或HRBF500E,其强度和最大力下总伸长率的实测值应符合下列规定:

(1) 钢筋的抗拉强度实测值与屈服强度实测值的比值不应小于1.25;

(2) 钢筋的屈服强度实测值与强度标准值的比值不应大于1.30;

(3) 钢筋的最大力下总伸长率不应小于9%。

12. 钢筋实际重量与理论重量的允许偏差应符合表2.6-14的要求。

钢筋实际重量与理论重量的允许偏差　　　　表 2.6-14

| 钢筋品种 | 直径(mm) | 实际重量与理论重量的允许偏差(%) |
| --- | --- | --- |
| 热轧带肋钢筋 | 6～12<br>14～20<br>22～50 | ±7<br>±5<br>±4 |
| 热轧光圆钢筋<br>(直条) | 6～12<br>14～22 | ±7<br>±5 |
| 钢筋混凝土用余<br>热处理钢筋 | 8～12<br>14～20<br>22～50 | ±6<br>±5<br>±4 |
| 冷轧带肋钢筋 | 4～12 | ±4 |

## 2.6.6 检测报告及不合格处理

1. 检测报告表式(表2.6-15)

## 《检测机构名称》

### 钢筋原材检测报告  C-09c-0907

表 2.6-15

共 页 第 页　　　　　　　　　委托编号：

检测类别：　　　　　工程连续号：　　　　　报告编号：

| 委托单位 | | | | | | | | | |
|---|---|---|---|---|---|---|---|---|---|
| 工程名称 | | | | | | | | | |
| 工程地址 | | | | | 委托日期 | | | | |
| 施工单位 | | | | | 报告日期 | | | | |

| 样品编号 | | 样品名称 | | | 牌号 | | | | |
|---|---|---|---|---|---|---|---|---|---|
| 样品规格 | | 代表数量 | | | 表面标识 | | | | |
| 生产单位 | | | | | 许可证号 | | | | |
| 工程部位 | | | | | 炉批号 | | | | |
| 检测方法 | | | | | 评定依据 | | | | |

| 重量偏差 | 标准要求(%) | 总长度(mm) | 理论重量(g) | 总重量(g) | 重量偏差(%) | 检测结果 |
|---|---|---|---|---|---|---|
| | | | | | | |

| 下屈服强度(MPa) | | 抗拉强度(MPa) | | $R_m^0/R_{eL}^0$ | | $R_{eL}^0/R_{eL}$ | | 断后伸长率 $A$ | | 弯曲性能 | |
|---|---|---|---|---|---|---|---|---|---|---|---|
| 标准值 $R_{eL}$ | 检测值 $R_{eL}^0$ | 标准值 $R_m$ | 检测值 $R_m^0$ | 标准值 | 计算值 | 标准值 | 计算值 | 标准值/% | 检测值/% | 要求 | 检测结果 |
| | | | | | | | | | | | |

| 检测日期 | | 检测结论 | | | | | | | | | |

| 样品编号 | | 样品名称 | | | 牌号 | | | | |
|---|---|---|---|---|---|---|---|---|---|
| 样品规格 | | 代表数量 | | | 表面标识 | | | | |
| 生产单位 | | | | | 许可证号 | | | | |
| 工程部位 | | | | | 炉批号 | | | | |
| 检测方法 | | | | | 评定依据 | | | | |

| 重量偏差 | 标准要求(%) | 总长度(mm) | 理论重量(g) | 总重量(g) | 重量偏差(%) | 检测结果 |
|---|---|---|---|---|---|---|
| | | | | | | |

| 下屈服强度(MPa) | | 抗拉强度(MPa) | | $R_m^0/R_{eL}^0$ | | $R_{eL}^0/R_{eL}$ | | 断后伸长率 $A$ | | 弯曲性能 | |
|---|---|---|---|---|---|---|---|---|---|---|---|
| 标准值 $R_{eL}$ | 检测值 $R_{eL}^0$ | 标准值 $R_m$ | 检测值 $R_m^0$ | 标准值 | 计算值 | 标准值 | 计算值 | 标准值(%) | 检测值(%) | 要求 | 检测结果 |
| | | | | | | | | | | | |

| 检测日期 | | 检测结论 | | | | | | | | | |

| 见证单位 | | 见证人及证书号 | |
|---|---|---|---|
| 说明 | 1. 未经本检测机构批准，部分复制本检测报告无效；<br>2. 由本检测机构抽样的样品按本检测机构抽样程序进行抽样、检测 | | |
| 检测机构信息 | 1. 检测机构地址：<br>2. 联系电话：<br>3. 邮编： | 防伪校验码 | |
| 备注 | | | |

检测机构专用章：　　批准/职务：　　/　　审核：　　　　检测：

2. 不合格处理

钢筋首次复验不合格后,使用单位的加倍取样、样品封存以及送检应当有监理单位的见证和生产(销售)单位的现场确认。加倍复验不合格,使用单位应当会同监理单位就不合格钢筋的处理情况及时上报工程质量监督部门。

按照上海地区有关规定,现场钢筋的取样应在监理见证下实施,取样同时应封存复验所需样品,一并送检测机构办理样品检测委托手续。钢筋复验不合格,使用单位应当在监理单位的监督下对不合格钢筋及其所使用的建设工程进行处理和处置,办理退货手续,并在《综合台账》备注栏中注明处理和处置情况。复验不合格批的所有钢筋端部和中间喷上不合格色标油漆后方可将该批钢筋清退现场。不合格色标统一规定为桔黄色,总长度不少于30cm。

## 2.7 钢筋焊接件

### 2.7.1 概述

钢筋焊接是钢筋连接的一种,其形式多样,常见的有:电阻点焊、闪光对焊、电弧焊、电渣压力焊、气压焊、预埋件埋弧压力焊等等。其中电弧焊又分为:帮条焊(双面焊、单面焊)、搭接焊(双面焊、单面焊)、熔槽帮条焊、坡口焊(平焊、立焊)、钢筋与钢板搭接焊、窄间隙焊、预埋件电弧焊(角焊、穿孔塞焊)等。

### 2.7.2 依据标准

1.《混凝土结构工程施工质量验收规范》(GB 50204—2015)。
2.《钢筋焊接及验收规程》(JGJ 18—2012)。

### 2.7.3 检验内容和使用要求

1. 检验内容

（1）钢筋焊接接头的力学性能、弯曲性能应符合国家现行相关标准的规定。接头试件应从工程实体中截取。

（2）闪光对焊接头每批应进行拉伸和弯曲检测，异径钢筋接头可只做拉伸试验。

（3）气压焊接头在柱、墙竖向钢筋连接中，每批应做拉伸试验，在梁、板的水平钢筋连接中，应另增加弯曲试验。在同一批中，异径钢筋气压焊接头可只做拉伸试验。

（4）箍筋闪光对焊接头、电弧焊接头、电渣压力焊接头、预埋件钢筋T形接头每批应做拉伸试验。

2. 使用要求

（1）在钢筋工程焊接开工之前，参与该项工程施焊的焊工必须进行现场条件下的焊接工艺试验，应经试验合格后，方准予焊接生产。试验结果应符合质量检验与验收时的要求。

（2）电渣压力焊适用于柱、墙等构筑物现浇混凝土结构中竖向受力钢筋连接。

（3）从事钢筋焊接施工的焊工必须持有焊工考试合格证，才能上岗操作。

（4）施焊的各种钢筋、钢板均应有质量证明书；焊条、焊丝、氧气、溶解乙炔、液化石油气、二氧化碳气体、焊剂应有产品合格证。

钢筋进场时，应按国家现行相关标准的规定抽取试件并作力学性能和重量偏差检验，检验结果必须符合国家现行有关标准的规定。

（5）各种焊接材料应分类存放、妥善管理；应采取防止锈蚀、受潮变质的措施。

### 2.7.4 取样要求

1. 样品要求

力学性能检验时，应在接头外观检查合格后随机抽取试件进行试验。

（1）闪光对焊接头外观检查结果，应符合下列要求：

① 对焊接头表面应呈圆滑、带毛刺状，不得有肉眼可见的裂纹；

② 与电极接触处的钢筋表面不得有明显烧伤；

③ 接头处的弯折角不得大于 2°；

④ 接头处的轴线偏移不得大于钢筋直径的 1/10，且不得大于 1mm。

（2）电弧焊接头外观检查结果，应符合下列要求：

① 焊缝表面应平整，不得有凹陷或焊瘤；

② 焊接接头区域不得有肉眼可见的裂纹；

③ 咬边深度、气孔、夹渣等缺陷允许值及接头尺寸的允许偏差，应符合相应的规定；

④ 焊缝余高应为 2～4mm。

（3）电渣压力焊接头外观检查结果，应符合下列要求：

① 四周焊包凸出钢筋表面的高度，当钢筋直径为 25mm 及以下时，不得小于 4mm；当钢筋直径为 28mm 及以上时，不得小于 6mm；

② 钢筋与电极接触处，应无烧伤缺陷；

③ 接头处的弯折角不得大于 2°；

④ 接头处的轴线偏移不得大于 1mm。

（4）气压焊接头外观检查结果，应符合下列要求：

① 接头处的轴线偏移 e 不得大于钢筋直径的 1/10，且不得大于 1mm；当不同直径钢筋焊接时，应按较小钢筋直径计算；当大于上述规定值，但在钢筋直径的 3/10 时，可加热矫正；当

大于 3/10 时，应切除重焊；

② 接头处的弯折角不得大于 2°；当大于规定值时，应重新加热矫正；

③ 固态气压焊接头镦粗直径 $d$ 不得小于钢筋直径的 1.4 倍，熔态气压焊接头镦粗直径不得小于钢筋直径的 1.2 倍；当小于上述规定值时，应重新加热镦粗；

④ 镦粗长度 l 不得小于钢筋直径的 1.0 倍，且凸起部分平缓圆滑；当小于上述规定值时，应重新加热镦长；

⑤ 接头处表面不得有肉眼可见的裂纹。

（5）预埋件钢筋 T 形接头外观检查结果，应符合下列要求：

① 焊条电弧焊时，角焊缝焊脚尺寸($k$)应符合相应规定；

② 埋弧压力焊或埋弧螺柱焊时，四周焊包凸出钢筋表面的高度，当钢筋直径为 18mm 及以下时，不得小于 3mm；当钢筋直径为 20mm 及以上时，不得小于 4mm；

③ 焊缝表面不得有气孔、夹渣和肉眼可见裂纹；

④ 钢筋咬边深度不得超过 0.5mm；

⑤ 钢筋相对钢板的直角偏差不得大于 2°。

（6）箍筋闪光对焊外观检查结果，应符合下列要求：

① 对焊接头表面应呈圆滑、带毛刺状，不得有肉眼可见的裂纹；

② 与电极接触处的钢筋表面不得有明显烧伤；

③ 对焊接头所在直线边的顺直度检测结果凹凸不得大于 5mm；

④ 轴线偏移不得大于钢筋直径的 1/10，且不得大于 1mm；

⑤对焊箍筋外皮尺寸应符合设计图纸的规定，允许偏差应为 ±5mm。

2. 取样批量、数量和方法

（1）闪光对焊接头

在同一台班内，由同一焊工完成的 300 个同牌号、同直径钢筋焊接接头作为一批。当同一台班内焊接的接头数量较少，可在一周之内累计计算；累计不足 300 个接头时，应按一批计算。

应从每批接头中随机切取 6 个接头，其中 3 个做拉伸试验，3 个做弯曲试验。

异径钢筋接头可只做拉伸试验。

（2）电弧焊接头

在现浇混凝土结构中，应以 300 个同牌号钢筋、同形式接头作为一批；在房屋结构中，应在不超过连续二楼层中 300 个同牌号钢筋、同形式接头作为一批。每批随机切取 3 个接头，做拉伸试验。

在装配式结构中，可按生产条件制作模拟试件，每批 3 个，做拉伸试验。

钢筋与钢板电弧搭接焊接头可只进行外观检查。

在同一批中若有 3 种不同直径的钢筋焊接接头，应在最大直径钢筋接头和最小直径钢筋接头中切取 3 个试件进行拉伸试验。

当模拟试件试验结果不符合要求时，应进行复验。复验应从现场焊接接头中切取，其数量和要求与初始试验时相同。

（3）电渣压力焊接头

在现浇钢筋混凝土结构中，应以 300 个同牌号钢筋接头作为一批；在房屋结构中，应在不超过连续二楼层中 300 个同牌号钢筋接头作为一批；当不足 300 个接头时，仍应作为一批。每批随机切取 3 个接头做拉伸试验。

在同一批中若有 3 种不同直径的钢筋焊接接头，应在最大直径钢筋接头和最小直径钢筋接头中切取 3 个试件进行拉伸试验。

（4）气压焊接头

在现浇钢筋混凝土结构中，应以 300 个同牌号钢筋接头作为一批；在房屋结构中，应在不超过连续二楼层中 300 个同牌号钢筋接头作为一批；当不足 300 个接头时，仍应作为一批。

在柱、墙的竖向钢筋连接中，应从每批接头中随机切取 3 个接头做拉伸试验；在梁、板的水平钢筋连接中，应另切取 3 个接头做弯曲试验。

在同一批中若有3种不同直径的钢筋焊接接头,应在最大直径钢筋接头和最小直径钢筋接头中切取3个试件进行拉伸试验。

在同一批中,异径钢筋气压焊接头可只做拉伸试验。

(5)箍筋闪光对焊接头

在同一台班内,由同一焊工完成的600个同牌号、同直径箍筋闪光对焊接头作为一批。如超出600个接头,其超出部分可以与下一台班完成接头累计计算。

应从每批接头中随机切取3个接头做拉伸试验。

(6)预埋件钢筋T形接头

以300个同类型预埋件作为一批。一周内连续焊接时,可累计计算。当不足300个时,亦应按一批计算。

应从每批预埋件中随机切取3个接头做拉伸试验,试件的钢筋长度应大于或等于200mm,钢板(锚板)的长度和宽度应等于60mm,并视钢筋直径的增大而适当增大。

3. 样品长度

拉伸试样和弯曲试样长度根据试样直径和所使用的设备确定。日常取样参考长度见表2.7-1。

焊接试样取样参考长度(mm) 表2.7-1

| 闪光对焊、电渣压力焊、气压焊拉伸试样长度 | 电弧焊拉伸试样长度 | T形预埋件 | 弯曲试样长度 |
| --- | --- | --- | --- |
| 400~450 | 450~550 | ≥200 | 350~400 |

## 2.7.5 技术要求

1. 钢筋闪光对焊接头、电弧焊接头、电渣压力焊接头、气压焊接头、箍筋闪光对焊接头、预埋件钢筋T形接头的拉伸试验结果符合下列条件一,应评定该检验批接头拉伸试验合格:

(1)3个试件均断于母材,呈延性断裂,其抗拉强度大于或等于钢筋母材抗拉强度标准值。

（2）2个试件断于钢筋母材，呈延性断裂，其抗拉强度大于或等于钢筋母材抗拉强度标准值；另一试件断于焊缝，呈脆性断裂，其抗拉强度大于或等于钢筋母材抗拉强度标准值的1.0倍。

试件断于热影响区，呈延性断裂，应视作与断于钢筋母材等同；试件断于热影响区，呈脆性断裂，应视作与断于焊缝等同。

2. 符合下列条件之一，应进行复验：

（1）2个试件断于钢筋母材，呈延性断裂，其抗拉强度大于或等于钢筋母材抗拉强度标准值；另一试件断于焊缝，或热影响区，呈脆性断裂，其抗拉强度小于钢筋母材抗拉强度标准值的1.0倍。

（2）1个试件断于钢筋母材，呈延性断裂，其抗拉强度大于或等于钢筋母材抗拉强度标准值；另2个试件断于焊缝或热影响区，呈脆性断裂。

3. 3个试件均断于焊缝，呈脆性断裂，其抗拉强度均大于或等于钢筋母材抗拉强度标准值的1.0倍，应进行复验。当3个试件中有1个试件抗拉强度小于钢筋母材抗拉强度标准值的1.0倍，应评定该检验批接头拉伸试验不合格。

4. 复验时，应切取6个试件进行试验。试验结果，若有4个或4个以上试件断于钢筋母材，呈延性断裂，其抗拉强度大于或等于钢筋母材抗拉强度标准值，另2个或2个以下试件断于焊缝，呈脆性断裂，其抗拉强度大于或等于钢筋母材抗拉强度标准值的1.0倍，应评定该检验批接头拉伸试验复验合格。

5. 可焊接余热处理钢筋RRB400W焊接接头拉伸试验结果，其抗拉强度应符合同级别热轧带肋钢筋抗拉强度标准值540MPa的规定。

6. 预埋件钢筋T形接头拉伸试验结果，3个试件的抗拉强度均大于或等于表2.7-2的规定值时，应评定该检验批接头拉伸试验合格。若有一个接头试件抗拉强度小于表2.7-2的规定值，应进行复验。

复验时,应切取 6 个试件进行试验。复验结果,其抗拉强度均大于或等于表 2.7-2 的规定值时,应评定该检验批接头拉伸试验复验合格。

预埋件钢筋 T 形接头抗拉强度规定值　　　表 2.7.2

| 钢筋牌号 | 抗拉强度规定值(MPa) |
|---|---|
| HPB300 | 400 |
| HRB335、HRBF335 | 435 |
| HRB400、HRBF400 | 520 |
| HRB500、HRBF500 | 610 |
| RRB400W | 520 |

7. 钢筋闪光对焊接头、气压焊接头进行弯曲试验时,应从每一个检验批接头中随机切取 3 个接头,焊缝应处于弯曲中心点,弯心直径和弯曲角度应符合表 2.7-3 的规定。

接头弯曲试验指标　　　表 2.7-3

| 钢筋牌号 | 弯心直径 | 弯曲角度(°) |
|---|---|---|
| HPB300 | 2d | 90 |
| HRB335、HRBF335 | 4d | 90 |
| HRB400、HRBF400、RRB400W | 5d | 90 |
| HRB500、HRBF500 | 7d | 90 |

注：1. $d$ 为钢筋直径(mm);
　　2. 直径大于 25mm 的钢筋焊接接头,弯心直径应增加 1 倍钢筋直径。

弯曲试验结果应按下列规定进行评定:

（1）当试验结果,弯曲至 90°,有 2 个或 3 个试件外侧(含焊缝和热影响区)未发生宽度达到 0.5mm 的裂纹,应评定该检验批接头弯曲试验合格。

（2）有 2 个试件发生宽度达到 0.5mm 的裂纹,应进行复验。

（3）有 3 个试件发生宽度达到 0.5mm 的裂纹,应评定该检验批接头弯曲试验不合格。

（4）复验时,应切取 6 个试件进行试验。复验结果,当不超过2个试件发生宽度达到0.5mm的裂纹时，应评定该检验批接头弯曲试验复验合格。

8. 按照上海地区有关规定，钢筋焊接接头应从工程实体中截取，取样同时应封存复验所需样品，一并送检测机构办理样品检测委托手续。如首次检测达不到标准要求的，由检测机构自动启动加倍复验程序。

### 2.7.6 检测报告

钢材焊接力学性能检测报告表式见表2.7-4。

《检测机构名称》

钢材焊接力学性能检测报告 C-18a-0806    表2.7-4

委托编号：

检测类别：　　　　　工程连续号：　　　　　报告编号：

| 委托单位 | | | | | |
|---|---|---|---|---|---|
| 工程名称 | | | | | |
| 工程地址 | | | | 委托日期 | |
| 施工单位 | | | | 报告日期 | |

| 样品编号 | | 母材名称 | | 母材牌号 | |
|---|---|---|---|---|---|
| 焊接方式 | | 样品规格 | | 代表数量 | |
| 焊接日期 | | 焊工姓名 | | 焊工证书号 | |
| 工程部位 | | | | 检测日期 | |
| 检测方法 | | | | 评定依据 | |
| 抗拉强度 $R_m$ | | 弯曲角性能 | | | |
| 标准值/MPa | 检测值/MPa | 弯心直径/mm | 弯曲角度/° | 断裂情况 | 检测结果 |
| | | | | | |

| 检测结论 | |
|---|---|

续表

| 样品编号 | | 母材名称 | | 母材牌号 | |
|---|---|---|---|---|---|
| 焊接方式 | | 样品规格 | | 代表数量 | |
| 焊接日期 | | 焊工姓名 | | 焊工证书号 | |
| 工程部位 | | | | 检测日期 | |
| 检测方法 | | | | 评定依据 | |
| 抗拉强度 $R_m$ | | | 弯曲角性能 | | |
| 标准值/MPa | 检测值/MPa | 弯心直径/mm | 弯曲角度/° | 断裂情况 | 检测结果 |
| | | | | | |
| | | | | | |
| | | | | | |
| 检测结论 | | | | | |

| 见证单位 | | 见证人及证书号 | |
|---|---|---|---|
| 说明 | 1. 非本检测机构抽样的样品，本检测机构仅对来样的检测数据负责；<br>2. 未经本检测机构批准，部分复制本检测报告无效；<br>3. 由本检测机构抽样的样品按本检测机构抽样程序进行抽样、检测 | | |
| 检测机构信息 | 1. 检测机构地址：<br>2. 联系电话： 3. 邮编： | 防伪校验码 | |
| 备注 | | | |

检测机构专用章： 批准/职务： / 审核： 检测：

共 页 第 页

## 2.8 钢筋机械连接件

### 2.8.1 概述

钢筋机械连接是也是钢筋连接的一种，是指通过钢筋与连接件的机械咬合作用或钢筋端面的承压作用，将一根钢筋中的力传递至另一根钢筋的连接方法。常见的钢筋机械连接有：

1. 套筒挤压接头：通过挤压力使连接件钢套筒塑性变形与

带肋钢筋紧密咬合形成的接头。

2. 锥螺纹接头：通过钢筋端头特制的锥形螺纹和连接件锥螺纹咬合形成的接头。

3. 镦粗直螺纹接头：通过钢筋端头镦粗后制作的直螺纹和连接件螺纹咬合形成的接头。

4. 滚轧直螺纹接头：通过钢筋端头直接滚轧或剥肋后滚轧制作的直螺纹和连接件螺纹咬合形成的接头。

5. 套筒灌浆接头：在金属套筒中插入单根带肋钢筋并注入灌浆料拌合物，通过拌合物硬化形成整体并实现传力的钢筋对接连接。

### 2.8.2 依据标准

《钢筋机械连接技术规程》(JGJ 107—2016)。
《钢筋套筒灌浆连接应用技术规程》(JGJ 355—2015)。
《钢筋连接用灌浆套筒》(JG/T 398—2012)。
《装配式混凝土结构技术规程》(JGJ 1—2014)。

### 2.8.3 检验内容和使用要求

1. 检验内容

(1) 套筒挤压接头、锥螺纹接头、镦粗直螺纹接头、滚轧直螺纹接头需检验以下内容：

① 工艺检验

钢筋连接工程开始前，应对对不同钢厂的进场钢筋进行接头工艺检验，检验项目包括单向拉伸极限抗拉强度和残余变形。

② 对于钢筋丝头加工应按 JGJ 107 相关要求进行自检，当监理或质监部门对现场丝头加工质量有异议时，应随机抽取接头进行极限抗拉强度和单向拉伸残余变形检验。

③ 套筒挤压接头应按 JGJ 107 相关要求进行压痕直径或挤压后套筒长度、钢筋插入套筒深度的检查，当检查不合格数超过

10%时，可在本批外观检验不合格的接头中抽取试件做极限抗拉强度试验。

④ 对接头的每一验收批，应在工程结构中随机截取试件做极限抗拉强度试验。对不宜在工程中随机截取的接头，允许见证取样，在已加工好检验合格的钢筋丝头中随机割取钢筋试件与随机抽的进场套筒组装成试件做极限抗拉强度试验。

（2）套筒灌浆接头需检验以下内容：

① 用于套筒灌浆连接的带肋钢筋，应按 2.6 章节要求进行进场复验；

② 灌浆料进场时，应按 2.9 章节要求进行进场复验；

③ 灌浆施工前，应对不同钢筋生产企业的进场钢筋进行接头工艺检验，工艺检验应模拟施工条件制作接头试件，并进行抗拉强度、屈服强度及残余变形试验，灌浆料应同时留置试件进行 28d 抗压强度检验；

④ 对于不埋入预制构件的灌浆套筒，其进场时，应按批抽取灌浆套筒并与之匹配的灌浆料制作模拟对中连接接头试件，并进行抗拉强度检验；

⑤ 对于埋入预制构件的灌浆套筒，应将接头检验工作向前延伸到构件生产单位，按套筒进厂批次由现场灌浆施工单位（队伍）制作模拟对中连接接头试件，进行抗拉强度检验；并在灌浆时按批检验灌浆料 28d 抗压强度。

2. 使用要求

（1）套筒挤压接头、锥螺纹接头、镦粗直螺纹接头及滚轧直螺纹接头根据极限抗拉强度、残余变形、最大力下总伸长率以及高应力和大变形条件下反复拉压性能的差异分为Ⅰ级、Ⅱ级、Ⅲ级三个性能等级。混凝土结构中接头等级的选定应符合下列规定：

① 混凝土结构中要求充分发挥钢筋强度或对延性要求高的部位应优先选用Ⅱ级或Ⅰ级接头；当在同一连接区段内钢筋接头

面积百分率为100%时，应选用Ⅰ级接头；

② 混凝土结构中钢筋应力较高但对延性要求不高的部位可采用Ⅲ级接头。

（2）套筒灌浆接头应符合下列规定：

① 混凝土结构中全截面受拉构件同一截面不宜全部采用钢筋套筒灌浆连接；

② 接头连接钢筋的强度等级不应高于灌浆套筒规定的连接钢筋强度等级；

③ 接头连接钢筋的直径规格不应大于灌浆套筒规定的连接钢筋直径规格，且不宜小于灌浆套筒规定的连接钢筋直径规格一级以上；

④ 套筒灌浆连接应采用由接头型式检验确定的相匹配的灌浆套筒、灌浆料；

⑤ 灌浆施工的操作人员应经专业培训后上岗；

⑥ 施工现场灌浆料宜储存在室内，并应采取防雨、防潮、防晒措施。

### 2.8.4 取样要求

1. 取样批量、数量和方法

（1）工艺检验：

套筒挤压接头、锥螺纹接头、镦粗直螺纹接头及滚轧直螺纹接头工艺检验应针对不同钢筋生产厂的钢筋进行，施工过程中更换钢筋生产厂或接头技术提供单位时，应补充进行工艺检验。各种类型和型式接头都应进行工艺检验，每种规格钢筋接头试件不应少于3根。工艺检验不合格时，应进行工艺参数调整，合格后方可按最终确认的工艺参数进行接头批量加工。

套筒灌浆接头在灌浆施工前，应对不同钢筋生产企业的进场钢筋进行接头工艺检验；施工过程中，当更换钢筋生产企业，或同生产企业生产的钢筋外形尺寸与已完成工艺检验的钢筋有较大差异时，应再次进行工艺检验。接头工艺检验应符合下列规定：

① 灌浆套筒埋入预制构件时，工艺检验应在预制构件生产前进行；当现场灌浆施工单位与工艺检验时的灌浆单位不同，灌浆前应再次进行工艺检验；

② 灌浆套筒不埋入预制构件时，为考虑施工周期，宜适当提前制作模拟试件进行工艺检验，灌浆套筒进场（厂）时第一批可与本次工艺检验合并；

③ 工艺检验应模拟施工条件制作接头试件，并应按接头提供单位提供的施工操作要求进行；

④ 每种规格钢筋应制作3个对中套筒灌浆连接接头，并应检查灌浆质量；

⑤ 采用灌浆料拌合物制作的40mm×40mm×160mm试件不应少于1组；

⑥ 接头试件及灌浆料试件应在标准养护条件下养护28d。

（2）现场检验：

① 套筒挤压接头、锥螺纹接头、镦粗直螺纹接头及滚轧直螺纹接头的现场检验按检验批进行，同钢筋生产厂、同强度等级、同规格、同类型和同型式接头应以500个为一个验收批进行检验与验收，不足500个也作为一个验收批。对接头的每一验收批，应在工程结构中随机截取3个接头试件做极限抗拉强度试验，按设计要求的接头等级进行评定。

② 套筒灌浆接头应进行以下检验：

a. 用于套筒灌浆连接的带肋钢筋，应按2.6章节的要求进行进场复验；

b. 灌浆料进场时，应按2.9章节的要求进行进场复验；

c. 进场（厂）同一批号、同一类型、同一规格灌浆套筒，不超过1000个为一批，每批随机抽取3个灌浆套筒制作对中连接接头试件，制作对中连接接头试件应采用工程中实际应用的钢筋，且应在钢筋进场检验合格后进行。

其中，灌浆套筒埋入预制构件时，在构件生产过程中进行套筒质量及接头质量检验，在此情况下，在灌浆施工过程中可不再检验接头性能，按批检验灌浆料28d抗压强度即可；灌浆套筒不埋入预制构件时，宜提前制作模拟试件且第一批检验可与上文规定的工艺检验合并进行，工艺检验合格后可免除此批灌浆套筒的接头抽检。

（3）套筒挤压接头、锥螺纹接头、镦粗直螺纹接头及滚轧直螺纹接头现场检验连续10个验收批抽样试件极限抗拉强度一次合格率为100%时，验收批接头数量可以扩大为1000个；当验收批接头数量少于200个时，可随机抽取2个试件做极限抗拉强度试验。

（4）对有效认证的套筒挤压接头、锥螺纹接头、镦粗直螺纹接头及滚轧直螺纹接头产品，验收批数量可扩大至1000个；当现场检验连续10个验收批抽样试件极限抗拉强度一次合格率为100%时，验收批接头数量可以扩大为1500个。当扩大后的各验收批中出现抽样试件不合格的结果时，各检验批数量恢复为500个，且不得再次扩大验收批数量。

2. 试样长度

拉伸试样长度根据试样直径和所使用的设备确定，通常取450～500mm。

### 2.8.5 技术要求

1. 工艺检验

（1）对于套筒挤压接头、锥螺纹接头、镦粗直螺纹接头及滚轧直螺纹接头工艺检验应符合下列规定：

① 各种类型和型式接头都应进行工艺检验，检验项目包括单向拉伸极限抗拉强度和残余变形；

② 每种规格钢筋接头试件不应少于3根；

③ 接头试件测量残余变形后可继续进行极限抗拉强度试验；

④ 每根试件极限抗拉强度和 3 根接头试件残余变形的平均值均应按接头等级分别符合表 2.8-1 和表 2.8-2 的规定；

**接头极限抗拉强度**　　　　　　　　　　　表 2.8-1

| 接头等级 | Ⅰ级 | | Ⅱ级 | Ⅲ级 |
|---|---|---|---|---|
| 极限抗拉强度 | $f_{mst}^0 \geqslant f_{stk}$ 钢筋拉断 | 或 $f_{mst}^0 \geqslant 1.10 f_{stk}$ 连接件破坏 | $f_{mst}^0 \geqslant f_{stk}$ | $f_{mst}^0 \geqslant 1.25 f_{yk}$ |

注：1. 钢筋拉断指断于母材、套筒外钢筋丝头和钢筋镦粗过渡段；
　　2. 连接件破坏指断于套筒、套筒纵向开裂或钢筋从套筒中拔出以及其他连接组件破坏。

**接头变形性能表**　　　　　　　　　　　2.8-2

| 接头等级 | | Ⅰ级 | Ⅱ级 | Ⅲ级 |
|---|---|---|---|---|
| 单向拉伸 | 残余变形 (mm) | $u_0 \leqslant 0.10 (d \leqslant 32)$<br>$u_0 \leqslant 0.14 (d > 32)$ | $u_0 \leqslant 0.14 (d \leqslant 32)$<br>$u_0 \leqslant 0.16 (d > 32)$ | $u_0 \leqslant 0.14 (d \leqslant 32)$<br>$u_0 \leqslant 0.16 (d > 32)$ |
| | 最大力总伸长率 (%) | $A_{sgt} \geqslant 6.0$ | $A_{sgt} \geqslant 6.0$ | $A_{sgt} \geqslant 3.0$ |
| 高应力反复拉压 | 残余变形 (mm) | $u_{20} \leqslant 0.3$ | $u_{20} \leqslant 0.3$ | $u_{20} \leqslant 0.3$ |
| 大变形反复拉压 | 残余变形 (mm) | $u_4 \leqslant 0.3$ 且<br>$u_8 \leqslant 0.6$ | $u_4 \leqslant 0.3$ 且<br>$u_8 \leqslant 0.6$ | $u_4 \leqslant 0.6$ |

⑤ 工艺检验不合格时，应进行工艺参数调整，合格后方可按最终确认的工艺参数进行接头批量加工。

（2）对于套筒灌浆接头工艺检验应符合下列规定：

① 每个接头试件的抗拉强度不应小于连接钢筋抗拉强度标准值，且破坏时应断于接头外钢筋，屈服强度不应小于连接钢筋屈服强度标准值，3 个接头试件残余变形的平均值应符合表 2.8-3 的要求，灌浆料抗压强度应符合表 2.9-5 的 28d 强度要求。

套筒灌浆连接接头的变形性能　　　　表 2.8-3

| 项目 | | 变形性能要求 |
|---|---|---|
| 对中单向拉伸 | 残余变形(mm) | $u_0 \leqslant 0.10(d \leqslant 32)$<br>$u \leqslant 0.14(d > 32)$ |
| | 最大力下总伸长率(%) | $A_{sgt} \geqslant 6.0$ |
| 高应力反复拉压 | 残余变形(mm) | $u_{20} \leqslant 0.3$ |
| 大变形反复拉压 | 残余变形(mm) | $u_4 \leqslant 0.3$ 且 $u_8 \leqslant 0.6$ |

② 接头试件在量测残余变形后可再进行抗拉强度试验，并应按现行行业标准《钢筋机械连接技术规程》(JGJ 107)规定的钢筋机械连接型式检验单向拉伸加载制度进行试验；

③ 第一次工艺检验中 1 个试件抗拉强度或 3 个试件的残余变形平均值不合格时，可再抽取 3 个试件进行复验，复验仍不合格判为工艺检验不合格；

④ 其中，对于埋入预制构件的灌浆套筒，应在构件生产过程中进行，安装施工单位、监理单位应将部分监督及检验工作向前延伸到构件生产单位，接头试件可在预制构件生产地点制作，也可在灌浆施工现场制作，并宜由现场灌浆施工单位（队伍）完成。如工艺检验的接头不是由现场灌浆施工单位（队伍）制作完成，则在现场灌浆前应再次进行一次工艺检验；

⑤ 工艺检验应由专业检测机构进行，并按有关规程规定的格式出具报告。

2. 现场检验

(1) 对于套筒挤压接头、锥螺纹接头、镦粗直螺纹接头及滚轧直螺纹接头应符合下列规定：

① 套筒挤压接头、锥螺纹接头、镦粗直螺纹接头及滚轧直螺纹接头Ⅰ级、Ⅱ级、Ⅲ级接头的极限抗拉强度必须符合表 2.8-1 的规定。

② 现场检验时，当 3 个接头试件的极限抗拉强度均符合

表 2.8-1 中相应等级的强度要求时，该批验收应评为合格。当仅有 1 个试件的极限抗拉强度不符合要求，应再取 6 个试件进行复检。复检中仍有 1 个试件的抗拉强度不符合要求，该验收批应评为不合格。

③ 设计对接头疲劳性能要求进行现场检验的工程，应选取工程中大、中、小三种直径钢筋各组装 3 根接头试件进行疲劳试验。全部试件均通过 200 万次重复加载未破坏，应评定该批接头试件疲劳性能合格，每组中仅一根试件不合格，应再取同类型和规格的 3 根接头进行复验，复验中仍有 1 根试件不合格时，该验收批应评定为不合格。

④ 现场截取抽样试件后，原接头位置的钢筋可采用同等规格的钢筋进行绑扎搭接连接、焊接或机械连接方法补接。

⑤ 对抽检不合格的接头验收批，应由工程有关各方研究后提出处理方案。

⑥ 对于套筒挤压接头、锥螺纹接头、镦粗直螺纹接头及滚轧直螺纹接头Ⅰ级、Ⅱ级、Ⅲ级接头变形性能应符合表 2.8-2 的规定。

（2）对于套筒灌浆接头应符合下列规定：

① 灌浆套筒进场（厂）时，应抽取灌浆套筒并与之匹配的灌浆料制作对中连接接头试件，并进行抗拉强度检验，其抗拉强度不应小于连接钢筋抗拉强度标准值，且破坏时应断于接头外钢筋。考虑到灌浆套筒连接接头试件需要标准养护 28d，且未对复验作出规定，即应一次检验合格；

② 灌浆料进场及施工时应符合 2.9 章节要求；

③ 用于套筒灌浆连接的带肋钢筋，应符合 2.6 章节要求。

### 2.8.6 检测报告

钢材机械连接力学性能检测报告表式见表 2.8-4。

## 《检测机构名称》

### 钢材机械连接力学性能检测报告 C-16a-0806　　表2.8-4

检测类别：　　　　　工程连续号：　　　　　委托编号：
　　　　　　　　　　　　　　　　　　　　报告编号：

| 委托单位 | | | |
|---|---|---|---|
| 工程名称 | | 检测类型 | |
| 工程地址 | | 委托日期 | |
| 施工单位 | | 报告日期 | |

| 样品编号 | | 母材名称 | | 母材牌号 | | |
|---|---|---|---|---|---|---|
| 连接方式 | | 样品规格 | | 代表数量 | | |
| 工程部位 | | | | 检测日期 | | |
| 检测方法 | | | | 评定依据 | | |
| 接头级别 | 截面积/mm² | 母材屈服强度标准值/MPa | 母材抗拉强度标准值/MPa | 母材抗拉强度实测值/MPa | 接头试件抗拉强度实测值/MPa | 检测结果 | 检测结论 |
| | | | | | | | |
| | | | | | | | |
| | | | | | | | |

| 样品编号 | | 母材名称 | | 母材牌号 | | |
|---|---|---|---|---|---|---|
| 连接方式 | | 样品规格 | | 代表数量 | | |
| 工程部位 | | | | 检测日期 | | |
| 检测方法 | | | | 评定依据 | | |
| 接头级别 | 截面积/mm² | 母材屈服强度标准值/MPa | 母材抗拉强度标准值/MPa | 母材抗拉强度实测值/MPa | 接头试件抗拉强度实测值/MPa | 检测结果 | 检测结论 |
| | | | | | | | |
| | | | | | | | |
| | | | | | | | |

| 见证单位 | | 见证人及证书号 | |
|---|---|---|---|
| 说明 | 1. 非本检测机构抽样的样品，本检测机构仅对来样的检测数据负责；<br>2. 未经本检测机构批准，部分复制本检测报告无效；<br>3. 由本检测机构抽样的样品按本检测机构抽样程序进行抽样、检测。 | | |
| 检测机构信息 | 1. 检测机构地址：<br>2. 联系电话：<br>3. 邮编： | 防伪校验码 | |
| 备注 | | | |

检测机构专用章：　　批准/职务：　　/　　审核：　　检测：

共 页 第 页

钢筋灌浆连接接头试件工艺检验报告见表2.8-5。

**钢筋套筒灌浆连接接头试件工艺检验报告**　　表2.8-5

| 接头名称 | | | | 送检日期 | | | | |
|---|---|---|---|---|---|---|---|---|
| 送检单位 | | | | 试件制作地点 | | | | |
| 钢筋生产企业 | | | | 钢筋牌号 | | | | |
| 钢筋公称直径(mm) | | | | 灌浆套筒类型 | | | | |
| 灌浆套筒品牌、型号 | | | | 灌浆料品牌、型号 | | | | |
| 灌浆施工人及所属单位 | | | | | | | | |
| 对中单向拉伸试验结果 | 试件编号 | | No.1 | No.2 | | No.3 | | 要求指标 |
| | 屈服强度($N/mm^2$) | | | | | | | |
| | 抗拉强度($N/mm^2$) | | | | | | | |
| | 残余变形(mm) | | | | | | | |
| | 最大力下总伸长率(%) | | | | | | | |
| | 破坏形式 | | | | | | | 钢筋拉断 |
| 灌浆料抗压强度试验结果 | 试件抗压强度量测值($N/mm^2$) | | | | | | | 28d合格指标($N/mm^2$) |
| | 1 | 2 | 3 | 4 | 5 | 6 | 取值 | |
| | | | | | | | | |
| 评定结论 | | | | | | | | |
| 检验单位 | | | | | | | | |
| 试验员 | | | | 校核 | | | | |
| 负责人 | | | | 试验日期 | | | | |

注：对中单向拉伸检验结果、灌浆料抗压强度试验结果、检验结论由检验单位负责检验与填写，其他信息应由送检单位如实申报。

## 2.9 水泥基灌浆材料

### 2.9.1 概述

水泥基灌浆料是以高强度材料作为骨料，以水泥作为结合剂，辅以高流态、微膨胀、防离析等物质配制而成。它在施工现场加入一定量的水，搅拌均匀后即可使用。水泥基灌浆料具有自流性好、快硬、早强、高强、无收缩、微膨胀、自密性好、防锈等特点，主要适用于地脚螺栓锚固、设备基础或钢结构柱脚底板的灌浆、混凝土加固改造、预应力混凝土结构孔道灌浆、插入式柱脚灌浆、钢筋套筒灌浆连接、浆锚搭接连接以及剪力墙底部接缝坐浆等。

### 2.9.2 依据标准

《水泥基灌浆材料应用技术规范》（GB/T 50448—2015）。
《钢筋连接用套筒灌浆料》（JG/T 408—2013）。
《钢筋套筒灌浆连接应用技术规程》（JGJ 355—2015）。
《装配式混凝土结构技术规程》（JGJ 1—2014）。
《建筑结构加固工程施工质量验收规范》（GB 50550—2010）。

### 2.9.3 检验内容和使用要求

1. 检验内容

（1）各用途的水泥基灌浆材料，应分别按表 2.9-1 的规定进行进场检验，检验项目应分别符合《水泥基灌浆材料应用技术规范》（GB/T 50448—2015）、《钢筋连接用套筒灌浆料》（JG/T 408—2013）、《装配式混凝土结构技术规程》（JGJ 1—2014）、《建筑结构加固工程施工质量验收规范》（GB 50550—2010）有关条款的要求。

水泥基灌浆材料进场检验项目　　表 2.9-1

| 检测项目<br>类别 | 最大骨料粒径 | 截锥流动度 | 流锥流动度 | 竖向膨胀率 | 自由膨胀率 | 抗压强度 | 氯离子含量 | 泌水率 | 凝结时间 | 充盈度 | 正拉粘结强度 |
|---|---|---|---|---|---|---|---|---|---|---|---|
| Ⅱ类灌浆材料 | √ | √ |  | √ |  | √ | √ | √ |  |  |  |

续表

| 类别\检测项目 | 最大骨料粒径 | 截锥流动度 | 流锥流动度 | 竖向膨胀率 | 自由膨胀率 | 抗压强度 | 氯离子含量 | 泌水率 | 凝结时间 | 充盈度 | 正拉粘结强度 |
|---|---|---|---|---|---|---|---|---|---|---|---|
| Ⅲ类灌浆材料 | √ | √ |  | √ |  | √ | √ | √ |  |  |  |
| Ⅳ类灌浆材料 | √ |  | √ |  |  | √ |  |  |  |  |  |
| 预应力孔道灌浆 |  |  | √ |  | √ |  |  |  | √ | √ |  |
| 钢筋套筒灌浆 |  | √ |  |  |  | √ |  |  |  |  |  |
| 浆锚搭接灌浆 |  | √ |  |  |  | √ |  |  |  |  |  |
| 结构加固灌浆 |  |  |  |  |  |  |  |  |  |  | √ |

注：水泥基灌浆材料中Ⅰ、Ⅱ、Ⅲ、Ⅳ类按最大骨料粒径、流动度及抗压强度划分，具体可见表2.9-2。

（2）用于地脚螺栓锚固、设备基础或钢结构柱脚底板的灌浆、混凝土加固改造、预应力混凝土结构孔道灌浆、插入式柱脚灌浆等的水泥基灌浆材料，在冬季施工环境下，除应检验表2.9-1相应项目外，还应进行规定温度下的抗压强度比检验；如用于高温环境（200～500℃）下，除应检验表2.9-1相应项目外，还应进行抗压强度比及热震性（20次）的检验。

（3）在施工过程中灌浆材料都应按2.9.4的要求留置标准养护28d抗压强度试件及同条件养护试件。

2. 使用要求

（1）用于地脚螺栓锚固、设备基础或钢结构柱脚底板的灌浆、混凝土加固改造、预应力混凝土结构孔道灌浆、插入式柱脚灌浆等的水泥基灌浆材料（依据GB/T 50448—2015）：

① 水泥基灌浆材料在施工时，应按照产品要求的用水量拌合，不得通过增加用水量提高流动性；

② 当环境温度超过80℃时，不得使用硫铝酸盐水泥配成的水泥基灌浆材料；

③ 预应力混凝土结构孔道灌浆过程中，不得在水泥基灌浆

材料中掺入其他外加剂、掺合料；

④ 灌浆时，日平均温度不应低于5℃。

（2）用于钢筋套筒灌浆连接及浆锚搭接连接的水泥基灌浆材料：

① 灌浆料抗压强度应不低于接头设计的灌浆料抗压强度；

② 加水量应按灌浆料长说明书确定，并应按重量计量；试件应按标准方法制作、养护，拌合用水应符合现行行业标准《混凝土用水标准》JGJ 63 的有关规定；

③ 灌浆料拌合物应采用电动设备搅拌充分、均匀，并宜静置 2min 后使用；搅拌完成后，不得再次加水；

④ 强度检验试件的留置数量应符合验收及施工控制要求；

⑤ 灌浆料同条件养护试件抗压强度达到 $35N/mm^2$ 后，方可进行对接头有扰动的后续施工；

⑥ 施工现场灌浆料宜储存在室内，并应采取防雨、防潮、防晒措施。

（3）用于建筑结构加固工程的水泥基灌浆材料（依据 GB 50550—2010）：

① 灌浆工艺应符合国家现行有关标准和产品使用说明书的规定。灌浆料自启封配成浆液后，应直接与细石混凝土拌合使用，不得在现场再参入其他外加剂和掺合料；

② 日平均温度低于5℃时，应按冬期施工要求。浆体拌合温度应控制在50℃～65℃之间，基材温度和浆体入模温度应符合产品使用说明书的要求，且不应低于10℃。

### 2.9.4 取样要求

1. 取样批量及数量

（1）用于地脚螺栓锚固、设备基础或钢结构柱脚底板的灌浆、混凝土加固改造、预应力混凝土结构孔道灌浆、插入式柱脚灌浆等的水泥基灌浆材料（依据 GB/T 50448—2015）：

① 水泥基灌浆材料进场时应复验，合格后方可用于工程；

② 水泥基灌浆材料进场时，每200t应为一个检验批，不足200t的应按一个检验批计，每一检验批应为一个取样单位；

③ 取样方法应按现行国家标准《水泥取样方法》GB/T 12573执行，取样应有代表性，总量不得少于30kg，每一检验批取得的试样应充分混合均匀，分为两等份，其中一份按表2.9-1规定的项目进行检验，另一份应密封保存至有效期，以备仲裁检验。

④ 灌浆施工时，应以每50t为一个留样检验批，不足50t时应按一个检验批计，按检验批留置标准养护条件下的抗压强度试块，其测试数据作为验收数据，同条件养护试件的留置组数应根据实际需要确定。

（2）用于钢筋套筒灌浆连接及浆锚搭接连接的水泥基灌浆材料（依据JGJ 355—2015）：

① 灌浆料进场时，应按表2.9-1规定的项目进行检验，检验结果应符合有关规定；

② 灌浆料进场时，以同一成分、同一批号的灌浆料，不超过50t为一批，并随机抽取灌浆料制作试件；

③ 在钢筋套筒灌浆连接中，还应于灌浆施工前制作1组标准养护28d抗压强度试件做灌浆套筒工艺检验用。

④ 灌浆施工中，应在施工现场制作28d标准养护抗压强度试件，每工作班取样不得少于1次，每楼层取样不得少于3次。

（3）剪力墙底部坐浆

① 施工时，按批检验，以每层为一检验批；

② 每工作班应制作一组且每层不应少于3组。

（4）用于建筑结构加固工程的水泥基灌浆材料

水泥基灌浆材料与细石混凝土的混合料，其强度必须符合设计要求，且应在监理工程师见证下，在浇筑地点随机抽取，取样与留置试块应符合下列规定：

① 试件尺寸应为100mm×100mm×100mm的立方体，其检

验结果应换算为边长为150mm的标准立方体抗压强度；

② 每拌制50盘(不足50盘，按50盘计)同一配合比的混合料，取样不得少于1次；

③ 每次取样应至少留置一组标准养护试块，同条件养护试块的留置组数应根据工程量及其重要性确定，且不应少于3组。

2. 试件制作

(1) 对于最大骨料粒径不大于4.75mm且用于地脚螺栓锚固、设备基础或钢结构柱脚底板的灌浆、混凝土加固改造、预应力混凝土结构孔道灌浆、插入式柱脚灌浆等的水泥基灌浆材料(依据GB/T 50448—2015)：

① 水泥基灌浆材料的最大骨料粒径不大于4.75mm时，抗压强度标准试件采用尺寸为40mm×40mm×160mm的棱柱体；

② 按产品要求的用水量拌合灌浆材料；

③ 将拌合好的浆体直接灌入试模，浆体应与试模的上边缘平齐；

④ 从搅拌开始到成型结束，应在6min内完成。

⑤ 养护室的温度应为20℃±1℃，相对湿度应大于90%。

(2) 对于最大骨料粒径大于4.75mm且不大于25mm用于地脚螺栓锚固、设备基础或钢结构柱脚底板的灌浆、混凝土加固改造、预应力混凝土结构孔道灌浆、插入式柱脚灌浆等的水泥基灌浆材料(依据GB/T 50448—2015)：

① 水泥基灌浆材料的最大骨料粒径大于4.75mm且不大于25mm时，抗压强度标准试件采用尺寸为100mm×100mm×100mm的立方体；

② 按产品要求的用水量拌合灌浆材料；

③ 将拌合好的浆体直接灌入试模，适当手动振动，浆体应与试模的上边缘平齐；

④ 养护室的温度应为20℃±2℃，相对湿度应大于90%。

(3) 用于钢筋套筒灌浆连接及浆锚搭接连接的水泥基灌浆材

料(依据 JGJ 355—2015)：

① 灌浆材料抗压强度试件应采用尺寸为 40mm×40mm×160mm 的棱柱体；

② 按产品要求的用水量拌合灌浆材料；

③ 将拌合好的浆体灌入试模，至浆体与试模的上边缘平齐，成型过程中不应震动试模，应在 6min 内完成搅拌和成型过程；

④ 将装有浆体的试模在成型室内静置 2h 后移入养护箱；

⑤ 养护室的温度应为 20℃±1℃，相对湿度应大于 90%。

(4) 剪力墙底部坐浆(依据 JGJ 1—2014)：

1 组 3 块边长为 70.7mm 的立方体试件，标准养护 28d 后进行抗压强度试验，成型方法按《建筑砂浆基本性能试验方法标准》JGJ/T 70 执行。

(5) 用于建筑结构加固工程的水泥基灌浆材料(依据 GB 50550—2010)：

1 组 3 块边长为 100mm 的立方体试件，标准养护 28d 后进行抗压强度试验，成型方法按《普通混凝土力学性能试验方法标准》(GB/T 50081)执行。

### 2.9.5 技术要求

1. 用于地脚螺栓锚固、设备基础或钢结构柱脚底板的灌浆、混凝土加固改造、预应力混凝土结构孔道灌浆、插入式柱脚灌浆等的水泥基灌浆材料(依据 GB/T 50448—2015)：

(1) 水泥基灌浆材料的主要性能指标应符合表 2.9-2。

水泥基灌浆材料主要性能指标　　　表 2.9-2

| 类别 | Ⅰ | Ⅱ | Ⅲ | Ⅳ |
| --- | --- | --- | --- | --- |
| 最大骨料粒径(mm) | ≤4.75mm | | | >4.75 且≤25 |
| 截锥流动度（mm） | — | ≥340 | ≥290 | ≥650* |
| | — | ≥310 | ≥260 | ≥550* |

续表

| 类别 | | I | II | III | IV |
|---|---|---|---|---|---|
| 流锥流动度<br>（mm） | | ≤35 | — | — | — |
| | | ≤50 | — | — | — |
| 竖向膨胀率<br>（%） | 3h | 0.1~3.5 | | | |
| | 24h与3h膨胀率之差 | 0.02~0.50 | | | |
| 抗压强度<br>（MPa） | 1d | ≥15 | | ≥20 | |
| | 3d | ≥30 | | ≥40 | |
| | 28d | ≥50 | | ≥60 | |
| 氯离子含量(%) | | <0.1 | | | |
| 泌水率(%) | | 0 | | | |

注：*表示坍落度扩展度数值。

（2）用于高温环境的水泥基灌浆材料耐热性能指标除应符合表2.9-2的规定外，还应符合表2.9-3的规定。

高温环境的水泥基灌浆材料耐热性能指标　　　表2.9-3

| 使用环境温度(℃) | 抗压强度比(%) | 热震性(20次) |
|---|---|---|
| 200~500 | ≥100 | 1) 试块表面无脱落；<br>2) 热震后的试件浸水端抗压强度与试件标准养护28de的抗压强度比（%）≥90 |

（3）用于预应力孔道的水泥基灌浆材料性能应符合表2.9-4的规定。

用于预应力孔道的水泥基灌浆材料性能指标　　　表2.9-4

| 序号 | 项目 | | 指标 |
|---|---|---|---|
| 1 | 凝结时间（h） | 初凝 | ≥4 |
| | | 终凝 | ≤24 |
| 2 | 流锥流动度(s) | 初始 | 10~18 |
| | | 30min | 12~20 |

续表

| 序号 | 项目 | | 指标 |
|---|---|---|---|
| 3 | 泌水率(%) | 24h自由泌水率 | 0 |
| | | 压力泌水率(%),0.22MPa | ≤1 |
| | | 压力泌水率(%),0.36MPa | ≤2 |
| 4 | 24h自由膨胀率(%) | | 0~3 |
| 5 | 充盈度 | | 合格 |
| 6 | 氯离子含量(%) | | ≤0.06 |

2. 用于钢筋套筒灌浆连接的水泥基灌浆材料(依据JGJ 355—2015)应符合表2.9-5的规定。

**钢筋套筒灌浆连接用灌浆材料性能指标** 表2.9-5

| 项目 | | 指标 |
|---|---|---|
| 抗压强度(N/mm²) | 1d | ≥35 |
| | 3d | ≥60 |
| | 28d | ≥85 |
| 竖向膨胀率(%) | 3h | ≥0.02 |
| | 24h与3h差值 | 0.02~0.50 |
| 流动度(mm) | 初始 | ≥300 |
| | 30min | ≥260 |
| 泌水率(%) | | 0 |

3. 钢筋浆锚搭接连接接头用灌浆材料(依据JGJ 1—2014)性能应符合表2.9-6的规定：

**钢筋浆锚搭接连接接头用灌浆料性能指标** 表2.9-6

| 项目 | | 指标 |
|---|---|---|
| 泌水率(%) | | 0 |
| 流动度(mm) | 初始值 | ≥200 |
| | 30min保留值 | ≥150 |

续表

| 项目 | | 指标 |
|---|---|---|
| 竖向膨胀率(%) | 3h | ≥0.02 |
| | 24h与3h差值 | 0.02～0.50 |
| 抗压强度(N/mm²) | 1d | ≥35 |
| | 3d | ≥55 |
| | 28d | ≥80 |
| 氯离子含量(%) | | 0.02～0.50 |

## 2.10 砌墙砖和砌块

### 2.10.1 概述

砌墙砖和砌块是建筑工程中十分重要的材料，它具有结构和围护功能。其中砌块作为一种新型墙体材料，可以充分利用地方资源和工业废渣，节省黏土资源和改善环境，具有生产简单，原料来源广，适应性强等特点，因此发展较快。

根据生产方式、主要原料以及外形特征，砌墙砖和砌块可分为以下几种：

1. 烧结普通砖

烧结普通砖是以黏土、页岩、煤矸石、粉煤灰为主要原料经焙烧而成的普通砖，砖的外形为直角六面体，公称尺寸为：长度240mm，宽度115mm，高度53mm。根据抗压强度分为MU30、MU25、MU20、MU15、MU10五个强度等级。

砖的产品标记按产品名称、类别、强度等级、质量等级和标准编号顺序编写。

2. 烧结多孔砖和多孔砌块

多孔砖和多孔砌块是以黏土、页岩、煤矸石、粉煤灰、淤泥

(江河湖淤泥)及其他固体废弃物等为主要原料,经焙烧制成主要用于建筑物承重部位的砖和砌块。砖和砌块的长度、宽度、高度尺寸应符合下列要求:

砖规格尺寸(mm):290、240、190、180、140、115、90。

砌块规格尺寸(mm):490、440、390、340、290、240、190、180、140、115、90。

其他规格尺寸由供需双方协商确定。

根据抗压强度分为MU30、MU25、MU20、MU15、MU10五个强度等级。

砖和砌块的产品标记按产品名称、品种、规格、强度等级、密度等级和标准编号顺序编写。

3. 烧结空心砖和空心砌块

烧结空心砖和空心砌块是以黏土、页岩、煤矸石、粉煤灰、淤泥(江河湖等淤泥)、建筑渣土及其他固体废弃物为主要原料,经焙烧而成的主要用于建筑物非承重部位的空心砖和空心砌块。

外形为直角六面体,如图2.10-1所示。

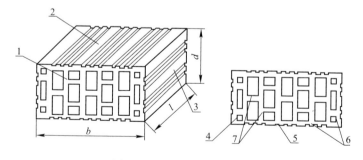

图2.10-1 烧结空心砖外形
1—顶面;2—大面;3—条面;4—壁孔;5—粉刷槽;6—外壁;7—肋;
$l$—长度;$b$—宽度;$d$—高度

砖和砌块的长度、宽度、高度尺寸应符合下列要求,单位为(mm):

390、290、240、190、180(175)、140、115、90。

其他规格尺寸由供需双方协商确定。

抗压强度分为 MU10.0、MU7.5、MU5.0、MU3.5、MU2.5，体积密度分为 800 级、900 级、1000 级、1100 级。

砖和砌块的产品标记按产品名称、类别、规格、密度等级、强度等级、质量等级和标准编号顺序编写。

4. 普通混凝土小型砌块

普通混凝土小型砌块是以水泥、矿物掺合料、砂、石、水等为原材料，经搅拌、振动成型、养护等工艺制成的小型砌块，包括空心砌块和实心砌块。按砌块的抗压强度分级（单位为 MPa）：

| 砌块种类 | 承重砌块(L) | 非承重砌块(N) |
|---|---|---|
| 空心砌块(H) | 7.5、10.0、15.0、20.0、25.0 | 5.0、7.5、10.0 |
| 实心砌块(S) | 15.0、20.0、25.0、30.0、35.0、40.0 | 10.0、15.0、20.0 |

MU5.0、MU7.5、MU10.0、MU15.0、MU20.0、MU25、MU30、MU35、MU40 九个等级。

砌块按下列顺序标记：砌块种类、规格尺寸、强度等级（MU）、标准代号。

5. 粉煤灰砖

粉煤灰砖是以粉煤灰、生石灰为主要原料，掺加适量石膏和骨料经配料制备、压制成型、高压或常压蒸汽养护而成的实心粉煤灰砖。公称尺寸为：长度240mm，宽度115mm，高度53mm。根据抗压强度和抗折强度级别分为 MU30、MU25、MU20、MU15、MU10。

粉煤灰砖产品标记按产品代号（AFB）、规格尺寸、强度等级、标准编号顺序进行标记。

6. 蒸压灰砂砖

蒸压灰砂砖是以石灰和砂为主要原料，允许掺入颜料和外加剂，经坯料制备、压制成型、蒸压养护而成的实心砖。公称尺寸为：长度240mm，宽度115mm，高度53mm。根据抗压强度和抗折强度，强度级别分为 MU25、MU20、MU15、MU10 级。

灰砂砖产品标记按产品名称（LSB）、颜色、强度级别、产品等级、标准编号的顺序进行。

7. 蒸压加气混凝土砌块

蒸压加气混凝土砌块是以硅质材料和钙质材料为主要原料，掺加发气剂，经加水搅拌，由化学反应形成空隙，经浇筑成型、预养切割、蒸压养护等工艺过程制成的多孔硅酸盐砌块，具有体积密度小、保温性能好、不燃和可加工性等优点。

砌块按抗压强度和体积密度进行分级。强度级别有：A1.0、A2.0、A2.5、A3.5、A5.0、A7.5、A10.0 七个级别。干密度级别有：B03、B04、B05、B06、B07、B08 六个级别。

砌块按产品名称（ACB）、强度级别、干密度级别、规格尺寸、产品等级、国家标准编号顺序进行标记。

砌块的规格尺寸见表 2.10-1，如需要其他规格，可由供需双方协商解决。

砌块的规格尺寸（mm） 表 2.10-1

| 长度 L | 宽度 B | 高度 H |
| --- | --- | --- |
| 600 | 100　120　125<br>150　180　200<br>240　250　300 | 200　240　250　300 |

8. 非承重混凝土空心砖

以水泥、集料为主要原材料，可掺入外加剂及其他材料、经配料、搅拌、成型、养护制成的空心率不小于25%，用于非承重结构部位的砖，代号 NHB。空心砖各部位名称见图 2.10-2。

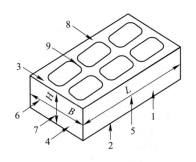

图 2.10-2 空心砖各部位名称

1—条面；2—坐浆面；3—铺浆面；4—顶面；5—长度($L$)；
6—宽度($B$)；7—高度($H$)；8—外壁；9—肋

空心砖的规格尺寸见表 2.10-2。

空心砖规格尺寸　　　　　　　表 2.10-2

| 项目 | 长度 $L$(mm) | 宽度 $B$(mm) | 高度 $H$(mm) |
|---|---|---|---|
| 尺寸 | 360、290、240、190、140 | 240、190、115、90 | 115、90 |

注：其他规格尺寸由供需双方协商后确定。采用薄灰缝砌筑的块型，相关尺寸可作相应调整。

抗压强度分为 MU5、MU7.5、MU10 三个强度等级，表观密度可分为 1400、200、1100、1000、900、800、700、600 八个密度等级。

产品标记按代号、规格尺寸、密度等级、强度等级、标准编号顺序编写。

9. 承重混凝土多孔砖

以水泥、砂、石等为主要原材料，经配料、搅拌、成型、养护制成，用于承重结构的多排孔混凝土砖，代号 LPB。混凝土多孔砖各部位名称见图 2.10-3。

混凝土多孔砖的外型为直角六面体，常用砖型的规格尺寸见表 2.10-3。

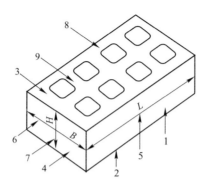

图 2.10-3　混凝土多孔砖各部位名称
1—条面；2—坐浆面；3—铺浆面；4—顶面；5—长度($L$)；
6—宽度($B$)；7—高度($H$)；8—外壁；9—肋

空心砖规格尺寸　　　　　　　　　　　表 2.10-3

| 项目 | 长度 $L$(mm) | 宽度 $B$(mm) | 高度 $H$(mm) |
| --- | --- | --- | --- |
| 尺寸 | 360、290、240、190、140 | 240、190、115、90 | 115、90 |

注：其他规格尺寸由供需双方协商后确定。采用薄灰缝砌筑的块型，相关尺寸可作相应调整。

抗压强度分为 MU15、MU20、MU25 三个强度等级。

产品标记按代号、规格尺寸、强度等级、标准编号顺序编写。

10. 轻集料混凝土小型空心砌块

指用轻集料混凝土制成的小型空心砌块，多用于非承重结构。主规格尺寸为 390mm×190mm×190mm，其他规格尺寸可由供需双方商定。按砌块强度等级分为：2.5、3.5、5.0、7.5、10.0 五级，按砌块密度分为 700、800、900、1000、1100、1200、1300、1400 八级。

轻集料混凝土小型空心砌块(LB)按代号、类别(孔的排数)、密度等级、强度等级、标准编号的顺序进行标记。

### 2.10.2　依据标准

1. 《砌体结构工程施工质量验收规范》(GB 50203—2011)。
2. 《烧结普通砖》(GB 5101—2003)。
3. 《烧结多孔砖和多孔砌块》(GB 13544—2011)。
4. 《烧结空心砖和空心砌块》(GB/T 13545—2014)。
5. 《普通混凝土小型砌块》(GB/T 8239—2014)。
6. 《蒸压粉煤灰砖》(JC/T 239—2014)。
7. 《蒸压灰砂砖》(GB 11945—1999)。
8. 《蒸压加气混凝土砌块》(GB 11968—2006)。
9. 《非承重混凝土空心砖》(GB/T 24492—2009)。
10. 《承重混凝土多孔砖》(GB 25779—2010)。
11. 《混凝土实心砖》(GB/T 21144—2007)。
12. 《轻集料混凝土小型空心砌块》(GB/T 15229—2011)。

### 2.10.3　检验内容和使用要求

1. 检验内容

(1) 烧结普通砖、烧结多孔砖、普通混凝土小型空心砌块、承重混凝土多孔砖到场后应对抗压强度进行复验。

(2) 蒸压灰砂砖和粉煤灰砖到场后应对抗压强度和抗折强度进行复验。

(3) 烧结空心砖和空心砌块、蒸压加气混凝土砌块、轻集料混凝土小型空心砌块、非承重混凝土空心砖到场后应对抗压强度和体积密度进行复验。

2. 使用要求

(1) 上海市对烧结砖、砌块实施建设工程材料备案管理，烧结砖和砌块生产企业必须取得《上海市建设工程材料备案证明》。获证企业及其产品可通过上海市建筑建材业网站 www.ciac.sh.cn "专题专栏"=>"建材管理"中查询。

（2）有冻胀环境和条件的地区，地面以下或防潮层以下的砌体，不宜采用多孔砖。

（3）建设工程中非承重墙体以及围墙（含临时围墙）禁止使用黏土砖，建设工程零线以上的承重墙体，禁止使用实心黏土砖。

（4）粉煤灰砖可用于工业与民用建筑的墙体和基础，但用于基础或用于易受冻融和干湿交替作用的建筑部位必须使用MU15及以上强度等级的砖。粉煤灰砖不得用于长期受热（200℃以上）、受急冷急热和有酸性介质侵蚀的建筑部位。

（5）MU15、MU20、MU25的蒸压灰砂砖可用于基础及其他建筑，MU10的蒸压灰砂砖仅可用于防潮层以上的建筑。灰砂砖不得用于长期受热200℃以上、受急冷急热和有酸性介质侵蚀的建筑部位。

（6）普通单排孔混凝土小型空心砌块限制在新建住宅框架填充内墙中单独使用，禁止在住宅外墙填充墙体中不采取抗裂、保温措施时单独使用。

（7）砌墙砖和砌块应按不同的品种、规格和强度等级分别堆放，垛身要稳固、计数必须方便。有条件时，可存放在料棚内，若采用露天存放，则堆放的地点必须坚实、平坦和干净，场地四周应预设排水沟道、垛与垛之间应留有走道，以利搬运。堆放的位置既要考虑到不影响建筑物的施工和道路畅通，又要考虑到不要离建筑物太远，以免造成运输距离过长或二次搬运。空心砌块堆放时孔洞应朝下，雨雪季节宜用防雨材料覆盖。

（8）自然养护的混凝土小砌块和混凝土多孔砖产品，若不满28d养护龄期不得进场使用；蒸压加气混凝土砌块（板）出釜不满5d不得进场使用。

（9）施工现场堆放的砌墙砖和砌块应注明"合格"、"不合格"、"在检"、"待检"等产品质量状态，注明该生产企业名称、品种规格、进场日期及数量等内容，并以醒目标识标明。

### 2.10.4 取样要求

1. 各类砖的抽检批量和抽样数量(表2.10-4)

各类砖抽检批量和抽样数量表　　　表2.10-4

| 产品 | 批量 | 抽样数量 |
|---|---|---|
| 烧结普通砖 | 每一生产厂家，每15万块 | 从外观质量检验合格的样品中随机抽取，10块/组 |
| 烧结多孔砖和多孔砌块 | 每一生产厂家，每10万块 | 从外观质量检验合格的样品中随机抽取，10块/组 |
| 烧结空心砖 | 每一生产厂家，每10万块 | 从外观质量检验合格的样品中随机抽取，10块/组 |
| 承重混凝土多孔砖 | 每一生产厂家，每10万块 | 从尺寸偏差和外观质量检验合格的样品中随机抽取，5块/组 |
| 非承重混凝土空心砖 | 每一生产厂家，每10万块 | 从尺寸偏差和外观质量检验合格的样品中随机抽取，8块/组 |
| 混凝土实心砖 | 每一生产厂家，每15万块 | 从尺寸偏差和外观质量检验合格的样品中随机抽取，10块/组 |
| 蒸压灰砂砖 | 每一生产厂家，每10万块 | 从尺寸偏差和外观质量检验合格的样品中随机抽取，10块/组 |

2. 普通混凝土小型砌块和轻集料混凝土小型空心砌块

(1) 每一生产厂家，每1万块小砌块至少应抽检一组。用于多层以上建筑基础和底层的小砌块抽检数量不应少于2组。

(2) 普通混凝土小型砌块试样每组为5块，轻集料混凝土小型空心砌块试样每组为8块。

3. 蒸压加气混凝土砌块

(1) 同一厂家，同品种、同规格、同等级的砌块，以1万块为一批，不足1万块亦为一批。

(2) 每批抽取试样为6块。

4. 上海地区蒸压加气混凝土砌块、混凝土小型砌块、混凝土多孔砖等墙体材料应在见证人员见证下从工地材料堆场上随机抽取整块试样，抽取的试样上应有产品标识（混凝土小型空心砌块、混凝土多孔砖等还应含产品强度颜色标记），产品标识内容应与生产企业从相关部门认领的《上海市墙体材料产品标识证书》及统一版本产品质量保证书上填写的内容相一致。

5. 砌墙砖和砌块的外观质量应符合表2.10-5～表2.10-17的要求。

烧结普通砖外观质量要求　　　　　　　　表2.10-5

| 项　目 | | 优等品 | 一等品 | 合格 |
|---|---|---|---|---|
| 两条面高度差 ≤ | | 2 | 3 | 4 |
| 弯曲 ≤ | | 2 | 3 | 4 |
| 杂质凸出高度 ≤ | | 2 | 3 | 4 |
| 缺棱掉角的三个破坏尺寸　不得同时大于 | | 5 | 20 | 30 |
| 裂纹长度≤ | a. 大面上宽度方向及其延伸至条面长度 | 30 | 60 | 80 |
| | b. 大面上长度方向及其延伸至顶面的长度或条顶面上水平裂纹的长度 | 50 | 80 | 100 |
| 完整面　　　　　　　　不得少于 | | 二条面和二顶面 | 一条面和一顶面 | — |
| 颜色 | | 基本一致 | — | — |
| 注：为装饰而施加的色差、凹凸纹、拉毛、压花等不算作缺陷 | | | | |

凡有下列缺陷之一者，不得称为完整面。
a) 缺损在条面或顶面上造成的破坏面尺寸同时大于10mm×10mm。
b) 条面或顶面上裂纹宽度大于1mm，其长度超过30mm。
c) 压陷、粘底、焦花在条面或顶面上的凹陷或凸出超过2mm，区域尺寸同时大于10mm×10mm

**烧结多孔砖外观质量要求** 表2.10-6

| 项 目 | | 指 标 |
|---|---|---|
| 1. 完整面 | 不得少于 | 一条面和一顶面 |
| 2. 缺棱掉角的三个破坏尺寸 | 不得同时大于 | 30 |
| 3. 裂缝长度 | | |
| a) 大面(有孔面)上深入孔壁15mm以上宽度方向及其延伸到条面的长度 | 不大于 | 80 |
| b) 大面(有孔面)上深入孔壁15mm以上长度方向及其延伸到顶面的长度 | 不大于 | 100 |
| c) 条顶面上的水平裂缝 | 不大于 | 100 |
| 4. 杂质在砖或砌块面上造成的凸出高度 | 不大于 | 5 |
| 注：凡有下列缺陷之一者，不能称为完整面： a) 缺损在条面或顶面上造成的破坏面尺寸同时大于20mm×30mm； b) 条面或顶面上裂纹宽度大于1mm，其长度超过70mm； c) 压陷、焦花、粘底在条面或顶面上的凹陷或凸出超过2mm，区域最大投影尺寸同时大于20mm×30mm | | |

**烧结空心砖和空心砌块外观质量要求** 表2.10-7

| 项 目 | | 指 标 |
|---|---|---|
| 1. 弯曲 | 不大于 | 4 |
| 2. 缺棱掉角的三个破坏尺寸 | 不得同时大于 | 30 |
| 3. 垂直度差 | 不大于 | 4 |
| 4. 为贯穿裂纹长度 | | |
| ① 大面上宽度方向及其延伸到条面的长度 | 不大于 | 100 |
| ② 大面上长度方向或条面上水平面方向的长度 | 不大于 | 120 |
| 5. 贯穿裂纹长度 | | |
| ① 大面上宽度方向及其延伸到条面的长度 | 不大于 | 40 |
| ② 壁、肋沿长度方向、宽度方向及其水平方向的长度 | 不大于 | 40 |
| 6. 肋、壁内残缺长度 | 不大于 | 40 |
| 7. 完整面 | 不少于 | 一条面或一大面 |
| 凡有下列缺陷之一者，不能称为完整面： a) 缺损在大面、条面上造成的破坏面尺寸同时大于20mm×30mm； b) 大面、条面上裂纹宽度大于1mm，其长度超过70mm； c) 压陷、粘底、焦花在大面、条面上的凹陷或凸出超过2mm，区域尺寸同时大于20mm×30mm | | |

非承重混凝土空心砖外观质量要求　　　表2.10-8

| 项目名称 | | 技术指标 |
|---|---|---|
| 弯曲(mm) | | ≤2 |
| 掉角缺棱 | 个数(个) | ≤2 |
| | 三个方向投影尺寸 | 均不得大于所在棱边长度的1/10 |
| 裂纹长度(mm) | | ≤25 |

承重混凝土多孔砖外观质量要求　　　表2.10-9

| 项目名称 | | 技术指标 |
|---|---|---|
| 弯曲(mm) | | ≤1 |
| 掉角缺棱 | 个数(个) | ≤2 |
| | 三个方向投影尺寸的最大值(mm) | ≤15 |
| 裂纹延伸的投影尺寸累计(mm) | | ≤20 |

非承重混凝土空心砖和承重混凝土多孔砖尺寸允许偏差　表2.10-10

| 项目名称 | 指标 |
|---|---|
| 长度 | +2，-1 |
| 宽度 | +2，-1 |
| 高度 | ±2 |

混凝土实心砖尺寸允许偏差　　　表2.10-11

| 项目名称 | 标准值 |
|---|---|
| 长度 | -1～+2 |
| 宽度 | -2～+2 |
| 高度 | -1～+2 |

混凝土实心砖外观质量要求　　　表2.10-12

| 项目名称 | | 标准值 |
|---|---|---|
| 成形面高度 | 不大于 | 2 |
| 弯曲 | 不大于 | 2 |

续表

| 项目名称 | | 标准值 |
|---|---|---|
| 缺棱掉角的三个方向投影尺寸 | 不得同时大于 | 10 |
| 裂纹长度的投影尺寸 | 不大于 | 20 |
| 完整面 | 不得少于 | 一条面和一顶面 |

凡有下列缺陷之一者，不得成为完整面。
1) 缺损在条面或顶面上造成的破坏尺寸同时大于 10mm×10mm。
2) 条面或顶面上裂纹宽度大于 1mm，其长度超过 30mm

普通混凝土小型砌块外观质量要求　　　表 2.10-13

| 项目名称 | | 技术指标 |
|---|---|---|
| 弯曲 | 不大于 | 2mm |
| 缺棱掉角 | 个数 不超过 | 1个 |
| | 三个方向投影尺寸的最大值 不大于 | 20mm |
| 裂纹延伸的投影尺寸累计 | 不大于 | 30mm |

混凝土小型砌块尺寸允许偏差　　　表 2.10-14

| 项目名称 | 技术指标 |
|---|---|
| 长度 | ±2 |
| 宽度 | ±2 |
| 高度 | +3、-2 |

注：免浆砌块的尺寸允许偏差，应由企业根据块型特点自行给出。尺寸偏差不应影响垒砌和墙片性能。

蒸压加气混凝土砌块尺寸偏差和外观　　　表 2.10-15

| 项　　目 | | | 指　标 | |
|---|---|---|---|---|
| | | | 优等品(A) | 合格品(B) |
| 尺寸允许偏差(mm) | 长度 | $L$ | ±3 | ±4 |
| | 宽度 | $B$ | ±1 | ±2 |
| | 高度 | $H$ | ±1 | ±2 |

续表

| 项　　目 | | 指　　标 | |
|---|---|---|---|
| | | 优等品(A) | 合格品(B) |
| 缺棱掉角 | 最小尺寸不得大于(mm) | 0 | 30 |
| | 最大尺寸不得大于(mm) | 0 | 70 |
| | 大于以上尺寸的缺棱掉角个数,不多于(个) | 0 | 2 |
| 裂纹长度 | 贯穿一棱二面的裂纹长度不得大于裂纹所在面的裂纹方向尺寸总和的 | 0 | 1/3 |
| | 任一面上的裂纹长度不得大于裂纹方向尺寸的 | 0 | 1/2 |
| | 大于以上尺寸的裂纹条数,不多于(条) | 0 | 2 |
| 爆裂、粘膜和损坏深度不得大于(mm) | | 10 | 30 |
| 平面弯曲 | | 不允许 | |
| 表面疏松、层裂 | | 不允许 | |
| 表面油污 | | 不允许 | |

**蒸压粉煤灰砖外观质量和尺寸偏差**　　表 2.10-16

| 项目名称 | | | 技术指标 |
|---|---|---|---|
| 外观质量 | 缺棱掉角 | 个数/个 | ≤2 |
| | | 二个方向投影尺寸的最大值/mm | ≤15 |
| | 裂纹 | 裂纹延伸的投影尺寸累计/mm | ≤20 |
| | 层裂 | | 不允许 |
| 尺寸偏差 | 长度/mm | | +2<br>-1 |
| | 宽度/mm | | ±2 |
| | 高度/mm | | +2<br>-1 |

**轻集料混凝土小型空心砌块的尺寸偏差和外观质量**　　表 2.10-17

| 项　　目 | | 指　　标 |
|---|---|---|
| 尺寸偏差(mm) | 长度 | ±3 |
| | 宽度 | ±3 |
| | 高度 | ±3 |

续表

| 项　　目 | | | 指　标 |
|---|---|---|---|
| 最小外壁厚(mm) | 用于承重墙体 | ≥ | 30 |
| | 用于非承重墙体 | ≥ | 20 |
| 肋厚(mm) | 用于承重墙体 | ≥ | 25 |
| | 用于非承重墙体 | ≥ | 20 |
| 缺棱掉角 | 个数(块) | ≤ | 2 |
| | 三个方向投影的最大值(mm) | ≤ | 20 |
| 裂缝延伸的累计尺寸(mm) | | ≤ | 30 |

### 2.10.5 技术要求

1. 烧结普通砖

烧结普通砖的强度等级应符合表 2.10-18 的要求。

烧结普通砖强度等级　　　　　　表 2.10-18

| 强度等级 | 抗压强度平均值 $f \geq$ (MPa) | 变异系数 $\delta \leq 0.21$ 强度标准值 $f_k \geq$ (MPa) | 变异系数 $\delta > 0.21$ 单块最小抗压强度值 $f_{min} \geq$ (MPa) |
|---|---|---|---|
| MU30 | 30.0 | 22.0 | 25.0 |
| MU25 | 25.0 | 18.0 | 22.0 |
| MU20 | 20.0 | 14.0 | 16.0 |
| MU15 | 15.0 | 10.0 | 12.0 |
| MU10 | 10.0 | 6.5 | 7.5 |

2. 烧结多孔砖和多孔砌块

烧结多孔砖和多孔砌块强度等级应符合表 2.10-19 的要求。

烧结多孔砖和多孔砌块强度等级　　　　　表 2.10-19

| 强度等级 | 抗压强度平均值 $f \geq$ (MPa) | 强度标准值 $f_k \geq$ (MPa) |
|---|---|---|
| MU30 | 30.0 | 22.0 |
| MU25 | 25.0 | 18.0 |

续表

| 强度等级 | 抗压强度平均值 $f \geqslant$ (MPa) | 强度标准值 $f_k \geqslant$ (MPa) |
|---|---|---|
| MU20 | 20.0 | 14.0 |
| MU15 | 15.0 | 10.0 |
| MU10 | 10.0 | 6.5 |

**3. 烧结空心砖和空心砌块**

烧结空心砖和空心砌块的强度等级及密度等级应符合表 2.10-20、表 2.10-21 的要求。

**烧结空心砖和空心砌块强度等级**　　表 2.10-20

| 强度等级 | 抗压强度平均值 $f \geqslant$ (MPa) | 变异系数 $\delta \leqslant 0.21$<br>强度标准值 $f_k \geqslant$ (MPa) | 变异系数 $\delta > 0.21$<br>单块最小抗压强度值 $f_{\min} \geqslant$ (MPa) |
|---|---|---|---|
| MU10.0 | 10.0 | 7.0 | 8.0 |
| MU7.5 | 7.5 | 5.0 | 5.8 |
| MU5.0 | 5.0 | 3.5 | 4.0 |
| MU3.5 | 3.5 | 2.5 | 2.8 |

**烧结空心砖和空心砌块密度等级**　　表 2.10-21

| 密度等级 | 五块体积密度平均值 (kg/m³) |
|---|---|
| 800 | ≤800 |
| 900 | 801~900 |
| 1000 | 901~1000 |
| 1100 | 1001~1100 |

**4. 普通混凝土小型砌块**

混凝土小型砌块的强度等级应符合表 2.10-22 的要求。

**普通混凝土小型砌块强度等级**　　表 2.10-22

| 强度等级 | 抗压强度 (MPa) | |
|---|---|---|
| | 平均值 ≥ | 单块最小值 ≥ |
| MU5.0 | 5.0 | 4.0 |
| MU7.5 | 7.5 | 6.0 |

续表

| 强度等级 | 抗压强度（MPa） | |
|---|---|---|
| | 平均值≥ | 单块最小值≥ |
| MU10 | 10.0 | 8.0 |
| MU15 | 15.0 | 12.0 |
| MU20 | 20.0 | 16.0 |
| MU25 | 25.0 | 20.0 |
| MU30 | 30.0 | 24.0 |
| MU35 | 35.0 | 28.0 |
| MU40 | 40.0 | 32.0 |

5. 粉煤灰砖

粉煤灰砖的强度等级应符合表 2.10-23 的要求。

**粉煤灰砖强度等级** 表 2.10-23

| 强度等级 | 抗压强度（MPa） | | 抗折强度（MPa） | |
|---|---|---|---|---|
| | 平均值不小于 | 单块最小值不小于 | 平均值不小于 | 单块最小值不小于 |
| 30 | 30.0 | 24.0 | 4.8 | 3.8 |
| 25 | 25.0 | 20.0 | 4.5 | 3.6 |
| 20 | 20.0 | 16.0 | 4.0 | 3.2 |
| 15 | 15.0 | 12.0 | 3.7 | 3.0 |
| 10 | 10.0 | 8.0 | 2.5 | 2.0 |

6. 蒸压灰砂砖

蒸压灰砂砖的强度等级应符合表 2.10-24 的要求。

**蒸压灰砂砖强度等级** 表 2.10-24

| 强度等级 | 抗压强度（MPa） | | 抗折强度（MPa） | |
|---|---|---|---|---|
| | 平均值不小于 | 单块值不小于 | 平均值不小于 | 单块值不小于 |
| MU25 | 25.0 | 20.0 | 5.0 | 4.0 |
| MU20 | 20.0 | 16.0 | 4.0 | 3.2 |
| MU15 | 15.0 | 12.0 | 3.3 | 2.6 |
| MU10 | 10.0 | 8.0 | 2.5 | 2.0 |

7. 蒸压加气混凝土砌块

蒸压加气混凝土砌块的强度级别和干密度级别应符合表 2.10-25～表 2.10-27 的要求。

砌块的立方体抗压强度　　表 2.10-25

| 强度级别 | 立方体抗压强度（MPa） | |
|---|---|---|
| | 平均值不小于 | 单块最小值不小于 |
| A1.0 | 1.0 | 0.8 |
| A2.0 | 2.0 | 1.6 |
| A2.5 | 2.5 | 2.0 |
| A3.5 | 3.5 | 2.8 |
| A5.0 | 5.0 | 4.0 |
| A7.5 | 7.5 | 6.0 |
| A10.0 | 10.0 | 8.0 |

砌块的干密度　　表 2.10-26

| 干密度级别（kg/m³） | | B03 | B04 | B05 | B06 | B07 | B08 |
|---|---|---|---|---|---|---|---|
| 干密度 | 优等品(A)≤ | 300 | 400 | 500 | 600 | 700 | 800 |
| | 合格品(B)≤ | 325 | 425 | 525 | 625 | 725 | 825 |

砌块的强度级别　　表 2.10-27

| 干密度级别 | | B03 | B04 | B05 | B06 | B07 | B08 |
|---|---|---|---|---|---|---|---|
| 强度级别 | 优等品(A) | 1.0 | A2.0 | A3.5 | A5.0 | A7.5 | A10.0 |
| | 合格品(B) | | | A2.5 | A3.5 | A5.0 | A7.5 |

8. 轻集料混凝土小型空心砌块

轻集料混凝土小型空心砌块的强度等级应符合表 2.10-28 的要求。

轻集料混凝土小型空心砌块强度等级　　表 2.10-28

| 强度等级 | 抗压强度（MPa） | | 密度等级范围（kg/m³） |
|---|---|---|---|
| | 平均值≥ | 最小值≥ | |
| MU2.5 | 2.5 | 2.0 | ≤800 |
| MU3.5 | 3.5 | 2.8 | ≤1000 |
| MU5.0 | 5.0 | 4.0 | ≤1200 |

续表

| 强度等级 | 抗压强度（MPa） | | 密度等级范围（kg/m³） |
|---|---|---|---|
| | 平均值≥ | 最小值≥ | |
| MU7.5 | 7.5 | 6.0 | ≤1200[a]<br>≤1300[b] |
| MU10.0 | 10.0 | 8.0 | ≤1200[a]<br>≤1400[b] |

1. 除自然煤矸石掺量不小于砌块质量35%以外的其他砌块；
2. 自燃煤矸石掺量不小于砌块质量35%的砌块。

### 9. 非承重混凝土空心砖

非承重混凝土空心砖的强度等级应符合表2.10-29、表2.10-30的要求。

非承重混凝土空心砖密度等级　　表 2.10-29

| 密度等级 | 表观密度范围（kg/m³） |
|---|---|
| 1400 | 1210～1400 |
| 1200 | 1110～1200 |
| 1100 | 1010～1100 |
| 1000 | 910～1000 |
| 900 | 810～900 |
| 800 | 710～800 |
| 700 | 610～700 |
| 600 | 510～600 |

非承重混凝土空心砖强度等级　　表 2.10-30

| 强度等级 | 密度等级范围 | 抗压强度（MPa） | |
|---|---|---|---|
| | | 平均值不小于 | 单块最小值不小于 |
| MU5 | ≤900 | 5.0 | 4.0 |
| MU7.5 | ≤1100 | 7.5 | 6.0 |
| MU10 | ≤1400 | 10.0 | 8.0 |

### 10. 承重混凝土多孔砖

承重混凝土多孔砖的强度等级应符合表2.10-31的要求。

**承重混凝土多孔砖强度等级** 表 2.10-31

| 强度等级 | 抗压强度(MPa) | |
| --- | --- | --- |
| | 平均值不小于 | 单块最小值不小于 |
| MU15 | 15.0 | 12.0 |
| MU20 | 20.0 | 16.0 |
| MU25 | 25.0 | 20.0 |

11. 混凝土实心砖

混凝土实心砖的强度等级应符合表 2.10-32 的要求。

**混凝土实心砖强度等级** 表 2.10-32

| 强度等级 | 抗压强度(MPa) | |
| --- | --- | --- |
| | 平均值≥ | 单块最小值≥ |
| MU40 | 40.0 | 35.0 |
| MU35 | 35.0 | 30.0 |
| MU30 | 30.0 | 26.0 |
| MU25 | 25.0 | 21.0 |
| MU20 | 20.0 | 16.0 |
| MU15 | 15.0 | 12.0 |

### 2.9.6 检测报告

墙体材料检测报告表式见表 2.10-33。

《检测机构名称》

**墙体材料检测报告** C-20a-0806    表 2.10-33

检测类别：　　　　工程连续号：　　　　委托编号：
　　　　　　　　　　　　　　　　　　报告编号：

| 委托单位 | | | |
| --- | --- | --- | --- |
| 工程名称 | | | |
| 工程地址 | | 委托日期 | |
| 施工单位 | | 报告日期 | |

续表

| 样品编号 | | 样品名称 | | 样品规格 | |
|---|---|---|---|---|---|
| 生产单位 | | | | 备案证号 | |
| 强度等级 | | 密度等级 | | 代表数量 | |
| 工程部位 | | | | 检测日期 | |
| 检测方法 | | | | 评定依据 | |
| 检测参数 | | 标准值 | 检测值 | | 单项结果 |
| 抗压强度<br>(MPa) | 平均值 | ≥ | | | |
| | 最小值 | ≥ | | | |
| | 标准值 | ≥ | | | |
| 抗折强度<br>(MPa) | 平均值 | ≥ | | | |
| | 最小值 | ≥ | | | |
| 体积密度<br>(kg/m³) | 平均值 | ≥ | | | |
| | 最小值 | ≥ | | | |
| 耐磨性 | 磨坑长度/mm | ≤ | | | |
| | 耐磨度 | ≥ | | | |
| 吸水率(%) | | ≤ | | | |
| | | | | | |
| | | | | | |
| 检测结果 | | | | | |

| 见证单位 | | | 见证人及证书号 | |
|---|---|---|---|---|
| 说明 | 1. 非本检测机构抽样的样品，本检测机构仅对来样的检测数据负责；<br>2. 未经本检测机构批准，部分复制本检测报告无效；<br>3. 由本检测机构抽样的样品按本检测机构抽样程序进行抽样、检测 | | | |
| 检测机构信息 | 1. 检测机构地址：<br>2. 联系电话：<br>3. 邮编： | | 防伪校验码 | |
| 备注 | | | | |

检测机构专用章： 批准/职务： / 审核： 检测：

共 页 第 页

## 2.11 道路和基础回填材料

### 2.11.1 概述

在工程建设中，常对开挖后的道路和基础采用各种材料进行回填处理，以保证基础的强度和使用要求。常用的道路和基础回填材料有土、粉煤灰、石灰土(灰土)、砂等。

土作为常用道路和基础回填材料，在工程中被广泛应用。土一般由固相(土颗料)、液相(水)和气相(空气)三部分组成，三相比例不同，则反映出土的物理状态也不尽相同。

粉煤灰作为工业废渣，多年来被广泛应用于工程的各个结构部位中，如石灰粉煤灰稳定材料作为道路工程的基层材料；粉煤灰作为基础回填材料，也被大量使用。

工程中，当土的性能达不到使用要求时，常常对土进行改良，掺加各种各样的材料，以改善土的性能，提高土的工程性质。石灰土就是改良土中常用的一种。

砂作为回填材料，在我国是一种处理浅表软弱土层的传统方法，但由于原材料来源及价格等问题，大规模应用受到限制，目前主要用于工程的浜、塘、沟等的回填处理。

### 2.11.2 依据标准

1.《建筑地基基础设计规范》(GB 50007—2011)。
2.《建筑地基基础工程施工质量验收规范》(GB 50202—2002)。
3.《建筑地基处理技术规范》(JGJ 79—2012)。
4.《地基处理技术规范》(DG/TJ 08—40—2010)。
5.《城镇排水工程施工质量验收规范》(DG/TJ 08—2110—2012)。
6.《土工试验方法标准(2008版)》(GB/T 50123—1999)。
7.《土的工程分类标准》)(GB/T 50145—2007)。
8.《公路土工试验规程》(JTG E40—2007)。
9.《公路路基路面现场测试规程》(JTG E60—2008)。
10.《给水排水管道工程施工及验收规范》(GB 50268—2008)。

### 2.11.3 检验内容和使用要求

1. 检验内容

回填质量评定可采用下列几种方法进行检测：

(1) 干密度，主要用于砂垫层和砂石垫层的质量评定或以设计规定的控制干密度为依据进行评定，方法分为环刀法、灌砂法、灌水法、贯入法等。

(2) 用压实系数($\lambda_c$)或压实度($K$)来鉴定黏性类地基回填质量。

压实系数为土的实际干密度($\rho_d$)与最大干密度($\rho_{dmax}$)的比值；压实度为土的实际干密度($\rho_d$)与最大干密度($\rho_{dmax}$)的比值用百分率表示。最大干密度($\rho_{dmax}$)和最优(佳)含水量是通过标准击实方法确定的。而压实系数($\lambda_c$)或压实度($K$)要求一般由设计单位根据工程结构性质、使用要求及土的性质确定，如果未作规定可参考 2.10.5 中数值取用。

2. 使用要求

(1) 砂垫层材料应选用级配良好的中、粗砂，含泥量不超过 3%，并须除去树皮、草根等杂质。若用细砂，用掺入 30%～50%的碎石，碎石最大粒径不宜大于 50mm。

(2) 粉煤灰垫层对过湿的粉煤灰应沥干装运，装运时含水量以 15%～25%为宜。层底粉煤灰宜选用较粗的灰，并使含水量稍低于最优含水量。

(3) 土路基中泥炭、淤泥、淤泥质土、有机质土及易溶盐超过允许含量的土，及液限大于 50%、塑性指数大于 26、不适宜直接压实的细粒土，不得直接用于填筑材料。需使用时，必须采取技术措施进行处理，经检验满足设计要求后方可使用。

(4) 粉煤灰路基基底范围内，原地表植被、杂物、垃圾、积水、淤泥和表层种植土等必须清除。

(5) 石灰土路基中石灰用量符合配合比要求，土块应充分粉散，拌合均匀，路拌深度达到层底，无素土夹层。

(6) 覆土时沟槽内不得有积水，严禁带水覆土，不得回填淤泥、腐殖土及有机物质，大于10cm的石块等硬块应剔除，大的泥块应敲碎。管顶50cm以上覆土时，应分层整平和夯实，每层厚度应根据采用的夯(压)实工具和密实度要求而定。

（7）在粉煤灰填筑层中铺设地下金属构件，宜采取适当的防腐蚀措施。在需绿化的粉煤灰填筑区，宜覆土300～500mm，且选择耐碱、耐硼树木作为先锋植物进行过度。

（8）粉质黏土土料中有机质含量不应超过5%，亦不得含有膨胀土。当含有碎石时，其粒径不宜大于50mm。

（9）灰土垫层体积配合比宜为2∶8或3∶7，土料宜用粉质黏土，不宜使用块状黏土和砂质粉土，不得含有松软杂质，并应过筛，其颗粒不应大于15mm。石灰宜用新鲜的消石灰，其颗粒不应大于5mm。

### 2.11.4 取样要求

1. 道路和回填材料的密度及压实度(系数)检测取样批量见表2.11-1。

密度及压实度(系数)检测频率  表2.11-1

| 工程 | | 检测频率 | | |
|---|---|---|---|---|
| | | 范围 | 点数 | 方法 |
| 道路 | 土路基 | 每1000m² | 每压实层3点 | 环刀法/灌砂法/灌水法 |
| | 路床 | 每1000m² | 每压实层3点 | 环刀法/灌砂法/灌水法 |
| | 二灰土底基层 | 每1000m² | 每压实层1点 | 环刀法/灌砂法/灌水法 |
| | 人行道路基、土路肩 | 每100m | 2点 | 环刀法/灌砂法/灌水法 |
| | 进出口斜坡 | 每个 | 1点 | 环刀法/灌砂法/灌水法 |
| | 三渣基层 | 每1000m² | 1个 | 灌砂法 |

续表

| 工程 | | 检测频率 | | 方法 |
|---|---|---|---|---|
| | | 范围 | 点数 | |
| 道路 | 砂砾、碎石垫层 | 每1000m² | 1个 | 灌砂法 |
| | 石灰土垫层 | 每1000m² | 每压实层3个 | 环刀法 |
| 排水 | 构筑物 | 每个构筑物 | 每压实层3点 | 环刀法 |
| | 管道 | 两井之间 | 每压实层3点 | 环刀法 |
| 桥梁 | 基坑 | 每座墩、台 | 每压实层3点 | 环刀法 |
| 地基处理粉煤灰垫层 | 整片垫层 | ≤300m² | 每压实层30～50m² 1点 | 环刀法 |
| | | | 每压实层10～15m² 1点 | 贯入法 |
| | | >300m² | 每压实层50～100m² 1点 | 环刀法 |
| | | | 每压实层20～30m² 1点 | 贯入法 |
| | 条形基础下垫层 | 参照整片垫层且每20m | 每压实层不少于1点 | 环刀法 |
| | | 参照整片垫层且每5m | | 贯入法 |
| | 单独基础下垫层 | 参照整片垫层 | 每压实层不少于2点 | 环刀法/贯入法 |
| | 基槽(坑) | 每层50～100m² | 应有一个检验点 | 环刀法/灌砂法/灌水法 |

2. 沟槽回填检测取样批量见表2.11-2、表2.11-3。

**刚性管道沟槽回填土压实度** 表2.11-2

| | 检查项目 | | | 最低压实度(%) | | 检查数量 | | 检查方法 |
|---|---|---|---|---|---|---|---|---|
| | | | | 重型击实标准 | 轻型击实标准 | 范围 | 点数 | |
| 1 | 石灰土类垫层 | | | 93 | 95 | 100m | 每层每侧一组(每组3点) | 用环刀法检查或采用《土工试验方法标准》(GB/T 50123)中其他方法 |
| 2 | 沟槽在路基范围外 | 胸腔部分 | 管侧 | 87 | 90 | 两井之间或1000m² | | |
| | | | 管顶以上500mm | 87±2%(轻型) | | | | |
| | | 其余部分 | | ≥90(轻型)或按设计要求 | | | | |
| | | 农田或绿地范围表层500mm范围内 | | 不宜压实,预留沉降量,表面整平 | | | | |

139

续表

| 检查项目 | | | 最低压实度(%) | | 检查数量 | | 检查方法 |
|---|---|---|---|---|---|---|---|
| | | | 重型击实标准 | 轻型击实标准 | 范围 | 点数 | |
| 3 | 沟槽在路基范围内 | 胸腔部分 | 管侧 | 87 | 90 | 两井之间或1000m² | 每层每侧一组（每组3点） | 用环刀法检查或采用《土工试验方法标准》(GB/T 50123)中其他方法 |
| | | | 管顶以上250mm | 87±2%（轻型） | | | | |
| | | 由路槽底算起的深度范围(mm) 0~800 | 快速路及主干路 | 95 | 98 | | | |
| | | | 次干路 | 93 | 95 | | | |
| | | | 支路 | 90 | 92 | | | |
| | | 800~1500 | 快速路及主干路 | 93 | 95 | | | |
| | | | 次干路 | 90 | 92 | | | |
| | | | 支路 | 87 | 90 | | | |
| | | >1500 | 快速路及主干路 | 87 | 90 | | | |
| | | | 次干路 | 87 | 90 | | | |
| | | | 支路 | 87 | 90 | | | |

注：1. 表中重型击实标准的压实度和轻型击实标准的压实度，分别以相应的标准击实试验法求得的最大干密度为100%；管道回填压实度，除设计要求用重型击实标准外，其他以轻型击实标准；
2. 采用中、粗黄砂回填时可采用钢钎贯入度法检验，其贯入度标准值应根据所用黄砂、所做击实功，通过试验确定。

**柔性管道沟槽回填土压实度** 表 2.11-3

| 槽内部位 | | 压实度(%)轻型击实标准 | 回填材料 | 检查数量 | | 检查方法 |
|---|---|---|---|---|---|---|
| | | | | 范围 | 点数 | |
| 管道基础 | 管底基础 | ≥90 | 中、粗砂 | 每100m | 每层每侧一组（每组3点） | 用环刀法检查或采用《土工试验方法标准》(GB/T 50123)中其他方法 |
| | 管道有效支撑角范围 | ≥95 | | | | |
| 管道两侧 | | ≥95 | 中、粗砂、碎石屑，最大粒径小于40mm的砂砾或符合要求的原土 | 两井之间或每1000m² | | |
| 管顶以上500mm | 管道两侧 | ≥90 | | | | |
| | 管道上部 | 85±2% | | | | |
| 管顶500~1000mm | | ≥90 | 原土或按设计要求 | | | |

注：1. 回填土的压实度，除设计要求用重型击实标准外，其他以轻型击实标准试验获得最大干密度为100%；
2. 管顶500mm以上的，若管道处于绿化或农田下且设计未要求时，以原土回填；若管道处于道路下，回填压实应按道路标准执行；
3. 柔性管道沟槽部位与压实度见图 4.3-4；
4. 采用中、粗黄砂回填时可采用钢钎贯入度法检验，其贯入度标准值应根据所用黄砂、所做击实功，通过试验确定。

3. 上海地区工作井基坑回填检测取样批量见表2.11-4。

**工作井基坑回填土压实度**　　　　　表2.11-4

| | 检查项目 | 压实度（％） | 检查频率 范围 | 检查频率 组数 | 检查方法 |
|---|---|---|---|---|---|
| 1 | 一般情况下 | ≥90 | 四周回填按50延m/层；大面积回填按500m²/层 | 1(三点) | 环刀法或采用《土工试验方法标准》(GB/T 50123)中其他方法 |
| 2 | 地面有散水等 | ≥95 | | 1(三点) | |
| 3 | 当年回填土上修路、辅管道 | 符合设计要求 | | 1(三点) | |

4. 环刀法检测，道路工程应使用容积为$200cm^3$的环刀，基础工程应使用容积为$100cm^3$、$60cm^3$的环刀。

5. 击实试验，轻型击实试验用样品数量不少于$40kg$，重型击实试验用样品数量不少于$60kg$。

6. 环刀法检测可使用手锤打入法按以下步骤进行取样：

（1）确定取样地点，记录该点测区编号及标高；

（2）在约300mm×300mm的地面上去掉表层浮土并检查取样面是否有石块及建筑垃圾；

（3）将环刀刀口向下垂直放在土样上，将带手柄环刀盖在环刀背上；

（4）锤击环刀盖手柄使环刀垂直均匀地切入土样，当土样升出环刀时停止锤击；

（5）在距环刀150～200mm侧面用铁铲铲入，取出环刀；

（6）擦净环刀外壁，用修土刀削去环刀两端余土，并使土与环刀口齐平，在削土时不应将两端余土压入环刀内；

（7）当环刀两端面有少量土不齐平时，可取适量土补齐但不得用力压入改变其原始状态；

（8）将记录有代表该样品测区编号及标高的标签一同装入铝盒内，盖紧盒盖。

7. 环刀法取样注意事项

（1）取样操作不应在雨天进行。

（2）取样完毕尽快送检测机构检测，试样放置时间不宜过长以免含水率发生变化。

（3）取样时应使环刀在测点处垂直而下，并应在夯实层 2/3 处取样。

（4）取样时应注意免使土样受到外力作用，环刀内应充满土样，如果环刀内土样不足，应将同类土样补足。

（5）取样锤击时用力应以能打入土质为限，不能过分扰动路基土的原状结构。

（6）对土质紧硬的地方可使用电动取土器，其操作按相应产品的技术说明。

（7）当环刀中的土样含有大于 50% 的粗粒土或大量建筑垃圾时应重新取样。

（8）现场取样应记录测点标高、部位及相对应的取样日期、取样人、见证人等信息。

（9）现场取样应优先采用随机选点的方法。

8. 土样存放及运送

在现场取样后，原则上应及时将土样运送到检测机构检测。土样存放及运送中，还须注意以下事项：

（1）将现场采取的土样，立即放入密封的土样盒或密封的土样筒内，同时贴上相应的标签。

（2）如无密封的土样盒和密封的土样筒时，可将取得的土样，用砂布包裹，并用蜡融封密实。

（3）密封土样宜放在室内常温处，使其避免日晒、雨淋及冻融等有害因素的影响。

（4）土样在运送过程中少受振动。

### 2.11.5 技术要求

1. 按照《建筑地基基础工程施工质量验收规范》(GB 50202—2002)

压实系数满足设计要求或按《建筑地基基础设计规范》(GB 50007—2002),满足表 2.11-5 要求。

压实填土的质量控制　　　　　　　　表 2.11-5

| 结构类型 | 填土部位 | 压实系数 $\lambda_c$ | 控制含水量 |
|---|---|---|---|
| 砌体承重结构和框架结构 | 在地基主要受力层范围内 | ≥0.97 | $\omega_{op} \pm 2$ |
| 砌体承重结构和框架结构 | 在地基主要受力层围以下 | ≥0.95 | $\omega_{op} \pm 2$ |
| 排架结构 | 在地基主要受力层范围内 | ≥0.96 | $\omega_{op} \pm 2$ |
| 排架结构 | 在地基主要受力层范围以下 | ≥0.94 | $\omega_{op} \pm 2$ |

注:1. 压实系数 $\lambda_c$ 为压实填土的控制干密度 $\rho_d$ 与最大干密度 $\rho_{dmax}$ 的比值,$\omega_{op}$ 为最优含水量;

2. 地坪垫层以下及基础底面标高以上的压实填土,压实系数不应小于 0.94。

2. 按照《地基处理技术规范》(DG/T J08—40—2010)

(1) 控制砂垫层干密度:中砂 $\rho_d \geq 1.6 t/m^3$,粗砂 $\rho_d \geq 1.7 t/m^3$。

(2) 粉煤灰垫层的压实系数 $\lambda_c \geq 0.90 \sim 0.95$。

(3) 粉质黏土垫层的压实系数 $\lambda_c \geq 0.94 \sim 0.97$。

(4) 灰土垫层的压实系数 $\lambda_c \geq 0.95$。

当采用轻型击实试验时,压实系数 $\lambda_c$ 宜取高值,采用重型击实试验时,压实系数 $\lambda_c$ 可取低值。

3. 按照《城镇道路工程施工与质量验收规范》(CJJ 1—2008)

(1) 土路基压实度应符合设计要求或表 2.11-6 的规定。

**路基压实度标准** 表 2.11-6

| 填挖类型 | 路床顶面以下深度(cm) | 道路类别 | 压实度(%)（重型击实） |
|---|---|---|---|
| 挖方 | 0～30 | 城市快速路、主干路 | ≥95 |
| | | 次干路 | ≥93 |
| | | 支路及其他小路 | ≥90 |
| 填方 | 0～80 | 城市快速路、主干路 | ≥95 |
| | | 次干路 | ≥93 |
| | | 支路及其他小路 | ≥90 |
| | >80～150 | 城市快速路、主干路 | ≥93 |
| | | 次干路 | ≥90 |
| | | 支路及其他小路 | ≥90 |
| | >150 | 城市快速路、主干路 | ≥90 |
| | | 次干路 | ≥90 |
| | | 支路及其他小路 | ≥87 |

（2）基层及底基层压实度应符合表 2.11-7 规定。

**基层及底基层压实度** 表 2.11-7

| 结构种类 | 检查项目 | 单位 | 规定值 | | | |
|---|---|---|---|---|---|---|
| | | | 基层 | | 底基层 | |
| | | | 城市快速路主干路 | 其他等级道路 | 城市快速路主干路 | 其他等级道路 |
| 石灰稳定类 | 压实度 | % | ≥97 | ≥95 | ≥95 | ≥93 |
| 水泥稳定类 | | | ≥97 | ≥95 | ≥95 | ≥93 |
| 级配砂砾类 | | | ≥97 | | ≥95 | |
| 级配碎石类 | | | ≥97 | | ≥95 | |
| 沥青稳定碎石类 | | | ≥95 | | | |

4. 按照《给水排水管道工程施工及验收规范》（GB 50268—2008）、《城镇排水工程施工质量验收规范》（DG/T J08—2110—

2012),管道沟槽回填土及工作井基坑回填土检测应符合表 2.11-2～表 2.11-4 的要求。

沟槽覆土密实度和沟槽回填中粗砂干重度应符合表 2.11-8 的要求。

沟槽覆土密实度和沟槽回填中粗砂干重度　　表 2.11-8

| 项目 | 沟槽覆土 | 沟槽回填中粗砂 |
|---|---|---|
| | 相对密度<br>(标准击实法)(%) | 干重度($kN/m^3$) |
| 胸腔部分 | ≥90 | ≥16 |
| 管顶以上 500mm 内 | ≥85 | |

5. 填方和柱基、基坑、基槽、管沟回填,必须按规定分层夯压密实。取样测定压实以后的干土质量密度其合格率不应小于 90%,不合格干土质量密度的最低值与设计值的差不应大于 0.08g/cm³,且不应集中。

### 2.11.6　检测报告及不合格处理

1. 检测报告表式

回填土密度检测报告表式见表 2.11-9。

2. 不合格处理

干密度应不小于相应规范或设计规定的控制干密度;通过击实试验可计算出最大干密度 $\rho_{dmax}$ 和最优含水量($\omega_{op}$),得到压实系数($\lambda_c$)或压实度($K$),压实系数($\lambda_c$)或压实度($K$)应不小于设计或施工验收规范的规定。

当干密度或压实系数(压实度)不合格时应及时查明原因,采取有效的技术措施进行处理,然后再重新进行检测,直到判为合格为止。

## 《检测机构名称》

### 回填土密度检测报告(环刀法) C-23a-0806

表 2.11-9

检测类别：　　　　　工程连续号：

委托编号：
报告编号：

| 委托单位 | | | | |
|---|---|---|---|---|
| 工程名称 | | | 委托日期 | |
| 工程地址 | | | 报告日期 | |
| 施工单位 | | | 环刀规格/(cm$^3$) | |
| 设计要求 | 最大干密度(g/cm$^3$) | | 最优含水率/% | |

| 样品编号 | 取样部位 | 取样点标高/mm | 取样点厚度/mm | 取样日期 | 检测日期 | 湿密度/(g/cm$^3$) | 含水率/% | 干密度/(g/cm$^3$) | 压实系数 |
|---|---|---|---|---|---|---|---|---|---|
| | | | | | | | | | |
| | | | | | | | | | |
| | | | | | | | | | |
| | | | | | | | | | |
| | | | | | | | | | |
| | | | | | | | | | |
| | | | | | | | | | |
| | | | | | | | | | |
| | | | | | | | | | |
| 检测结论 | | | | | | | | | |

| 见证单位 | | 见证人及证书号 | |
|---|---|---|---|
| 检测方法 | | 评定依据 | |
| 说明 | 1. 非本检测机构抽样的样品，本检测机构仅对来样的检测数据负责；<br>2. 未经本检测机构批准，部分复制本检测报告无效；<br>3. 由本检测机构抽样的样品按本检测机构抽样程序进行抽样、检测 | | |
| 检测机构信息 | 1. 检测机构地址：<br>2. 联系电话：<br>3. 邮编： | 防伪校验码 | |
| 备注 | | | |

检测机构专用章：　　批准/职务：　　/　　审核：　　检测：

共 页 第 页

(1) 当检测填土的实际含水量没达到该填土土类的最优含水量时,可事先向松散的填土均匀喷洒适量水,使其含水量接近最优含水量后,再加振、压、夯实。

(2) 当填土含水量超过该填料最优含水量时,尤其是用黏性土回填,在进行振、压、夯实时,易形成"橡皮土",这就须采取如下技术措施处理:

① 开槽晾干。

② 均匀地向松散填土内掺入同类干性黏土或刚化开的熟石灰粉。

③ 当工程量不大,而且已夯压成"橡皮土",则可采取"换填法",即挖去已形成的"橡皮土"后,填入新的符合填土要求的填料。

(3) 换填法用砂(或砂石)垫层分层回填,当实际干密度未达到规范或设计要求时,应重新进行振、压、夯实;当含水量不够时(即没达到最优含水量),应均匀地洒水后再进行振、压、夯实。

## 2.12 防水材料

### 2.12.1 概述

防水材料是保证建筑工程能够防止雨水、地下水及其他水分渗透的材料,其质量的优劣直接影响到人们的居住环境、卫生条件及建筑的使用寿命。近年来,我国的防水材料发展很快,按其形状可分成三大类:防水卷材、防水涂料和建筑密封材料。

1. 防水卷材

防水卷材是建筑工程重要防水材料之一,根据其主要防水组成材料分为沥青防水卷材、高聚物改性沥青防水卷材、合成高分子防水卷材三种。

(1) 沥青防水卷材

由于沥青具有良好的防水性能,而且资源丰富、价格低廉,所以沥青防水卷材的应用在我国占主导地位。沥青防水卷材最具代表性的是纸胎石油沥青防水卷材，简称油毡。为克服纸胎沥青油毡耐久性差、抗拉强度低等特点，可用玻璃布等代替纸胎。玻璃布胎沥青油毡是用石油沥青浸涂玻璃纤维织布的两面，再涂或撒隔离材料所制成的以无机纤维为胎体的沥青防水卷材，适用于耐久性、耐蚀性、耐水性要求较高的工程。

（2）高聚物改性沥青防水卷材

高聚物改性沥青防水卷材是指以纤维织物或塑料薄膜为胎体，以合成高分子聚合物改性沥青为涂盖层，以粉状、粒状、片状或薄膜材料为防粘隔离层制成的防水卷材。高聚物改性沥青防水卷材克服了沥青防水卷材的温度稳定性差、延伸率小、难以适应基层开裂及伸缩的缺点，具有高温不流淌、低温不脆裂、拉伸强度较高、延伸率较大等优异性能。有塑性体改性沥青防水卷材（简称 APP 卷材）、弹性体改性沥青防水卷材（简称 SBS 卷材）。

（3）合成高分子防水卷材

合成高分子防水卷材是以合成橡胶、合成树脂或两者的共混体为基料，加入适量的助剂和填充料等，经过特定工序制成的。合成高分子防水卷材具有拉伸强度高、断裂伸长率大、抗撕裂强度高、耐热性能好、低温柔性好、耐腐蚀、耐老化以及可以冷施工等一系列优异性能。

合成高分子防水卷材分为三元乙丙橡胶、聚氯乙烯、氯化聚乙烯—橡胶共混、氯磺化聚乙烯、丁基橡胶、氯丁橡胶、聚氯乙烯等多种防水卷材。

2. 防水涂料

防水涂料是指常温下呈黏稠状态，涂布在结构物表面，经溶剂或水分挥发，或各组分间的化学反应，形成具有一定弹性的连续、坚韧的薄膜，使基层表面与水隔绝，起到防水和防潮作用的物质。广泛应用于工业与民用建筑的屋面防水工程、地下混凝土工程的防潮防渗等。

防水涂料按成膜物质的主要成分分为沥青类防水涂料、高聚物改性沥青防水涂料和合成高分子防水涂料三类；按涂料介质不同，又可分为乳液型、溶剂型、反应型三类。

3. 建筑密封材料

建筑密封材料（又称嵌缝材料）是指能够承受位移以达到气密、水密目的而嵌入建筑接缝中的材料。密封材料具有良好的粘结性、耐老化性和温度适应性，并具有一定的强度、弹塑性，能够长期经受被粘构件的收缩与振动而不破坏。密封材料能连接和填充建筑上的各种接缝、裂缝和变形缝。

常用的建筑密封材料有改性沥青嵌缝油膏、聚硫橡胶密封膏、硅酮密封膏、丙烯酸酯密封膏、聚氨酯密封膏等。

**2.12.2 依据标准**

1.《屋面工程质量验收规范》（GB 50207—2012）。

2.《地下防水工程质量验收规范》（GB 50208—2011）。

3.《石油沥青纸胎油毡》（GB 326—2007）。

4.《聚氯乙烯（PVC）防水卷材》（GB 12952—2011）。

5.《氯化聚乙烯防水卷材》（GB 12953—2003）。

6.《硅酮建筑密封胶》（GB/T 14683—2003）。

7.《建筑用硅酮结构密封胶》（GB 16776—2005）。

8.《高分子防水材料　第1部分：片材》（GB 18173.1—2012）。

9.《高分子防水材料　第2部分：止水带》（GB 18173.2—2014）。

10.《高分子防水材料　第3部分：遇水膨胀橡胶》（GB/T 18173.3—2014）。

11.《弹性体改性沥青防水卷材》（GB 18242—2008）。

12.《塑性体改性沥青防水卷材》（GB 18243—2008）。

13.《改性沥青聚乙烯胎防水卷材》（GB 18967—2009）。

14.《聚氨酯防水涂料》（GB/T 19250—2013）。

15.《建筑防水沥青嵌缝油膏》（JC/T 207—2011）。

16.《聚氨酯建筑密封胶》（JC/T 482—2003）。

17.《丙烯酸酯建筑密封胶》(JC/T 484—2006)。
18.《三元丁橡胶防水卷材》(JC/T 645—2012)。
19.《氯化聚乙烯—橡胶共混防水卷材》(JC/T 684—1997)。
20.《沥青复合胎柔性防水卷材》(JC/T 690—2008)。
21.《聚氯乙烯建筑防水接缝材料》(JC/T 798—1997)。
22.《溶剂型橡胶沥青防水涂料》(JC/T 852—1999)。
23.《聚合物乳液建筑防水涂料》(JC/T 864—2008)。
24.《混凝土建筑接缝用密封胶》(JC/T 881—2001)。
25.《聚合物水泥防水涂料》(GB/T 23445—2009)。
26.《自粘聚合物改性沥青防水卷材》(GB/T 23441—2009)。

### 2.12.3 检验内容和使用要求
1. 检验内容

| 序号 | 材 料 名 称 | 物理性能检测项目 | 使用部位 |
| --- | --- | --- | --- |
| 1 | 高聚物改性沥青防水卷材 | 拉力、最大拉力时延伸率、耐热度、低温柔度、不透水性、可溶物含量 | 屋面 |
| 2 | 合成高分子防水卷材 | 断裂拉伸强度、扯断伸长率、低温弯折性、不透水性 | |
| 3 | 高聚物改性沥青防水涂料 | 固体含量、耐热性、低温柔性、不透水性、断裂伸长率或抗裂性 | |
| 4 | 合成高分子防水涂料 | 固体含量、拉伸强度、断裂伸长率、低温柔性、不透水性 | |
| 5 | 聚合物水泥防水涂料 | 固体含量、拉伸强度、断裂伸长率、低温柔性、不透水性 | |
| 6 | 胎体增强材料 | 拉力、延伸率 | |
| 7 | 沥青基防水卷材用基层处理剂 | 固体含量、耐热性、低温柔性、剥离强度 | |
| 8 | 高分子胶粘剂 | 剥离强度、浸水168h后的剥离强度保持率 | |
| 9 | 改性沥青胶粘剂 | 剥离强度 | |
| 10 | 合成橡胶胶粘带 | 剥离强度、浸水168h后的剥离强度保持率 | |
| 11 | 改性石油沥青密封材料 | 耐热性、低温柔性、拉伸粘结性、施工度 | |
| 12 | 合成高分子密封材料 | 拉伸模量、断裂伸长率、定伸粘结性 | |

续表

| 序号 | 材料名称 | 物理性能检测项目 | 使用部位 |
|---|---|---|---|
| 13 | 高聚物改性沥青防水卷材 | 拉力、延伸率、耐热老化后低温柔度、低温柔度、不透水性、可溶物含量 | 地下 |
| 14 | 合成高分子防水卷材 | 断裂拉伸强度、扯断伸长率、低温弯折性、不透水性、撕裂强度 | |
| 15 | 有机防水涂料 | 潮湿基面粘结强度、涂膜抗渗性、浸水168h后拉伸强度、浸水168h后断裂伸长率、耐水性 | |
| 16 | 无机防水涂料 | 抗折强度、粘结强度、抗渗性 | |
| 17 | 膨润土防水材料 | 单位面积质量、膨润土膨胀指数、渗透系数、滤失量 | |
| 18 | 混凝土建筑接缝用密封胶 | 流动性、挤出性、定伸粘结性 | |
| 19 | 橡胶止水带 | 拉伸强度、扯断伸长率、撕裂强度 | |
| 20 | 腻子型遇水膨胀止水条 | 硬度、7d膨胀率、最终膨胀率、耐水性 | |
| 21 | 遇水膨胀止水胶 | 表干时间、拉伸强度、体积膨胀倍率 | |
| 22 | 弹性橡胶密封垫材料 | 硬度、伸长率、拉伸强度、压缩永久变形 | |
| 23 | 遇水膨胀橡胶密封垫胶料 | 硬度、拉伸强度、扯断伸长率、体积膨胀倍率、低温弯折 | |
| 24 | 聚合物水泥防水砂浆 | 7d粘结强度、7d抗渗性、耐水性 | |

2．防水卷材产品实施工业产品生产许可证管理，防水卷材生产企业必须取得《全国工业产品生产许可证》。获证企业及其产品可通过国家质监总局网站www.aqsiq.gov.cn查询。

上海市对用于建设工程的防水材料实行备案管理，防水涂料生产企业必须取得《上海市建设工程材料备案证明》。获证企业及其产品可通过上海市建筑建材业网站www.ciac.sh.cn"专题专栏"=>"建材管理"中查询。

3．屋面防水工程卷材防水层应采用高聚物改性沥青防水卷材、合成高分子防水卷材或沥青防水卷材。所选用的基层处理剂、接缝胶粘剂、密封材料等配套材料应与铺贴的卷材材性相容；涂膜防水层所用防水涂料应采用高聚物改性沥青防水涂料、合成高分子防水涂料。

4. 地下防水工程卷材防水层应采用高聚物改性沥青防水卷材和合成高分子防水卷材。所选用的基层处理剂、胶粘剂、密封材料等配套材料，均应与铺贴的卷材材性相容；涂料防水层应采用反应型、水乳型、聚合物水泥防水涂料或水泥基、水泥基渗透结晶型防水涂料；防水混凝土结构的变形缝、施工缝、后浇带等细部构造，应采用止水带、遇水膨胀橡胶腻子止水条等高分子防水材料和接缝密封材料。

5. 上海市各类新建工程，禁止设计、使用纸胎油毡、焦油型防水涂料、石棉类防水材料。

6. 焦油型聚氨酯防水涂料、水性聚氯乙烯焦油防水涂料、焦油型聚氯乙烯建筑防水接缝材料禁止用于房屋建筑的防水工程。

7. 沥青复合胎柔性防水卷材不得用于防水等级为Ⅰ、Ⅱ级的建筑屋面及各类地下工程防水，在防水等级为Ⅲ级的屋面工程使用时，必须采用三层叠加构成一道防水层；采用二次加热复合成型工艺生产的聚乙烯丙纶等复合防水卷材禁止用于房屋建筑的防水工程。

8. 聚乙烯膜层厚度在 0.5mm 以下的聚乙烯丙纶等复合防水卷材不得用于房屋建筑的屋面工程和地下防水工程，除上述限制外，凡在屋面工程和地下防水工程设计中选用聚乙烯丙纶等复合防水卷材时，必须是采用一次成型工艺生产且聚乙烯膜层厚度在 0.5mm 以上（含 0.5mm）的，并应满足屋面工程和地下防水工程技术规范的要求。

9. S型聚氯乙烯防水卷材禁止用于房屋建筑的防水工程。

10. 防水卷材的现场储存应注意以下事项：

（1）不同品种、型号和规格的卷材应分别堆放；

（2）卷材应贮存在阴凉通风的室内，避免雨淋、日晒和受潮，严禁接近火源；

（3）沥青防水卷材贮存环境温度不得高于 45℃；

（4）沥青防水卷材宜直立堆放，其高度不宜超过两层，并不得倾斜或横压，短途运输平放不宜超过四层；

（5）卷材应避免与化学介质及有机溶剂等有害物质接触；

（6）不同品种、规格的卷材胶粘剂和胶粘带，应分别用密封桶或纸箱包装；

（7）卷材胶粘剂和胶粘带应贮存在阴凉通风的室内，严禁接近火源和热源。

11. 防水涂料的现场储存应注意以下事项：

（1）不同类型、规格的产品应分别堆放，不应混杂；

（2）避免雨淋、日晒和受潮，严禁接近火源；

（3）防止碰撞，注意通风。

### 2.12.4 取样要求

| 序号 | 材料名称 | 取样数量 | 外观质量 | 使用部位 |
|---|---|---|---|---|
| 1 | 高聚物改性沥青防水卷材 | 大于1000卷抽取5卷，每500～1000卷抽取4卷，100～499卷抽取3卷，100卷以下抽取2卷。在外观质量检验合格的卷材中，任取一卷作物理性能检测 | 表面平整，边缘整齐，无孔洞、缺边、裂口、胎基未浸透，矿物粒粒度，每卷卷材的接头 | 屋面 |
| 2 | 合成高分子防水卷材 | | 表面平整，边缘整齐，无气泡、裂纹、粘结疤痕，每卷卷材的接头 | |
| 3 | 高聚物改性沥青防水涂料 | 每10t为一批，不足10t按一批抽样 | 水乳型：无色差、凝胶、结块、明显沥青丝；<br>溶剂型：黑色黏稠状，细腻、均匀胶状液体 | |
| 4 | 合成高分子防水涂料 | | 反应固化型：均匀黏稠状，无凝胶、结块；<br>挥发固化型：经搅拌后无结块，呈均匀状态 | |
| 5 | 聚合物水泥防水涂料 | | 液体组分：无杂质、无凝胶的均匀乳液<br>固体组分：无杂质、无结块的粉末 | |

续表

| 序号 | 材料名称 | 取样数量 | 外观质量 | 使用部位 |
|---|---|---|---|---|
| 6 | 胎体增强材料 | 每3000m² 为一批,不足3000m² 的按一批抽样 | 表面平整、边缘整齐、无折痕、无孔洞、无污迹 | 屋面 |
| 7 | 沥青基防水卷材用基层处理剂 | 每5t产品为一批,不足5t按一批抽样 | 均匀液体,无结块、无凝胶 | 屋面 |
| 8 | 高分子胶粘剂 | | 均匀液体,无杂质、无分散颗粒或凝胶 | |
| 9 | 改性沥青胶粘剂 | | 均匀液体,无结块、无凝胶 | |
| 10 | 合成橡胶胶粘带 | 每1000m为一批,不足1000m的按一批抽样 | 表面平整,无固块、杂物、孔洞、外伤及色差 | |
| 11 | 改性石油沥青密封材料 | 每1t产品为一批,不足1t按一批抽样 | 黑色均匀膏状,无结块和未浸透的填料 | |
| 12 | 合成高分子密封材料 | | 均匀膏状物或黏稠液体,无结皮、凝胶或不易分散的固体团状 | |
| 13 | 高聚物改性沥青防水卷材 | 大于1000卷抽取5卷,每500卷~1000卷抽取4卷,100卷~499卷抽取3卷,100卷以下抽取2卷。在外观质量检验合格的卷材中,任取一卷作物理性能检测 | 断裂、折皱、孔洞、剥离、边缘不整齐、胎体露白、未浸透、撒布材料粒度、颜色、每卷卷材的接头 | 地下 |
| 14 | 合成高分子防水卷材 | | 折痕、杂质、胶块、凹痕、每卷卷材的接头 | |
| 15 | 有机防水涂料 | 每5t为一批,不足5t按一批抽样 | 均匀黏稠体,无凝胶,无结块 | |
| 16 | 无机防水涂料 | 每10t为一批,不足10t按一批抽样 | 液体组分:无杂质、凝胶的均匀乳液 固体组分:无杂质、结块的粉末 | |
| 17 | 膨润土防水材料 | 每100卷为一批,不足100卷按一批抽样;100卷以下抽取5卷,金星尺寸偏差和外观质量检验。在外观质量检验合格的卷材中,任取一卷作物理性能检测 | 表面平整、厚度均匀,无破洞、破边,无残留断针,针刺均匀 | |

续表

| 序号 | 材料名称 | 取样数量 | 外观质量 | 使用部位 |
|---|---|---|---|---|
| 18 | 混凝土建筑接缝用密封胶 | 每2t为一批，不足2t按一批抽样 | 细腻、均匀膏状物或黏稠液体，无气泡、结皮和凝胶现象 | 地下 |
| 19 | 橡胶止水带 | 同月同标记的止水带产量为一批抽样 | 尺寸公差；开裂，缺胶，海绵状，中心孔偏心，凹痕，气泡，杂质，明疤 | |
| 20 | 腻子型遇水膨胀止水条 | 每5000m为一批，不足5000m的按一批抽样 | 尺寸公差；柔性、弹性均匀，色泽均匀，无明显凹凸 | |
| 21 | 遇水膨胀止水胶 | 每5t为一批，不足5t按一批抽样 | 细腻、黏稠、均匀膏状物，无气泡、结皮和凝胶 | |
| 22 | 弹性橡胶密封垫材料 | 每月同标记的密封垫材料产量为一批抽样 | 尺寸公差；开裂，缺胶，凹痕，气泡，杂质，明疤 | |
| 23 | 遇水膨胀橡胶密封垫胶料 | 每月同标记的膨胀橡胶产量为一批抽样 | | |
| 24 | 聚合物水泥防水砂浆 | 每10t为一批，不足5t按一批抽样 | 干粉类：均匀，无结块；乳胶类：液料经搅拌后均匀无沉淀，粉料均匀、无结块 | |

### 2.12.5 技术要求

1. 防水卷材

（1）石油沥青纸胎油毡

根据《石油沥青纸胎油毡》(GB 326—2007)，石油沥青纸胎油毡分为Ⅰ型、Ⅱ型、Ⅲ型三种，其物理性能要求应符合表2.12-1中各项的规定。

石油沥青纸胎油毡物理性能　　　　表 2.12-1

| 项目 | | 指标 | | |
|---|---|---|---|---|
| | | Ⅰ型 | Ⅱ型 | Ⅲ型 |
| 不透水性 | 压力(MPa) ≥ | 0.02 | 0.02 | 0.10 |
| | 保持时间(min) ≥ | 20 | 30 | 30 |
| 耐热度 | | (85±2)℃，2h涂盖层应无滑动、流淌和集中性气泡 | | |
| 拉力(纵向)(N/50mm) ≥ | | 240 | 270 | 340 |
| 柔度 | | (18±2)℃，绕φ20mm棒或弯板无裂纹 | | |

(2) 塑性体改性沥青防水卷材

根据《塑性体改性沥青防水卷材》(GB 18243—2008)，塑性体沥青防水卷材以玻纤毡(G)或聚酯毡(PY)作为胎基，按型号其物理性能应符合表 2.12-2 各项的规定。

塑性体改性沥青防水卷材物理性能　　　　表 2.12-2

| 序号 | 项目 | | 指标 | | | | |
|---|---|---|---|---|---|---|---|
| | | | Ⅰ | | Ⅱ | | |
| | | | PY | G | PY | G | PYG |
| 1 | 可溶物含量 (g/m²)≥ | 3mm | 2100 | | — | | |
| | | 4mm | 2900 | | — | | |
| | | 5mm | 3500 | | | | |
| | | 试验现象 | — | 胎基不燃 | — | 胎基不燃 | |
| 2 | 耐热性 | ℃ | 110 | | 130 | | |
| | | ≤mm | 2 | | | | |
| | | 试验现象 | 无流淌、滴落 | | | | |
| 3 | 低温柔性(℃) | | −7 | | −15 | | |
| | | | 无裂缝 | | | | |
| 4 | 不透水性 30min | | 0.3MPa | 0.2MPa | 0.3MPa | | |

续表

| 序号 | 项目 | | 指标 | | | | |
|---|---|---|---|---|---|---|---|
| | | | I | | II | | |
| | | | PY | G | PY | G | PYG |
| 5 | 拉力 | 最大峰拉力(N/50mm)≥ | 500 | 350 | 800 | 500 | 900 |
| | | 次高峰拉力(N/50mm)≥ | — | — | — | — | 800 |
| | | 试验现象 | 拉伸过程中试件中部无沥青涂覆层开裂或与胎基分离现象 | | | | |
| 6 | 延伸率 | 最大峰时延伸率(%)≥ | 25 | — | 40 | — | — |
| | | 第二峰时延伸率(%)≥ | — | — | — | — | 15 |

**（3）弹性体改性沥青防水卷材**

根据《弹性体改性沥青防水卷材》（GB 18242—2008），弹性体沥青防水卷材以玻纤毡（G）或聚酯毡（PY）作为胎基，按型号其物理性能应符合表 2.12-3 中各项的规定。

**弹性体改性沥青防水卷材物理性能**　　表 2.12-3

| 序号 | 项目 | | 指标 | | | | |
|---|---|---|---|---|---|---|---|
| | | | I | | II | | |
| | | | PY | G | PY | G | PYG |
| 1 | 可溶物含量(g/m²)≥ | 3mm | 2100 | | | | — |
| | | 4mm | 2900 | | | | — |
| | | 5mm | 3500 | | | | |
| | | 试验现象 | — | 胎基不燃 | — | 胎基不燃 | |
| 2 | 耐热性 | ℃ | 90 | | 105 | | |
| | | ≤mm | 2 | | | | |
| | | 试验现象 | 无流淌、滴落 | | | | |
| 3 | 低温柔性(℃) | | —20 | | —25 | | |
| | | | 无裂缝 | | | | |

续表

| 序号 | 项目 | | 指标 | | | | |
|---|---|---|---|---|---|---|---|
| | | | Ⅰ | | Ⅱ | | |
| | | | PY | G | PY | G | PYG |
| 4 | 不透水性 30min | | 0.3MPa | 0.2MPa | 0.3MPa | | |
| 5 | 拉力 | 最大峰拉力（N/50mm）≥ | 500 | 350 | 800 | 500 | 900 |
| | | 次高峰拉力（N/50mm）≥ | — | — | — | — | 800 |
| | | 试验现象 | 拉伸过程中试件中部无沥青涂覆层开裂或与胎基分离现象 | | | | |
| 6 | 延伸率 | 最大峰时延伸率（％）≥ | 30 | — | 40 | — | — |
| | | 第二峰时延伸率（％）≥ | — | — | — | — | 15 |

（4）自粘聚合物改性沥青防水卷材

根据《自粘聚合物改性沥青防水卷材》（GB/T 23441—2009），自粘聚合物改性沥青防水卷材按有无胎基增强分为无胎基（N类）、聚酯胎基（PY类）。N类按上表面材料分为聚乙烯膜（PE）、聚酯膜（PET）、无膜双面自粘（D）。PY类按上表面材料分为聚乙烯膜（PE）、细砂（S）、无膜双面自粘（D）。产品按性能分为Ⅰ型和Ⅱ型，卷材厚度为 2.0mm 的 PY 只有Ⅰ型。其物理性能应符合表 2.12-4 中各项的规定。

自粘聚合物改性沥青防水卷材物理性能　　表 2.12-4

| 项目 | 指标 | |
|---|---|---|
| | 聚酯胎基（PY） | 无胎基（N） |
| 可溶物含量（g/m²） | 2mm 厚≥1300<br>3mm 厚≥2100 | — |
| 拉力（N/50mm） | 2mm 厚≥350<br>3mm 厚≥450 | ≥150 |
| 延伸率（％） | 最大拉力时≥30 | 最大拉力时≥200 |

续表

| 项目 | | 指标 | |
|---|---|---|---|
| | | 聚酯胎基(PY) | 无胎基(N) |
| 耐热度(℃，2h) | | 70，无滑动、流淌、滴落 | 70，滑动不超过2mm |
| 低温柔性(℃) | | −20 | |
| 不透水性 | 压力(MPa) | ≥0.3 | ≥0.2 |
| | 保持时间(min) | ≥30 | ≥120 |

（5）高分子防水材料（片材）

产品分类见表 2.12-5，根据《高分子防水材料 第一部分：片材》（GB 18173.1—2012），高分子防水片材（均质片、复合片、异形片）的物理性能应分别符合表 2.12-6、表 2.12-7、表 2.12-8 的规定。自粘片的主体材料应符合表 2.12-6、表 2.12-7 中相关类别的要求，点（条）粘片主体材料应符合表 2.12-6 中相关类别的要求。

高分子防水片材的分类　　　　　　　　表 2.12-5

| 分类 | | 代号 | 主要原材料 |
|---|---|---|---|
| 均质片 | 硫化橡胶类 | JL1 | 三元乙丙橡胶 |
| | | JL2 | 橡塑共混 |
| | | JL3 | 氯丁橡胶、氯磺化聚乙烯、氯化聚乙烯等 |
| | 非硫化橡胶类 | JF1 | 三元乙丙橡胶 |
| | | JF2 | 橡塑共混 |
| | | JF3 | 氯化聚乙烯 |
| | 树脂类 | JS1 | 聚氯乙烯等 |
| | | JS2 | 乙烯醋酸乙烯共聚物、乙烯等 |
| | | JS3 | 乙烯醋酸乙烯共聚物与改性沥青共混等 |

续表

| 分类 | | 代号 | 主要原材料 |
|---|---|---|---|
| 复合片 | 硫化橡胶类 | FL | （三元乙丙、丁基、氯丁橡胶、氯磺化聚乙烯等）/织物 |
| | 非硫化橡胶类 | FF | （氯化聚乙烯、三元乙丙、丁基、氯丁橡胶、氯磺化聚乙烯等）/织物 |
| | 树脂类 | FS1 | 聚氯乙烯/织物 |
| | | FS2 | （氯丁橡胶、氯磺化聚乙烯、氯化聚乙烯等）/自粘料 |
| 自粘片 | 硫化橡胶类 | ZJL1 | 三元乙丙/自粘料 |
| | | ZJL2 | 橡塑共混/自粘料 |
| | | ZJL3 | （氯丁橡胶、氯磺化聚乙烯、氯化聚乙烯等）/自粘料 |
| | | ZFL | （三元乙丙、丁基、氯丁橡胶、氯磺化聚乙烯等）/织物/自粘料 |
| | 非硫化橡胶类 | ZJF1 | 三元乙丙/自粘料 |
| | | ZJF2 | 橡塑共混/自粘料 |
| | | ZJF3 | 氯化聚乙烯/自粘料 |
| | | ZFF | （氯化聚乙烯、三元乙丙、丁基、氯丁橡胶、氯磺化聚乙烯等）/织物料/自粘料 |
| | 树脂类 | ZJS1 | 聚氯乙烯/自粘料 |
| | | ZJS2 | （乙烯醋酸乙烯共聚物、聚乙烯等）/自粘料 |
| | | ZJS3 | 乙烯醋酸乙烯共聚物与改性沥青共混等/自粘料 |
| | | ZFS1 | 聚氯乙烯/织物/自粘料 |
| | | ZFS2 | （聚乙烯、乙烯醋酸乙烯共聚物等）/织物/自粘料 |

续表

| 分类 | | 代号 | 主要原材料 |
|---|---|---|---|
| 异形片 | 树脂类（防排水保护板） | YS | 高密度聚乙烯，改性聚丙烯，高抗冲聚苯乙烯等 |
| 点(条)粘片 | 树脂类 | DS1/TS1 | 聚氯乙烯/织物 |
| | | DS2/TS2 | （乙烯醋酸乙烯共聚物、聚乙烯等）/织物 |
| | | DS3/TS3 | 乙烯醋酸乙烯共聚物与改性沥青共混等/织物 |

均质片的物理性能　　　　　　　　　　表 2.12-6

| 项目 | | | 指标 | | | | | | | |
|---|---|---|---|---|---|---|---|---|---|---|
| | | | 硫化橡胶类 | | | 非硫化橡胶类 | | | 树脂类 | | |
| | | | JL1 | JL2 | JL3 | JF1 | JF2 | JF3 | JS1 | JS2 | JS3 |
| 拉伸强度/MPa | 常温(23℃) | ≥ | 7.5 | 6.0 | 6.0 | 4.0 | 3.0 | 5.0 | 10 | 16 | 14 |
| | 高温(60℃) | ≥ | 2.3 | 2.1 | 1.8 | 0.8 | 0.4 | 1.0 | 4 | 6 | 5 |
| 拉断伸长率/% | 常温(23℃) | ≥ | 450 | 400 | 300 | 400 | 200 | 200 | 200 | 550 | 500 |
| | 低温(−20℃) | ≥ | 200 | 200 | 170 | 200 | 100 | 100 | — | 350 | 300 |
| 不透水性(30min,无渗漏)(MPa) | | | 0.3 | 0.3 | 0.2 | 0.3 | 0.2 | 0.2 | 0.3 | 0.3 | 0.3 |
| 低温弯折(无裂纹,℃) | | | −40 | −30 | −30 | −30 | −20 | −20 | −20 | −35 | −35 |

复合片的物理性能　　　　　　　　　　表 2.12-7

| 项目 | | | 指标 | | | |
|---|---|---|---|---|---|---|
| | | | 硫化橡胶类 FL | 非硫化橡胶类 FF | 树脂类 | |
| | | | | | FS1 | FS2 |
| 拉伸强度(N/cm) | 常温(23℃) | ≥ | 80 | 60 | 100 | 60 |
| | 高温(60℃) | ≥ | 30 | 20 | 40 | 30 |
| 拉断伸长率/% | 常温(23℃) | ≥ | 300 | 250 | 150 | 400 |
| | 低温(−20℃) | ≥ | 150 | 50 | — | 300 |
| 不透水性(0.3MPa,30min) | | | 无渗漏 | 无渗漏 | 无渗漏 | 无渗漏 |
| 低温弯折(无裂纹,℃) | | | −35 | −20 | −30 | −20 |

异形片的物理性能　　　　表 2.12-8

| 项目 | | 指标 | | |
|---|---|---|---|---|
| | | 膜片厚度 <0.8mm | 膜片厚度 0.8~1.0mm | 膜片厚度 ≥1.0mm |
| 拉伸强度(N/cm) ≥ | | 40 | 56 | 72 |
| 拉断伸长率/% ≥ | | 25 | 35 | 50 |
| 抗压性能 | 抗压强度(kPa) ≥ | 100 | 150 | 300 |
| | 壳体高度压缩50%后外观 | 无破损 | | |

(6) 聚氯乙烯防水卷材

根据《聚氯乙烯(PVC)防水卷材》(GB 12952—2011)，聚氯乙烯防水卷材按产品的组成分为均质卷材(代号 H)、带纤维背衬卷材(代号 L)、织物内增强卷材(代号 P)、玻璃纤维内增强卷材(代号 G)、玻璃纤维内增强带纤维背衬卷材(代号 GL)。聚氯乙烯防水卷材性能指标应符合表 2.12-9 的规定。

聚氯乙烯防水卷材性能指标表　　　　表 2.12-9

| 序号 | 项目 | | 指标 | | | | |
|---|---|---|---|---|---|---|---|
| | | | H | L | P | G | GL |
| 1 | 中间胎基上面树脂层厚度/mm ≥ | | — | | 0.40 | | |
| 2 | 拉伸性能 | 最大拉力(N/cm) ≥ | | 120 | 250 | | 120 |
| | | 拉伸强度(MPa) ≥ | 10.0 | — | | 10.0 | — |
| | | 最大拉力时伸长率(%) ≥ | | | 15 | | |
| | | 断裂伸长率(%) ≥ | 200 | 150 | | 200 | 100 |
| 3 | 低温弯折性 | | −25℃无裂纹 | | | | |
| 4 | 不透水性 | | 0.3MPa,2h不透水 | | | | |

(7) 氯化聚乙烯防水卷材

根据《氯化聚乙烯防水卷材》(GB 12953—2003)，产品按有无复合层分类，无复合层的为 N 类，用纤维单面复合的为 L 类，织物内增强的为 W 类。每类产品按理化性能分为Ⅰ型和Ⅱ

型。N类的物理性能见表2.12-10、L类及W类的物理性能见表2.12-11。

**N类氯化聚乙烯防水卷材物理性能** 表2.12-10

| 序号 | 试验项目 | Ⅰ型 | Ⅱ型 |
|---|---|---|---|
| 1 | 拉伸强度(MPa) ≥ | 5.0 | 8.0 |
| 2 | 断裂延伸率(%) ≥ | 200 | 300 |
| 3 | 低温弯折性 | －20℃无裂纹 | －25℃无裂纹 |
| 4 | 不透水性 | 不透水 | |

**L类及W类氯化聚乙烯防水卷材物理性能** 表2.12-11

| 序号 | 试验项目 | Ⅰ型 | Ⅱ型 |
|---|---|---|---|
| 1 | 拉力(N/cm) ≥ | 70 | 120 |
| 2 | 断裂延伸率(%) ≥ | 125 | 250 |
| 4 | 低温弯折性 | －20℃无裂纹 | －25℃无裂纹 |
| 5 | 不透水性 | 不透水 | |

(8) 氯化聚乙烯—橡胶共混防水卷材

根据《氯化聚乙烯—橡胶共混防水卷材》(JC/T 684—1997),氯化聚乙烯—橡胶共混防水卷材物理性能应满足表2.12-12。

**氯化聚乙烯—橡胶共混防水卷材物理性能** 表2.12-12

| 序号 | 项目 | 指标 | |
|---|---|---|---|
| | | S型 | N型 |
| 1 | 拉伸强度(MPa) ≥ | 7.0 | 5.0 |
| 2 | 断裂伸长率(%) ≥ | 400 | 250 |
| 3 | 直角形撕裂强度(kN/m) ≥ | 24.5 | 20.0 |
| 4 | 不透水性(30min) | 0.3MPa 不透水 | 0.2MPa 不透水 |
| 5 | 脆性温度 ≤ | －40℃ | －20℃ |

(9) 改性沥青聚乙烯胎防水卷材

根据《改性沥青聚乙烯胎防水卷材》(GB 18967—2009),

改性沥青聚乙烯胎防水卷材物理性能应满足表2.12-13的要求。

改性沥青聚乙烯胎防水卷材物理性能　　　表2.12-13

| 序号 | 项目 | | | 技术指标 | | | | |
|---|---|---|---|---|---|---|---|---|
| | | | | T | | | | S |
| | | | | O | M | P | R | M |
| 1 | 不透水性 | | | 0.4MPa，30min不透水 | | | | |
| 2 | 耐热性(℃) | | | 90 | | | | 70 |
| | | | | 无流淌、无起泡 | | | | 无流淌、无起泡 |
| 3 | 低温柔性(℃) | | | −5 | −10 | −20 | −20 | −20 |
| | | | | 无裂纹 | | | | |
| 4 | 拉伸性能 | 拉力(N/50mm)≥ | 纵向 | 200 | | | 400 | 200 |
| | | | 横向 | | | | | |
| | | 断裂延伸率(%)≥ | 纵向 | 120 | | | | |
| | | | 横向 | | | | | |

（10）三元丁橡胶防水卷材

根据《三元丁橡胶防水卷材》(JC/T 645—2012)，三元丁橡胶防水卷材物理性能应满足表2.12-14的要求。

三元丁橡胶防水卷材物理性能　　　表2.12-14

| 项目 | | 技术指标 | |
|---|---|---|---|
| | | Ⅰ型 | Ⅱ型 |
| 不透水性 | | 0.3MPa，90min不透水 | |
| 拉伸性能 | 纵向拉伸强度(MPa)≥ | 2.0 | 2.2 |
| | 纵向断裂伸长率(%)≥ | 150 | 220 |
| 低温弯折性 | | −30℃，无裂纹 | |

2. 防水涂料

（1）聚氨酯防水涂料

根据《聚氨酯防水涂料》(GB/T 19250—2013)，聚氨酯防水涂料按组分分为单组分(S)和多组分(M)两种,按基本性能分为Ⅰ型、Ⅱ型和Ⅲ型(Ⅰ型产品可用于工业与民用建筑工程,Ⅱ型产品可用于桥梁等非直接通行部位,Ⅲ型产品可用于桥梁、停车场、上人屋面等外露通行部位)。聚氨酯防水涂料基本性能应符合表 2.12-15 的规定。

聚氨酯防水涂料基本性能表　　　　表 2.12-15

| 序号 | 项目 | | 技术指标 | | |
| --- | --- | --- | --- | --- | --- |
| | | | Ⅰ | Ⅱ | Ⅲ |
| 1 | 固体含量(%) ≥ | 单组分 | 85.0 | | |
| | | 多组分 | 92.0 | | |
| 2 | 拉伸强度(MPa) ≥ | | 2.00 | 6.00 | 12.0 |
| 3 | 断裂伸长率(%) ≥ | | 500 | 450 | 250 |
| 4 | 低温弯折性 | | −35℃,无裂纹 | | |
| 5 | 不透水性 | | 0.3MPa,120min,不透水 | | |

(2) 聚合物乳液建筑防水涂料

根据《聚合物乳液建筑防水涂料》(JC/T 864—2008),其物理性能指标见表 2.12-16。

聚合物乳液建筑防水涂料物理性能　　　表 2.12-16

| 序　号 | 试　验　项　目 | 技　术　指　标 | |
| --- | --- | --- | --- |
| | | Ⅰ类 | Ⅱ类 |
| 1 | 拉伸强度(MPa) ≥ | 1.0 | 1.5 |
| 2 | 断裂延伸率(%) ≥ | 300 | 300 |
| 3 | 低温柔性,绕 $\phi$10mm 棒 | −10℃,无裂纹 | −20℃,无裂纹 |
| 4 | 不透水性,0.3MPa,0.5h | 不　透　水 | |
| 5 | 固体含量(%) ≥ | 65 | |

(3) 聚合物水泥防水涂料

根据《聚合物水泥防水涂料》(GB/T 23445—2009),聚合物水泥防水涂料的物理性能指标见表 2.12-17。

聚合物水泥防水涂料物理性能  表2.12-17

| 序号 | 试验项目 | | 技术指标 | | |
|---|---|---|---|---|---|
| | | | Ⅰ型 | Ⅱ型 | Ⅲ型 |
| 1 | 固体含量(%) | ≥ | 70 | | |
| 2 | 拉伸强度 | 无处理(MPa) ≥ | 1.2 | 1.8 | 1.8 |
| 3 | 断裂伸长率 | 无处理(%) ≥ | 200 | 80 | 30 |
| 4 | 低温柔性,ϕ10mm棒 | | −10℃无裂纹 | — | — |
| 5 | 不透水性,0.3MPa,30min | | 不透水 | 不透水 | 不透水 |

(4) 水乳型沥青防水涂料

根据《水乳型沥青防水涂料》(JC/T 408—2005),水乳型沥青防水涂料按性能分为H型和L型。其物理性能应满足表2.12-18的要求。

水乳型沥青防水涂料物理力学性能  表2.12-18

| 项目 | | L | H |
|---|---|---|---|
| 固体含量(%) ≥ | | 45 | |
| 耐热度(℃) | | 80±2 | 110±2 |
| | | 无流淌、滑动、滴落 | |
| 不透水性 | | 0.10MPa,30min无渗水 | |
| 低温柔度(℃) | 标准条件 | −15 | 0 |
| | 碱处理 | −10 | 5 |
| | 热处理 | | |
| | 紫外线处理 | | |
| 断裂伸长率(%)≥ | 标准条件 | 600 | |
| | 碱处理 | | |
| | 热处理 | | |
| | 紫外线处理 | | |

3. 建筑密封材料

(1) 硅酮建筑密封胶

根据《硅酮建筑密封胶》(GB/T 14683—2003),硅酮建筑密封胶按用途可分为G类、F类:G类为镶装玻璃用,F类为建筑接缝用。硅酮建筑密封胶不适用于建筑幕墙和中空玻璃。产品按拉伸模量分为高模量(HM)和低模量(LM)两个次级别。其物理性能应符合表2.12-19中的有关规定。

硅酮建筑密封胶物理性能　　　表2.12-19

| 序号 | 项目 | | 技术指标 | | | |
|---|---|---|---|---|---|---|
| | | | 25HM | 20HM | 25LM | 20LM |
| 1 | 密度(g/cm³) | | 规定值±0.1 | | | |
| 2 | 下垂度(mm) | 垂直 | ≤3 | | | |
| | | 水平 | 无变形 | | | |
| 3 | 表干时间(h) | | ≤3[a] | | | |
| 4 | 挤出性(mL/min) | | ≥80 | | | |
| 5 | 弹性恢复率(%) | | ≥80 | | | |
| 6 | 拉伸模量(MPa) | 23℃ | >0.4 或>0.6 | | ≤0.4 和≤0.6 | |
| | | -20℃ | | | | |
| 7 | 定伸粘结性 | | 无破坏 | | | |
| 8 | 紫外线辐照后粘结性[b] | | 无破坏 | | | |
| 9 | 冷拉—热压后粘结性 | | 无破坏 | | | |
| 10 | 浸水后定伸粘结性 | | 无破坏 | | | |
| 11 | 质量损失率/% | | ≤10 | | | |

注:a. 允许采用供需双方商定的其他指标值;
　　b. 此项仅适用于G类产品。

(2) 聚氨酯建筑密封胶

根据《聚氨酯建筑密封胶》(JC/T 482—2003),聚氨酯建筑密封胶的物理性能见表2.12-20。

聚氨酯建筑密封胶物理性能　　　表 2.12-20

| 序号 | 项　目 | | 技　术　指　标 | | |
|---|---|---|---|---|---|
| | | | 20HM | 25LM | 20LM |
| 1 | 密度(g/cm³) | | 规定值 ±0.1 | | |
| 2 | 流动性 | 下垂度(N型)(mm) | ≤3 | | |
| | | 流平性(L型) | 光滑平整 | | |
| 3 | 表干时间(h) | | ≤24 | | |
| 4 | 挤出性①(mL/min) | | ≥80 | | |
| 5 | 适用期②(h) | | ≥1 | | |
| 6 | 弹性恢复率(%) | | ≥70 | | |
| 7 | 拉伸模量(MPa) | 23℃ | >0.4 或>0.6 | | ≤0.4 和≤0.6 |
| | | -20℃ | | | |
| 8 | 定伸粘结性 | | 无破坏 | | |
| 9 | 浸水后定伸粘结性 | | 无破坏 | | |
| 10 | 冷拉—热压后粘结性 | | 无破坏 | | |
| 11 | 质量损失率(%) | | ≤7 | | |

注：① 此项仅适用于单组分产品；

② 此项仅适用于多组分产品，允许采用供需双方商定的其他指标值。

（3）建筑用硅酮结构密封胶

根据《建筑用硅酮结构密封胶》(GB 16776—2005)，建筑用硅酮结构密封胶的物理力学性能见表 2.12-21，适用于建筑幕墙及其他结构粘结装配用。

建筑用硅酮结构密封胶物理性能　　　表 2.12-21

| 序号 | 项　目 | | 技术指标 |
|---|---|---|---|
| 1 | 下垂度 | 垂直放置(mm) | ≤3 |
| | | 水平放置 | 不变形 |
| 2 | 挤出性①(s) | | ≤10 |
| 3 | 适用期②(min) | | ≥20 |
| 4 | 表干时间(h) | | ≤3 |
| 5 | 硬度(Shore A) | | 20～60 |

续表

| 序号 | 项 目 | | 技术指标 |
|---|---|---|---|
| 6 | 拉伸粘结性 | 拉伸粘结强度(MPa) 23℃ | ≥0.60 |
|  |  | 90℃ | ≥0.45 |
|  |  | −30℃ | ≥0.45 |
|  |  | 浸水后 | ≥0.45 |
|  |  | 水—紫外线光照后 | ≥0.45 |
|  |  | 粘结破坏面积(%)不大于 | ≤5 |
|  |  | 23℃时最大拉伸强度时伸长率(%) | ≥100 |
| 7 | 热老化 | 热失重(%) | ≤10 |
|  |  | 龟 裂 | 无 |
|  |  | 粉 化 | 无 |

注：① 仅适用于单组分产品；
② 仅适用于双组分产品。

### 2.12.6 检测报告及不合格处理

1. 检测报告表式

检测报告应包括工程名称、委托单位、样品名称、规格型号、生产企业、成产批号/日期、代表数量、检测依据、评定依据、性能指标、检测结果、检测结论、检测人、审核人和批准人签名及相关报告章。

2. 不合格处理

用于屋面工程的防水材料，进场检验报告的全部项目指标均达到技术标准规定应为合格；不合格材料不得在工程中使用。

其他防水材料物理性能检验，凡规定项目中有一项不合格者为不合格产品，可根据相应产品标准进行单项复验，待如该项仍不合格，则判该批产品为不合格。

# 3 建筑材料和装饰装修材料有害物质检测

## 3.1 概 述

民用建筑工程室内环境污染控制的关键在于控制材料的污染，实质内容是选用合适的材料，并控制材料用量。由建筑材料和装饰装修材料产生的室内环境污染可分为两个方面：一方面，放射性污染主要来自无机建筑及装修材料，还与工程地点的地质情况有关；另一方面，化学污染主要来源于各种人造板材、涂料、胶粘剂等化学建材类建筑材料产品。

民用建筑工程所使用的建筑材料和装修材料主要从以下几个方面来达到污染控制的目的：

1. 无机非金属材料：对工程中所采用的各种石材、建陶、空心砖（空心率大于25%）等无机非金属材料的放射性提出了限量要求。例如：规定Ⅰ类民用建筑工程，必须采用 A 类无机非金属建筑材料和装修材料，即同时满足内照射指数（$I_{Ra}$）不大于1.0、外照射指数（$I_\gamma$）不大于1.3等。

2. 人造木板：对胶合板、刨花板等人造木板的甲醛释放量提出了限量要求。例如：规定Ⅰ类民用建筑工程，必须采用 $E_1$ 类人造木板及饰面人造木板，即游离甲醛释放量，环境测试舱法不大于0.12（$mg/m^3$）、穿孔法不大于9.0（$mg/100g$，干材料）、干燥器法不大于1.5（$mg/L$）等。

3. 涂料：对涂料类产品中游离甲醛、苯、VOC的含量提出了限量要求，并规定必须采用符合环境指标要求的涂料、胶粘剂、水性处理剂等。例如：规定工程中采用的水性涂料中甲醛不应大于100mg/kg、溶剂型涂料中苯不应大于0.3%、溶剂型胶粘剂中苯不应大于5g/kg、水性处理剂中游离甲醛不应大于100mg/kg等。

4. 其他材料：对地毯、地毯衬垫提出了VOC和甲醛的限量要求；对壁纸提出了甲醛的限量要求；对不同类型的聚氯乙烯卷材地板提出了VOC的限量要求；对胶合木结构材料、壁布、帷幕等提出了甲醛的限量要求；对阻燃剂、混凝土外加剂提出了甲醛和氨的限量要求等。

## 3.2 检验依据

1.《民用建筑工程室内环境污染控制规范》（2013年版）（GB 50325—2010）局部修订。

2.《室内装饰装修材料人造板及其制品中甲醛释放限量》（GB 18580—2001）。

3.《室内装饰装修材料溶剂型木器涂料中有害物质限量》（GB 18581—2009）。

4.《室内装饰装修材料内墙涂料中有害物质限量》（GB 18582—2008）。

5.《室内装饰装修材料胶粘剂中有害物质限量》（GB 18583—2008）。

6.《室内装饰装修材料木家具中有害物质限量》（GB 18584—2001）。

7.《室内装饰装修材料壁纸中有害物质限量》（GB 18585—2001）。

8.《室内装饰装修材料聚氯乙烯卷材地板中有害物质限量》

(GB 18586—2001)。

9.《室内装饰装修材料地毯、地毯衬垫及地毯胶粘剂有害物质释放限量》(GB 18587—2001)。

10.《混凝土外加剂释放氨的限量》(GB 18588—2001)。

11.《建筑材料放射性核素限量》(GB 6566—2010)。

12.《建筑装饰装修工程质量验收规范》(GB 50210—2001)。

## 3.3 检验内容和使用要求

1. 检验内容

(1) 民用建筑工程中,建筑主体采用的无机非金属建筑材料和建筑装修采用的花岗岩、瓷质砖、磷石膏制品等必须有放射性指标检测报告,并应符合设计要求和相关规范的规定。

(2) 民用建筑工程室内饰面采用的天然花岗岩石材或瓷质砖使用面积大于 $200m^2$ 时,应对不同产品、不同批次材料分别进行放射性指标的抽查复验。

(3) 民用建筑工程室内装修中所采用的人造木板及饰面人造木板,必须有游离甲醛含量或游离甲醛释放量检测报告,并应符合设计要求和相关规范的规定。

(4) 民用建筑工程室内装修中采用的人造木板或饰面人造木板使用面积大于 $500m^2$ 时,应对不同产品、不同批次材料的游离甲醛含量或游离甲醛释放量分别进行抽查复验。

(5) 民用建筑工程室内装修中所采用的水性涂料、水性胶粘剂、水性处理剂必须有同批次产品的挥发性有机化合物(VOC)和游离甲醛含量检测报告;溶剂型涂料、溶剂型胶粘剂必须有同批次产品的挥发性有机化合物(VOC)、苯、甲苯+二甲苯、游离甲苯二异氰酸酯(TDI)含量检测报告,并应符合设计要求和相关规范的规定。

（6）建筑材料和装饰材料的检测项目不全或对检测结果有疑问时，必须将材料送有资质的检测机构进行检验，检验合格后方可使用。

（7）装饰装修工程中的门窗、吊顶、轻质隔墙、细部工程应对人造木板的甲醛含量进行复验。同一厂家生产的同一品种、同一类型的进场材料应至少抽取一组样品进行复验，当合同另有约定的应按合同执行。

2. 使用要求

（1）民用建筑工程室内装修时，严禁使用苯、工业苯、石油苯、重质苯及混苯作为稀释剂和溶剂。

（2）民用建筑工程室内装修施工时，不应使用苯、甲苯、二甲苯和汽油进行除油和清除旧油漆作业。

（3）涂料、胶粘剂、水性处理剂、稀释剂和溶剂等使用后，应及时封闭存放，废料应及时清出。

（4）民用建筑工程室内装修中，进行饰面人造木板拼接施工时，对达不到 E1 级的芯板，应对其断面及无饰面部位进行密封处理。

（5）民用建筑工程室内装修时，不应采用聚乙烯醇水玻璃内墙涂料、聚乙烯醇缩甲醛内墙涂料和树脂以硝化纤维为主、溶剂以二甲苯为主的水包油型(O/W)多彩内墙涂料。

（6）民用建筑工程室内装修时，不应采用聚乙烯醇缩甲醛类胶粘剂。

（7）民用建筑工程室内装修中所使用的木地板及其他木质材料，严禁采用沥青、煤焦油类防腐、防潮处理剂。

（8）Ⅰ类民用建筑工程室内装修粘贴塑料地板时，不应采用溶剂型胶粘剂。

（9）Ⅱ类民用建筑工程中地下室及不与室外直接自然通风的房间贴塑料地板时，不宜采用溶剂型胶粘剂。

（10）民用建筑工程中，不应在室内采用脲醛树脂泡沫塑料作为保温、隔热和吸声材料。

## 3.4 取样要求

1. 取样批量

建筑材料和装饰装修材料有害物质检测现场抽样批量见表 3.4-1。

建筑材料和装饰装修材料有害物质检测现场抽样批量表　　表 3.4-1

| 序号 | 材料类别 | 建材名称 | 检测项目 | 抽样 ||||
|---|---|---|---|---|---|---|---|
| | | | | 建筑单体（份/幢） | 使用数量 | 品种或规格（份/种） | 生产日期或批号（份/批） |
| 1 | 无机非金属建筑主体材料 | 砂 | 放射性 | ≥1 | — | 1 | — |
| 2 | | 石 | 放射性 | ≥1 | — | 1 | — |
| 3 | | 砖 | 放射性 | ≥1 | — | 1 | — |
| 4 | | 砌块 | 放射性 | ≥1 | — | 1 | — |
| 5 | | 水泥 | 放射性 | ≥1 | — | 1 | 1 |
| 6 | | 混凝土 | 放射性 | ≥1 | — | 1 | — |
| 7 | | 混凝土预制构件 | 放射性 | ≥1 | — | 1 | — |
| 8 | | 空心砖（空心率大于25%） | 放射性 | ≥1 | — | 1 | — |
| 9 | | 空心砌块（空心率大于25%） | 放射性 | ≥1 | — | 1 | — |
| 10 | | 大理石 | 放射性 | ≥1 | — | 1 | — |
| 11 | | 花岗石 | 放射性 | ≥1 | 1份/200m² | 1 | — |
| 12 | | 瓷质墙、地砖 | 放射性 | ≥1 | 1份/200m² | 1 | 1 |

续表

| 序号 | 材料类别 | 建材名称 | 检测项目 | 抽样 | | | |
|---|---|---|---|---|---|---|---|
| | | | | 建筑单体（份/幢） | 使用数量 | 品种或规格（份/种） | 生产日期或批号（份/批） |
| 13 | 无机非金属装修材料 | 建筑卫生陶瓷 | 放射性 | ≥1 | — | 1 | 1 |
| 14 | | 石膏板 | 放射性 | ≥1 | — | 1 | 1 |
| 15 | 涂料 | 水性涂料 | 甲醛 | ≥1 | — | 1 | 1 |
| 16 | | 水性腻子 | 甲醛 | ≥1 | — | 1 | 1 |
| 17 | | 醇酸类涂料 | VOC+苯+甲苯+二甲苯+乙苯 | ≥1 | — | 1 | 1 |
| 18 | | 硝基类涂料 | VOC+苯+甲苯+二甲苯+乙苯 | ≥1 | — | 1 | 1 |
| 19 | | 聚氨酯类涂料 | VOC+苯+甲苯+二甲苯+乙苯+TDI+HDI | ≥1 | — | 1 | 1 |
| 20 | | 酚醛防锈漆 | VOC+苯+甲苯+二甲苯+乙苯 | ≥1 | — | 1 | 1 |
| 21 | | 其他溶剂型涂料 | VOC+苯+甲苯+二甲苯+乙苯 | ≥1 | — | 1 | 1 |
| 22 | | 木器用溶剂型腻子 | VOC+苯+甲苯+二甲苯+乙苯 | ≥1 | — | 1 | 1 |

续表

| 序号 | 材料类别 | 建材名称 | 检测项目 | 抽样 | | | |
|---|---|---|---|---|---|---|---|
| | | | | 建筑单体（份/幢） | 使用数量 | 品种或规格（份/种） | 生产日期或批号（份/批） |
| 23 | 胶粘剂 | 聚乙酸乙烯酯胶粘剂 | 甲醛＋VOC | ≥1 | — | 1 | 1 |
| 24 | | 橡胶类胶粘剂 | 甲醛＋VOC | ≥1 | — | 1 | 1 |
| 25 | | 聚氨酯类胶粘剂 | 甲醛＋VOC＋TDI | ≥1 | — | 1 | 1 |
| 26 | | 其他水性胶粘剂 | 甲醛＋VOC | ≥1 | — | 1 | 1 |
| 27 | | 氯丁橡胶胶粘剂 | 苯＋甲苯＋二甲苯＋VOC | ≥1 | — | 1 | 1 |
| 28 | | SBS胶粘剂 | 苯＋甲苯＋二甲苯＋VOC | ≥1 | — | 1 | 1 |
| 29 | | 聚氨酯类胶粘剂 | 苯＋甲苯＋二甲苯＋VOC＋TDI | ≥1 | — | 1 | 1 |
| 30 | | 其他溶剂型胶粘剂 | 苯＋甲苯＋二甲苯＋VOC | ≥1 | — | 1 | 1 |
| 31 | 处理剂 | 水性处理剂 | 甲醛 | ≥1 | — | 1 | 1 |
| 32 | | 混凝土外加剂 | 甲醛＋氨 | ≥1 | — | 1 | 1 |
| 33 | | 水性阻燃剂或防火涂料 | 甲醛＋氨 | ≥1 | — | 1 | 1 |
| 34 | | 防水剂 | 甲醛 | ≥1 | — | 1 | 1 |
| 35 | | 防腐剂 | 甲醛 | ≥1 | — | 1 | 1 |
| 36 | | 防虫剂 | 甲醛 | ≥1 | — | 1 | 1 |

续表

| 序号 | 材料类别 | 建材名称 | 检测项目 | 抽样 建筑单体（份/幢） | 使用数量 | 品种或规格（份/种） | 生产日期或批号（份/批） |
|---|---|---|---|---|---|---|---|
| 37 | 人造木板 | 饰面人造木板 | 甲醛 | ≥1 | 1份/500m² | 1 | 1 |
| 38 | | 刨花板 | 甲醛 | ≥1 | 1份/500m² | 1 | 1 |
| 39 | | 细木工板 | 甲醛 | ≥1 | 1份/500m² | 1 | 1 |
| 40 | | 胶合板 | 甲醛 | ≥1 | 1份/500m² | 1 | 1 |
| 41 | | 高、中、低密度纤维板 | 甲醛 | ≥1 | 1份/500m² | 1 | 1 |
| 42 | 其他 | 地毯衬垫 | 甲醛+VOC | ≥1 | — | 1 | 1 |
| 43 | | 地毯 | 甲醛+VOC | ≥1 | — | 1 | 1 |
| 44 | | 壁纸 | 甲醛 | ≥1 | — | 1 | 1 |
| 45 | | 壁布 | 甲醛 | ≥1 | — | 1 | 1 |
| 46 | | 帷幕 | 甲醛 | ≥1 | — | 1 | 1 |
| 47 | | 粘合木结构材料 | 甲醛 | ≥1 | — | 1 | 1 |
| 48 | | 发泡类卷材地板 | VOC | ≥1 | — | 1 | 1 |
| 49 | | 非发泡类卷材地板 | VOC | ≥1 | — | 1 | 1 |
| 50 | | 保温泡沫板（内墙用） | 甲醛 | ≥1 | — | 1 | 1 |

注：1. 抽样应覆盖建材的每一个种类、生产日期或批号，并且每个建筑单体每种建材抽样不少于1份；
  2. 天然花岗岩石材或瓷质砖使用面积超过200m²时，可按每200m²再抽样1份；
  3. 人造木板或饰面人造木板面积超过500m²时，可按每500m²再抽样1份。

## 2. 取样数量

建筑材料和装饰装修材料有害物质检测取样数量见表3.4-2。

建筑材料和装饰装修材料有害物质检测取样数量　　　表 3.4-2

| 序号 | 材料类别 | 建材名称 | 检测项目 | 取样量 |
|---|---|---|---|---|
| 1 | 无机非金属建筑主体材料 | 砂 | 放射性 | 不少于 2kg/份 |
| 2 | | 石 | 放射性 | 不少于 2kg/份 |
| 3 | | 砖 | 放射性 | 不少于 2kg/份 |
| 4 | | 砌块 | 放射性 | 不少于 2kg/份 |
| 5 | | 水泥 | 放射性 | 不少于 2kg/份 |
| 6 | | 混凝土 | 放射性 | 不少于 2kg/份 |
| 7 | | 混凝土预制构件 | 放射性 | 不少于 2kg/份 |
| 8 | | 空心砖（空心率大于25%） | 放射性 | 不少于 2kg/份 |
| 9 | | 空心砌块（空心率大于25%） | 放射性 | 不少于 2kg/份 |
| 10 | 无机非金属装修材料 | 大理石 | 放射性 | 不少于 2kg/份 |
| 11 | | 花岗石 | 放射性 | 不少于 2kg/份 |
| 12 | | 瓷质墙、地砖 | 放射性 | 不少于 2kg/份 |
| 13 | | 建筑卫生陶瓷 | 放射性 | 不少于 2kg/份 |
| 14 | | 石膏板 | 放射性 | 不少于 2kg/份 |
| 15 | 涂料 | 水性涂料 | 甲醛 | 不少于 1kg/份 |
| 16 | | 水性腻子 | 甲醛 | 不少于 1kg/份 |
| 17 | | 醇酸类涂料 | VOC+苯+甲苯+二甲苯+乙苯 | 不少于 1kg/份 |
| 18 | | 硝基类涂料 | VOC+苯+甲苯+二甲苯+乙苯 | 不少于 1kg/份 |
| 19 | | 聚氨酯类涂料 | VOC+苯+甲苯+二甲苯+乙苯+TDI+HDI | 不少于 1kg/份 |
| 20 | | 酚醛防锈漆 | VOC+苯+甲苯+二甲苯+乙苯 | 不少于 1kg/份 |
| 21 | | 其他溶剂型涂料 | VOC+苯+甲苯+二甲苯+乙苯 | 不少于 1kg/份 |
| 22 | | 木器用溶剂型腻子 | VOC+苯+甲苯+二甲苯+乙苯 | 不少于 1kg/份 |

续表

| 序号 | 材料类别 | 建材名称 | 检测项目 | 取样量 |
|---|---|---|---|---|
| 23 | 胶粘剂 | 聚乙酸乙烯酯胶粘剂 | 甲醛+VOC | 不少于1kg/份 |
| 24 | | 橡胶类胶粘剂 | 甲醛+VOC | 不少于1kg/份 |
| 25 | | 聚氨酯类胶粘剂 | 甲醛+VOC+TDI | 不少于1kg/份 |
| 26 | | 其他水性胶粘剂 | 甲醛+VOC | 不少于1kg/份 |
| 27 | | 氯丁橡胶胶粘剂 | 苯+甲苯+二甲苯+VOC | 不少于1kg/份 |
| 28 | | SBS胶粘剂 | 苯+甲苯+二甲苯+VOC | 不少于1kg/份 |
| 29 | | 聚氨酯类胶粘剂 | 苯+甲苯+二甲苯+VOC+TDI | 不少于1kg/份 |
| 30 | | 其他溶剂型胶粘剂 | 苯+甲苯+二甲苯+VOC | 不少于1kg/份 |
| 31 | 处理剂 | 水性处理剂 | 甲醛 | 不少于1kg/份 |
| 32 | | 混凝土外加剂 | 甲醛+氨 | 不少于1kg/份 |
| 33 | | 水性阻燃剂或防火涂料 | 甲醛+氨 | 不少于1kg/份 |
| 34 | | 防水剂 | 甲醛 | 不少于1kg/份 |
| 35 | | 防腐剂 | 甲醛 | 不少于1kg/份 |
| 36 | | 防虫剂 | 甲醛 | 不少于1kg/份 |
| 37 | 人造木板 | 饰面人造木板 | 甲醛 | 不少于3m²/份 |
| 38 | | 刨花板 | 甲醛 | 不少于1m²/份 |
| 39 | | 细木工板 | 甲醛 | 不少于1m²/份 |
| 40 | | 胶合板 | 甲醛 | 不少于1m²/份 |
| 41 | | 高、中、低密度纤维板 | 甲醛 | 不少于1m²/份 |
| 42 | 其他 | 地毯衬垫 | 甲醛+VOC | 不少于3m²/份 |
| 43 | | 地毯 | 甲醛+VOC | 不少于3m²/份 |
| 44 | | 壁纸 | 甲醛 | 不少于1m²/份 |
| 45 | | 壁布 | 甲醛 | 不少于3m²/份 |

续表

| 序号 | 材料类别 | 建材名称 | 检测项目 | 取样量 |
|---|---|---|---|---|
| 46 | 其他 | 帷幕 | 甲醛 | 不少于 3m²/份 |
| 47 | | 粘合木结构材料 | 甲醛 | 不少于 3 件/份 |
| 48 | | 发泡类卷材地板 | VOC | 不少于 3m²/份 |
| 49 | | 非发泡类卷材地板 | VOC | 不少于 3m²/份 |
| 50 | | 保温泡沫板（内墙用） | 甲醛 | 不少于 3m²/份 |

3. 取样方法

（1）在施工或使用现场抽取样品时，必须同一地点、同一类别、同一规格的建筑材料或装饰装修材料中随机抽取 1 份，并立即用不会释放或吸附污染物的包装材料将样品密封后待测。

（2）将随机抽取的样品分成 3 份：一份用做污染物的检测、一份用做复测、一份用做留样。

## 3.5 技术要求

1. 民用建筑工程所使用的无机非金属建筑主体材料，包括砂、石、砖、砌块、水泥、预拌混凝土、混凝土预制构件和新型墙体材料等，其放射性指标限量应符合表 3.5-1 的规定。

**无机非金属建筑主体材料放射性指标限量**　　表 3.5-1

| 测定项目 | 限量 |
|---|---|
| 内照射指数（$I_{Ra}$） | $\leqslant 1.0$ |
| 外照射指数（$I_\gamma$） | $\leqslant 1.0$ |

2. 民用建筑工程所使用的无机非金属装修材料，包括石材、建筑卫生陶瓷、石膏板、吊顶材料、无机瓷质砖粘接剂等，进行分类时，其放射性指标限量应符合表 3.5-2 的规定。

**无机非金属装修材料放射性指标限量**　　　表 3.5-2

| 测定项目 | 限量 A | 限量 B |
|---|---|---|
| 内照射指数（$I_{Ra}$） | ≤1.0 | ≤1.3 |
| 外照射指数（$I_\gamma$） | ≤1.3 | ≤1.9 |

3. 民用建筑工程所使用的加气混凝土和空心率（孔洞率）大于25%的空心砖、空心砌块等建筑主体材料，其放射性指标限量应符合表 3.5-3 的规定。

**加气混凝土和空心率（孔洞率）大于 25%的建筑主体材料放射性指标限量**　　　表 3.5-3

| 测定项目 | 限　量 |
|---|---|
| 表面氡析出率［$Bq/(m^2 \cdot s)$］ | ≤0.015 |
| 内照射指数（$I_{Ra}$） | ≤1.0 |
| 外照射指数（$I_\gamma$） | ≤1.0 |

4. 人造木板应根据游离甲醛含量或游离甲醛释放量限值划分为 $E_1$ 类和 $E_2$ 类，应满足表 3.5-4 的要求。饰面人造木板宜采用环境测试舱法或干燥器法测定游离甲醛释放量，当发生争议时应以环境测试舱法的测定结果为准；胶合板、细木工板宜采用干燥器法测定游离甲醛释放量；刨花板、中密度纤维板等宜采用穿孔法测定游离甲醛含量。

**人造木板中游离甲醛释放量限值**　　　表 3.5-4

| 测定方法 | 类别 | 限值 |
|---|---|---|
| 环境测试舱法 | $E_1$ | ≤0.12mg/$m^3$ |
| 穿孔法 | $E_1$ | ≤9.0mg/100g，干材料 |
| 穿孔法 | $E_2$ | >9.0mg/100g，≤30.0mg/100g，干材料 |
| 干燥器法 | $E_1$ | ≤1.5mg/L |
| 干燥器法 | $E_2$ | >1.5mg/L，≤5.0mg/L |

5. 民用建筑工程室内用水性涂料，应测定游离甲醛的含量；溶剂型涂料，应测定其 VOC、苯、甲苯＋二甲苯＋乙苯的含量，其技术指标应满足表 3.5-5 的要求。

涂料中污染物含量限值　　表 3.5-5

| 类别 | 测定项目 | 限值 |
|---|---|---|
| 水性涂料 | 游离甲醛(mg/kg) | ≤100 |
| 水性腻子 | 游离甲醛(mg/kg) | ≤100 |
| 醇酸类涂料 | VOC(g/L) | ≤500 |
|  | 苯(%) | ≤0.3 |
|  | 甲苯＋二甲苯＋乙苯(%) | ≤5 |
| 硝基类涂料 | VOC(g/L) | ≤720 |
|  | 苯(%) | ≤0.3 |
|  | 甲苯＋二甲苯＋乙苯(%) | ≤30 |
| 聚氨酯类涂料 | VOC(g/L) | ≤670 |
|  | 苯(%) | ≤0.3 |
|  | 甲苯＋二甲苯＋乙苯(%) | ≤30 |
|  | TDI(g/kg) | ≤4 |
|  | HDI(g/kg) | ≤4 |
| 酚醛防锈漆 | VOC(g/L) | ≤270 |
|  | 苯(%) | ≤0.3 |
|  | 甲苯＋二甲苯＋乙苯(%) | — |
| 其他溶剂型涂料 | VOC(g/L) | ≤600 |
|  | 苯(%) | ≤0.3 |
|  | 甲苯＋二甲苯＋乙苯(%) | ≤30 |
| 木器用溶剂型腻子 | VOC(g/L) | ≤550 |
|  | 苯(%) | ≤0.3 |
|  | 甲苯＋二甲苯＋乙苯(%) | ≤30 |

6. 民用建筑工程室内用水性胶粘剂，应测定 VOC 和游离甲醛的含量；溶剂型胶粘剂，应测定其 VOC、苯、甲苯＋二甲苯

的含量，其技术指标应满足表3.5-6的要求。

胶粘剂中污染物含量限值 表3.5-6

| 类别 | 测定项目 | 限值 |
| --- | --- | --- |
| 聚乙酸乙烯酯胶粘剂 | VOC(g/L) | ≤110 |
|  | 游离甲醛(g/kg) | ≤1.0 |
| 橡胶类胶粘剂 | VOC(g/L) | ≤250 |
|  | 游离甲醛(g/kg) | ≤1.0 |
| 聚氨酯类胶粘剂 | VOC(g/L) | ≤100 |
|  | TDI(g/kg) | ≤4 |
| 其他水性胶粘剂 | VOC(g/L) | ≤350 |
|  | 游离甲醛(g/kg) | ≤1.0 |
| 氯丁橡胶胶粘剂 | VOC(g/L) | ≤700 |
|  | 苯(g/kg) | ≤5.0 |
|  | 甲苯+二甲苯(g/kg) | ≤200 |
| SBS胶粘剂 | VOC(g/L) | ≤650 |
|  | 苯(g/kg) | ≤5.0 |
|  | 甲苯+二甲苯(g/kg) | ≤150 |
| 聚氨酯类胶粘剂 | VOC(g/L) | ≤700 |
|  | 苯(g/kg) | ≤5.0 |
|  | 甲苯+二甲苯(g/kg) | ≤150 |
|  | TDI(g/kg) | ≤4 |
| 其他溶剂型胶粘剂 | VOC(g/L) | ≤700 |
|  | 苯(g/kg) | ≤5.0 |
|  | 甲苯+二甲苯(g/kg) | ≤150 |

7. 民用建筑工程室内用能释放氨和甲醛的阻燃剂（包括防火涂料）、混凝土外加剂，应测定氨和游离甲醛的含量；防水剂、防腐剂等水性处理剂，应测定游离甲醛的含量。其技术表应满足表3.5-7的要求。

**水性处理剂中污染物含量限值** 表 3.5-7

| 类别 | 测定项目 | 限值 |
|---|---|---|
| 阻燃剂 | 氨（%） | ≤0.10 |
| | 游离甲醛（mg/kg） | ≤100 |
| 混凝土外加剂 | 氨（%） | ≤0.10 |
| | 游离甲醛（mg/kg） | ≤500 |
| 防水剂 | 游离甲醛（mg/kg） | ≤100 |
| 防腐剂 | 游离甲醛（mg/kg） | ≤100 |
| 其他水性处理剂 | 游离甲醛（mg/kg） | ≤100 |

8. 民用建筑工程中使用的粘合木结构材料，游离甲醛释放量不应大于 0.12mg/m³。

9. 民用建筑工程室内装修时，所使用的壁布、帷幕等游离甲醛释放量不应大于 0.12mg/m³。

10. 民用建筑工程室内装修时，所使用的壁纸中甲醛含量不应大于 120mg/kg。

11. 民用建筑工程室内用聚氯乙烯卷材地板应测定 VOC 的含量。其技术表应满足表 3.5-8 的要求。

**聚氯乙烯卷材地板中 VOC 含量限值** 表 3.5-8

| 名称 | | 限值（g/m²） |
|---|---|---|
| 发泡类卷材地板 | 玻璃纤维基材 | ≤75 |
| | 其他基材 | ≤35 |
| 非发泡类卷材地板 | 玻璃纤维基材 | ≤40 |
| | 其他基材 | ≤10 |

12. 民用建筑工程室内用地毯、地毯衬垫应测定 VOC 和游离甲醛的含量。其技术表应满足表 3.5-9 的要求。

**地毯、地毯衬垫中 VOC 和游离甲醛限值** 表 3.5-9

| 名称 | 测定项目 | 限值（mg/m²·h） | |
|---|---|---|---|
| | | A 级 | B 级 |
| 地毯 | VOC | ≤0.500 | ≤0.600 |
| | 游离甲醛 | ≤0.050 | ≤0.050 |

续表

| 名称 | 测定项目 | 限值(mg/m² · h) | |
| --- | --- | --- | --- |
| | | A级 | B级 |
| 地毯衬垫 | VOC | ≤1.000 | ≤1.200 |
| | 游离甲醛 | ≤0.050 | ≤0.050 |

## 3.6 检测报告及不合格处理

1. 检测报告表式

检测报告应包括工程名称、委托单位、样品名称、规格型号、生产企业、成产批号/日期、代表数量、检测依据、评定依据、性能指标、检测结果、检测结论、检测人、审核人和批准人签名及相关报告章。

2. 不合格处理

（1）无机非金属建筑主体材料的放射性指标不合格，不得用于民用建筑工程。

（2）无机非金属装饰装修材料的放射性指标达不到A类限量的，不得用于Ⅰ类民用建筑工程。

（3）人造木板的游离甲醛含量或游离甲醛释放量达不到$E_2$级的，不得用于民用建筑工程，同时对于达不到$E_1$级的，不得用于Ⅰ类民用建筑工程。

（4）其他建筑材料和装饰装修材料，若达不到其标准限量的，均不得用于民用建筑工程。

# 4 建筑地基基础工程检测

## 4.1 概 述

地基基础工程检测是为提供工程设计参数、对工程设计进行校验和对施工工艺能否达到设计要求进行评价的各种现场试验。主要包括：基桩检测和地基及复合地基检测。

基桩检测包括工程桩的承载力检测及完整性检测。承载力检测包括单桩竖向抗压承载力、单桩竖向抗拔承载力及单桩水平承载力，可采用静载荷试验方法测试。对一些特定条件下工程的单桩竖向抗压承载力可采用高应变法测试。桩身完整性是反映桩身截面尺寸相对变化、桩身材料密实性和连续性的综合定性指标，可采用低应变法、高应变法、超声波透射法、钻孔取芯法检测。

地基及复合地基检测适用于天然地基承载力及各种地基处理后承载力及处理效果的检测，主要采用静载荷试验。

静载荷试验：按桩的使用功能，分别在桩顶逐级施加轴向压力、轴向上拔力或在桩基承台底面标高一致处施加水平力，观测桩的相应检测点随时间产生的沉降、上拔位移或水平位移，判定相应的单桩竖向抗压承载力、单桩竖向抗拔承载力及单桩水平承载力的试验方法。

高应变法：在桩顶沿轴向施加一冲击力，使桩产生足够的贯入度，实测由此产生的桩身质点应力和加速度的响应，通过波动理论分析，判定单桩竖向抗压承载力及桩身完整性的检测方法。

低应变法：在桩顶施加低能量荷载，实测桩顶速度（或同时实测力)的响应,通过时域和频域分析,判定桩身的完整性的检测方法。

超声波透射法:通过实测超声波在混凝土介质中传播时的声速、波幅等参数的变化,判定桩身混凝土是否存在缺陷的方法。

钻孔取芯法:通过钻取桩身芯样,检测桩长、桩身混凝土、密实性和连续性、桩底沉渣厚度判定桩身混凝土是否存在缺陷的方法。

## 4.2 依据标准

1.《建筑基桩检测技术规程》(DGJ 08—218—2003)。
2.《地基基础设计规范》(DG/TJ 08—11—2010)。
3.《建筑地基基础设计规范》(GB 50007—2011)。
4.《建筑基桩检测技术规程》(JGJ 106—2014)。
5.《建筑地基基础施工质量验收规范》(GB 50202—2002)。
6.《钻孔灌注桩施工规程》(DG/TJ 08—202—2007)。

## 4.3 抽样要求

1. 静载荷试验

对于单桩竖向抗压或抗拔静载荷试验,单位工程内同一条件下试桩数量不应小于总桩数的1%,且不应小于3根;工程总桩数在50根以内时,不应小于2根。对单桩水平静载荷试验,试验数量应根据设计要求及工程地质条件确定,不应少于2根。

凡是为设计提供设计依据而进行的单桩承力检测或符合下列条件之一的工程桩验收性检测,均应采用静载荷试验中的慢速维持法。

(1) 重要的工业与民用建筑物;
(2) 18 层以上的高层建筑;

(3) 体型复杂、层数相差超过 10 层的高低层连成一体建筑物；

(4) 大面积的多层地下建筑物（如地下车库、商场、运动场等）；

(5) 对地基变形有特殊要求的建筑物；

(6) 二层及二层以上地下室的基坑工程；

(7) 地质条件复杂，基桩施工质量可靠性低的工程；

(8) 采用新桩型或新工艺的工程；

(9) 挤土群桩施工产生明显挤土效应的工程。

当有充分经验和相近条件下可靠的比对资料时，也可采用高应变法对上述范围内的工程桩进行补充验收性检测，并应以静载试验法为评定标准。

2. 高应变法

对于多支盘灌注桩、大直径扩底桩、以及缓变型 Q-S 曲线的大直径灌注桩均不宜采用本方法检测单桩竖向承载力。高应变检测桩应具有代表性，灌注桩的试桩应进行成孔检测。单位工程内同一条件下，试桩数量不宜少于总桩数的 5%，并不应少于 5 根，其中采用曲线似合法进行分析的试桩不应少于检测总桩数的 50%，并不应少于 5 根，工程地质条件复杂或对工程桩施工质量有疑问时，应增加试桩数；当采用高应变方法进行打桩过程监测时，在相同工艺和相近地质条件下，不应少于 2 根。

3. 低应变法

(1) 抽样原则：随机、均匀并应有足够的代表性；

(2) 检测数量：对有接头的多节混凝土预制桩，抽检数量不应少于总桩数的 30%，并不得少于 10 根；单节混凝土预制桩，抽检数量可适当减少，但不应少于总桩数的 10%；灌注桩必须大于 50%；采用独立承台形式的桩基工程，应扩大抽检比例，每个独立承台抽检桩数不得少于 1 根；桥梁工程、一柱一桩结构形式的工程应进行普测；设计单位也可根据结构的重要性和可靠性，在此基础上增加检测比例；动测以后Ⅲ、Ⅳ类桩比例过高时（占抽检总数5％以上）应以相同的百分比扩大抽检，直至普测。

（3）在施工中发现有疑问的桩必须进行检测，但其数量不应计入正常抽检的比例内。

（4）检测桩的具体桩位宜由设计会同监理共同决定，并宜在设计桩位图纸上标明，由检测方具体执行。

为了保证检测质量，对同一工程中有异议的桩，宜采用多种方法检测，并进行综合分析。

4. 超声波透射法

当有需要时可检测直径不小于600mm灌注桩桩身混凝土的缺陷并定位；可结合低应变、高应变、钻孔取芯检测等方法综合评定桩身质量。

5. 钻孔取芯法

当有需要时可检测直径不小于600mm灌注桩桩长、桩身混凝土强度、桩底沉渣厚度、桩底持力层岩土性状；可结合低应变、高应变、超声波透射法等方法综合评定桩身质量。

6. 成孔检测

灌注桩施工前必须试成孔，数量不少于两个；灌注桩的试桩，在成孔后混凝土灌注前，必须进行孔径、孔深、沉渣厚度及垂直度检测，没有代表性的桩不应作为试桩；一般钻孔桩工程，应随机、均匀抽检不少于总桩数10％的桩进行成孔质量检测。

## 4.4 技术要求

1. 单桩竖向抗压承载力检测

单桩竖向抗压承载力检测可采用静载荷试验法或高应变动测法。在进行单桩承载检测时，预制桩在沉桩后到进行试验时的间歇时间不应少于桩周土体强度恢复或基本恢复时间，持力层为黏性土，应为28d以上，砂质粉土、砂性土宜为14d以上；灌注桩应满足混凝土养护所需要的时间，宜为成桩后28d；桩身完整性检测时，休止期可以适当缩短，但灌注桩不得小于14d。

静载荷测试时试桩、锚桩（压重平台支墩）之间的中心距离应符合表4.4-1的要求。

试桩、锚桩（压重平台支墩）之间的中心距离　　表4.4-1

| 反力装置 | 试桩与锚桩中心（或压重平台支墩边） |
|---|---|
| 锚桩横梁 | ≥3$d$ 且>2.0m |
| 压重平台 | ≥4$d$ 且>2.0m |

注：表中 $d$ 为桩径或桩的边长。

试桩布置时试桩与锚桩之间的中心距离也不宜过大，平面布置应基本规则，使常用检测设备能满足测试的要求。

重型压桩机不宜作为进行高荷载单桩竖向抗压静载荷试验提供反力的装置。

高应变检测用的重锤应材质均匀、形状对称、锤底平整，高径（宽）比不得小于1，并采用铸铁或铸钢制作，进行高应变承载检测时，锤重应不小于预估单桩极限承载力的1.5%。每次检测时应在桩身两侧对称安装两只加速度传感器和两只应变传感器，它们与桩顶之间的距离不宜小于2倍桩径（或桩边长）；对大直径桩，可以适当缩小桩顶与传感器之间的距离，但不得小于1倍桩径；严禁使用单只应变传感器或单只加速度传感器进行检测。传感器安装处的桩身表面必须平整且该截面附近无明显缺损或截面突变。试桩桩顶必须保持平整，露出的长度应满足设置量测仪表的需要；对于预制桩，如桩顶破坏，应按原设计修复；对于灌注桩应去除桩顶强度较低的混凝土，所有主筋均需接至桩顶保护层下，并在此范围内设置加强箍筋及3～5层钢筋网片，桩顶的混凝土强度不得低于桩身混凝土强度且不低于C30。

2. 单桩完整性检测

单桩完整性检测可采用低应法、高应变法、超声波透射法、钻孔取芯法，宜采用多种方法同时检测综合分析，按表4.4-2规定进行完整性分类，对每根被检桩的完整性作出评价。

桩完整性评价表　　　　　　表 4.4-2

| 桩身完整性类别 | 分 类 原 则 |
| --- | --- |
| Ⅰ | 无任何不利缺陷，桩身结构完整 |
| Ⅱ | 有轻度不利缺陷，但不影响或基本不影响原设计的桩身结构强度 |
| Ⅲ | 有明显不利缺陷，影响原设计的桩身结构强度 |
| Ⅳ | 有严重不利缺陷，严重影响原设计的桩身结构强度 |

低应变检测前应凿去桩上部疏松的混凝土并截至设计标高，形成平整、密实、水平的检测面，检测点和激振点宜用便携式砂轮机磨平；实心桩的激振点位置宜选择在桩顶中心，传感器安装点宜为距中心2/3半径处；每根桩的测点不得少于2点，当桩径大于800mm时，测点应适当增加，并均匀分布。

超声检测管（简称声测管）是超声波检测过程中换能器移动的通道，其材料应具有一定的强度及刚度，宜采用钢管（镀锌管或不镀锌管），内径宜为50～55mm，管身不得有破损，管内不得有异物。根据桩径大小预埋声测管，桩径不大于800mm宜对称埋两根管；桩径大于800mm小于等于2000mm，宜埋三根，按等边三角形布置；桩径大于2000mm以上宜埋四根，按正方形布置，如图4.4-1所示；测管之间应保持平行。

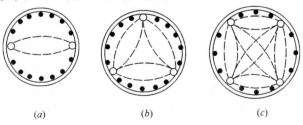

图 4.4-1　声测管埋设示意图
(a)双管；(b)三管；(c)四管

声测管底部应预先封闭，宜用堵头封闭或用钢板焊封，以保证不漏浆；每节钢管应采用螺纹外套管接头连接，应保证连接处不渗浆；在安放钢筋笼时应将声测管焊接或绑扎在钢筋笼内侧，每节声测管在钢筋笼上的固定点不应少于三处，声测管之间应相互平行；在桩身未配筋的部位，应制作三角形（或井字形）钢筋支架用于固定声测管；声测管顶部高出桩顶的距离不应少于 0.5m；下钢筋笼时，管内注满清水；埋设完后在声测管管口应立即加盖或堵头，以免异物入内；成桩后第二天，采用直径不小于 38mm，长度不小于 250mm 的圆钢（或螺纹钢）作疏通吊锤，检查每根声测管的畅通情况及实际深度（可适当加长声测管，便于检查），如不满足要求，则该组声测管作废，另选择桩埋设声测管作为声测桩。

当抽样检测中发现承载力不满足设计要求或Ⅲ、Ⅳ类桩比例较大时，应进行扩大比例复检；对Ⅲ类桩应进一步检测，核实单桩承载力；对Ⅳ类桩应进行工程处理；事故工程的单桩承载力验收性检测时，应在桩身完整性检测分类的基础上进行，并综合评价。

按照《地基基础设计规范》（DG/T J08—11—2010），水下浇筑的钻孔灌注桩的混凝土强度等级应比设计强度提高等级进行配置，以确保达到设计强度，混凝土试块强度按相应等级验收。提高的等级可参照表 4.4-3。

**水下混凝土强度等级对照表**      表 4.4-3

| 项目 | 标准试块强度等级 | | | | | |
|---|---|---|---|---|---|---|
| 设计强度等级 | C25 | C30 | C35 | C40 | C45 | C50 |
| 水下混凝土强度等级 | C30 | C35 | C40 | C50 | C55 | C60 |

钻孔取芯法可检测有疑问桩的桩身混凝土强度，芯样试件应在 20±5℃ 的清水中浸泡 40~48h，从水中取出后进行抗压试验，以该桩混凝土芯样试件抗压强度代表值作为判断依据，此时的强度应以强度设计值作为参考标准，不应提高一等级。

3. 成孔检测

钻孔灌注桩在开始正式施工前，必须进行试成孔试验，数量不得少于2个；以监测孔壁的稳定性，核对地质资料，检验所选设备、机具，选择合理的施工工艺和参数，连续跟踪监测时间为12h，施工时间长的桩应为24h，每间隔3～4h监测一次，比较数次实测孔径曲线、孔深、沉渣厚度的变化，得出合理的结论。对于工程成孔质量抽检，应包括孔径、孔深、垂直度及沉渣厚度四个方面的内容，孔径检测由专业的检测单位采用井径仪测试完成，任何断面孔径不得小于孔径的设计值，平均孔径不宜大于孔径的设计值的1.14倍，即充盈系数不小于1，也不宜大于1.3；孔深检测采用核定钻头和钻杆长度的方法完成，允许偏差为0～+300mm；垂直度检测由专业的检测单位采用测斜仪测试完成，允许偏差为桩长的1‰；沉渣厚度检测是指"二次清孔结束后用带圆锥形测锤的标准水文测绳测定，测锤重量不应小于1kg"测得的参数，沉渣厚度应小于300mm。对工程的抽检，孔径及垂直度参数应以专业检测单位提供的资料作为工程验收的依据，而孔深及沉渣厚度参数不应以专业检测单位提供的一清后的资料作为工程验收依据。

## 4.5 检测报告

检测报告应包含以下内容：
（1）工程名称和地点，建设、勘察、设计、监理、施工单位名称；基础和上部结构型式及层数；设计要求；检测目的；被检桩的数量；成(或沉)桩日期及检测日期；
（2）地质条件描述，受检桩的持力层及桩侧土层分布柱状图、静探曲线及物理参数；
（3）检测应用的标准；
（4）受检桩抽检原则及抽检比例、受检桩的桩号、桩位分布图；
（5）受检桩施工概况：静载试桩的成孔质量检测曲线；对于

预制桩则应提供沉桩的锤重(或压机型号)、最后 10 击贯入度(或最后的压桩力);

（6）仪器设备名称、型号；标定日期及证书号；安装位置及数量；

（7）检测方法和原理、计算公式、检测数据、各桩的实测与计算分析曲线；

（8）检测人、审核人和批准人签名及相关报告章。

# 5 主体结构工程检测

## 5.1 结构混凝土抗压强度现场检测

### 5.1.1 概述

混凝土是结构工程中的主要材料,由于通常是在工地现场或搅拌站进行配料、拌制、浇捣、养护,所以每个环节稍有不慎都将影响其质量,危及整个结构的安全。

通常混凝土的主要质量指标是以标准试件的抗压强度为依据。《混凝土强度检验评定标准》(GB/T 50107—2010)明确规定了用标准立方体试件抗压强度来评定结构混凝土强度。但必须看到,标准试件的成型、养护条件和受力状态都不可能与结构混凝土完全一致,特别是混凝土试件缺乏代表性时,要反映结构混凝土的实体质量就必须采用从结构中钻取试样的方法,或采用非破损的检验方法来对结构混凝土进行检测。国际上有钻芯法、拔出法、贯入法、超声回弹综合法、回弹法以及超声法等。目前我国使用较多的是用钻芯法、超声回弹综合法和回弹法检测结构混凝土强度;用超声法检测结构混凝土缺陷。其中钻芯法是利用局部区域的抗压强度来换算混凝土标准强度的推算值;超声回弹综合法和回弹法是利用混凝土声速、回弹能量衰减等物理量来换算混凝土标准强度的推算值,利用超声波的绕射、衰减、叠加来判断混凝土内部缺陷。

### 5.1.2 依据标准

1.《混凝土结构工程施工质量验收规范》(GB 50204—2015)。
2.《结构混凝土抗压强度检测技术规程》(DG/TJ 08—2020—2007)。
3.《高强混凝土抗压强度非破损检测技术规程》(DG/TJ 08—507—2003)。
4.《回弹法检测混凝土抗压强度技术规程》(JGJ/T 23—2011)。
5.《超声回弹综合法检测混凝土强度技术规程》(CECS 02：2005)。
6.《钻芯法检测混凝土强度技术规程》(CECS 03：2007)。
7.《普通混凝土力学性能试验方法标准》(GB/T 50081—2002)。

### 5.1.3 抽样要求

1. 回弹法、超声回弹综合法

（1）取样批量：在相同的生产工艺条件下，混凝土强度等级相同，原材料、配合比、成型工艺、养护条件基本一致且龄期相近的同类结构或构件。

（2）试样数量：按批进行检测的构件，抽检数量不得少于同批构件总数的30%且构件数量不得少于10件。单个构件检测适用于单独的结构或构件的检测。

（3）取样方法：应随机抽取并使所选构件具有代表性，每一结构或构件测区数都不应少于10个，对其一方向尺寸小于4.5m且另一方向小于0.3m的构件，其测区数量可适当减少，但不应小于5个。当结构或构件所采用的材料及其龄期与制定测强曲线所采用的材料及其龄期有较大差异时，应用同条件试件或钻取混凝土芯样进行修正，试件或钻取芯样数量不宜少于6个。标准芯样($\phi$100mm×100mm)的试件数量不宜少于6个，小直径芯样

($\phi 70mm \times 70mm$、$\phi 55mm \times 55mm$)的试件数量不宜少于9个。

2. 钻芯法

(1) 取样批量：同回弹法。

(2) 试样数量：按批进行检测的构件，抽检数量不得少于同批构件总数的30%且芯样数量不得少于15个。按单个构件检测时，每个构件的钻芯数量不应少于3个；对于较小构件，钻芯数量可取2个。

(3) 取样方法：应随机抽取结构的构件或结构的局部并使所选构件具有代表性，芯样应在结构或构件受力较小的部位、混凝土强度质量具有代表性的部位、便于钻芯机安放与操作的部位、避开主筋、预埋件和管线的位置，并尽量避开其他钢筋、用钻芯法和非破损法综合测定强度时，应与非破损法取同一测区部位或附近钻取。

3. 回弹取芯法

本方法只适用于《混凝土结构工程施工质量验收规范》GB 50204—2015规定的混凝土结构子分部工程验收中的混凝土强度实体检验。结构实体混凝土当未取得同条件养护试件强度或同条件养护试件强度不符合要求时，可采用回弹取芯法进行检验。

(1) 取样批量：同一混凝土强度等级的柱、梁、墙、板。

(2) 试样数量：回弹构件抽取最小数量按表5.1-1

**回弹构件抽取最小数量**　　　　表5.1-1

| 构件总数量 | 最小抽样数量 |
| --- | --- |
| 20以下 | 全数 |
| 20～150 | 20 |
| 151～280 | 26 |
| 281～500 | 40 |
| 501～1200 | 64 |
| 1201～3200 | 1000 |

每个构件应按现行行业标准《回弹法检测混凝土抗压强度技术规程》JGJ/T 23对单个构件检测的有关规定选取不少于5个测区进行回弹。对同一批构件，按每个构件平均回弹值进行排序，并选取最低的3个测区对应的部位各钻取1个芯样试件。

（3）取样方法：芯样应采用带水冷却装置的薄壁空心钻钻取，其直径宜为100mm，且不宜小于混凝土骨料最大粒径的3倍。当测区处于钢筋较密部位时，可采用直径不小于70mm的小芯样。

### 5.1.4 技术要求

1. 超声回弹综合法检测精度优于回弹法，对检测结果有争议时，宜采用钻芯法复核评定。

2. 当混凝土结构抗压强度经检测后，得出混凝土强度推定值。

3. 混凝土强度推定值为通过测强曲线得到的混凝土抗压强度值，相当于被测构件在该龄期下同条件养护的边长为150mm的一组立方体试块的抗压强度平均值。

### 5.1.5 检测报告及不合格处理

1. 检测报告应包含以下内容：
（1）工程名称和设计、施工、建设、监理、委托单位名称；
（2）结构或构件检测原因；
（3）检测和报告日期；
（4）被测结构或构件名称，混凝土设计强度等级、成型日期和品种；
（5）结构或构件混凝土抗压强度推定值，如按批评定还应给出抗压强度平均值和标准差；
（6）检测人、审核人和批准人签名及相关报告章。

2. 不合格处理：

（1）经检测后得到的混凝土强度推定值应交原设计单位进行核算，并确认其是否满足结构安全和使用功能。

（2）经原设计单位核算，达到设计要求的检验批应予以验收。

（3）经核算达不到设计要求的，但经原设计单位确认仍可满足结构安全和使用功能的检验批，可予以验收。

（4）经核算达不到设计要求的，经返修或加固处理能够满足结构安全使用要求的分项工程，可根据技术处理方案和协商文件进行验收。

## 5.2 砌筑砂浆抗压强度现场检测

### 5.2.1 概述

砌筑砂浆强度直接影响承重墙的工程质量，是砌体工程的保证项目之一。在施工期间如果管理不善，会出现砂浆试块漏做或遗失，造成砂浆强度资料不全；也会出现砂浆试块受损，使其强度比实际强度偏低；甚至出现试块作假，造成砂浆强度明显高于实际强度；以及砂浆试块超龄期等现象。《砌体结构工程施工质量验收规范》（GB 50203—2011）中规定当施工中或验收时出现下列情况，可采用现场检验方法对砂浆和砌体强度进行原位检测或取样检测，并判定其强度：

1. 砂浆试块缺乏代表性或试块数量不足；
2. 对砂浆试块的试验结果有怀疑或有争议；
3. 砂浆试块的试验结果，不能满足设计要求；
4. 对现场砌体砂浆强度有怀疑或有争议。

目前现场检验砌筑砂浆强度主要采用推出法、筒压法、砂浆片剪切法、回弹法、点荷法、贯入法等方法。其中：回弹法、贯入法属于非破损检测，砂浆筒压法属于取样检测，仅需利用一般建材检测机构的常用设备就可以完成，并且取样部位局部损伤，因此在上海地区被广泛应用。

砂浆筒压法适用于推定烧结普通砖墙中的砌筑砂浆强度；砂浆回弹法、贯入法适用于推定烧结普通砖墙、蒸压混凝土加气砌块、普通混凝土小型空心砌块中的商品砌体砂浆强度，不适用于推定遭受火灾，化学侵蚀等砌筑砂浆的强度。

### 5.2.2 依据标准

1.《砌体结构工程施工质量验收规范》(GB 50203—2011)。
2.《商品砌筑砂浆现场检测技术规程》(DG/TJ 08—2021—2007)。
3.《贯入法检测砌筑砂浆抗压强度技术规程》(JGJ/T 136—2001)。
4.《砌体工程现场检测技术标准》(GB/T 50315—2011)。

### 5.2.3 抽样要求

1. 筒压法

（1）取样批量：当检测对象为整栋建筑物或建筑物的一部分，应将其划分为一个或若干个可以独立进行分析的结构单元，每一结构单元划分为若干个检测单元。

（2）试样数量：在每一检测单元内位随机选择 6 个构件（单片墙体、柱），作为 6 个测区，当一个检测单元不足 6 个构件时，应将每个构件为一个测区，在每一测区位随机布置若干测点，且不少于 1 个。

（3）取样方法：在每一测区内，从距墙表面 20mm 以内的水平灰缝中凿取砂浆约 4000g，砂浆片、块的最小厚度不得小于 5mm。每个测区的砂浆样品应分别放置并编号，不得混淆。

2. 贯入法

（1）取样批量：按批抽样检测：应取相同生产工艺条件下，

同一楼层，同一品种，同一强度等级，砂浆原材料、配合比、养护条件基本一致，龄期相近，且总量不超过 250m³ 砌体的砌筑砂浆为同一检验批。

（2）试样数量：不应少于同批砌体构件总数的 30%，且不应少于 6 个构件，基础砌体可按一个楼层计。

（3）取样方法：每一构件应测试 16 点，测点应均匀分布在构件的水平灰缝上。对于烧结砖，同一水平灰缝中测点数不宜多于 2 点，对于普通混凝土小型空心砌块和蒸压加气混凝土砌块，同一水平灰缝中测点数不宜多于 4 点。相邻测点水平间距不宜小于砌块中块体的长度。

3. 回弹法

（1）取样批量：同贯入法。

（2）试样数量：同贯入法。

（3）取样方法：

① 每一构件测区数不应少于 5 个；对尺寸较小的构件，测区数量可适当减少。

② 测区应均匀分布，不同测区不应分布在构件同一水平面和垂直面内，每个测区的面积宜大于 $0.3m^2$。

③ 每个测区内测试 12 个点。选定的测点应均匀分布在砌体的水平灰缝上，同一测区每条灰缝上测点不宜多于 3 点。相邻两弹击点的间距不应小于 100mm。

### 5.2.4 技术要求

1. 当砌筑砂浆抗压强度经检测后，得出砌筑砂浆强度推定值。

2. 砌筑砂浆强度推定值为通过测强曲线得到的砂浆抗压强度值，相当于被测构件在该龄期下同条件养护的边长为 70.7mm 的一组立方体试块的抗压强度平均值。

**5.2.5　检测报告及不合格处理**

1. 检测报告应包含以下内容：

（1）工程名称和设计、施工、建设、监理、委托单位名称；

（2）结构或构件检测原因；

（3）检测和报告日期；

（4）被测结构或构件名称，砌筑砂浆的设计强度等级、成型日期和品种；

（5）结构或构件砌筑砂浆抗压强度推定值，如按批评定还应给出抗压强度平均值、最小值、标准差和变异系数；

（6）检测人、审核人和批准人签名及相关报告章。

2. 不合格处理

（1）经检测后得到的砌筑砂浆强度推定值应交原设计单位进行核算，并确认其是否满足砌体结构安全和使用功能。

（2）经原设计单位核算，达到设计要求的检验批应予以验收。

（3）经核算达不到设计要求的，但经原设计单位确认仍可满足结构安全和使用功能的检验批，可予以验收。

（4）经核算达不到设计要求的，经返修或加固处理能够满足结构安全使用要求的分项工程，可根据技术处理方案和协商文件进行验收。

## 5.3　结构混凝土钢筋保护层厚度检测

**5.3.1　概述**

结构混凝土钢筋保护层厚度直接影响结构混凝土的工程质量，是结构混凝土工程的保证项目之一。在施工期间如果管理不善，会出现钢筋保护层厚度过厚，造成结构承载力减小；也会出现钢筋保护层厚度过小，时间一长混凝土碳化深度超过钢筋保护层厚度后钢筋产生锈蚀现象。《混凝土结构工程施工质量验收规范》(GB 50204—2015)中规定结构实体检验包括钢筋保护层厚度检验。

钢筋保护层厚度检验，可采用非破损或局部破损的方法，也可采用非破损方法并用局部破损的方法进行校准。

### 5.3.2 依据标准

《混凝土结构工程施工质量验收规范》(GB 50204—2015)。

### 5.3.3 抽样要求

1. 取样批量及数量：对于悬挑构件之外的梁板类构件，应各抽取构件数量的2%且不少于5个构件进行检验；对悬挑梁，应抽取构件数量的5%且不少于10个构件进行检验，当悬挑梁数量少于10个时，应全数检验；对悬挑板，应抽取构件数量的10%且不少于20个构件进行检验，当悬挑板数量少于20个时，应全数检验。

2. 取样方法：在选定的梁类构件，应对全部纵向受力钢筋的保护层厚度进行检验；在选定的板类构件，应抽取不少于6根纵向受力钢筋的保护层厚度进行检验。对每根钢筋，应选择有代表性的不同部位量测3点取平均值。有代表性的部位是指该处钢筋保护层厚度可能对构件承载力或耐久性有显著影响的部位。

### 5.3.4 技术要求

1. 将梁类构件和板类构件所测数据分类，纵向受力钢筋保护层厚度的允许偏差，对梁类构件为+10mm，-7mm，对板类构件为+8mm，-5mm。偏差超过此范围的测点为不合格点，根据不合格点数和测点总数，计算合格率。

2. 当全部钢筋保护层厚度检验的合格率为90%及以上时，钢筋保护层厚度的检验结果应判为合格。

3. 当全部钢筋保护层厚度检验的合格率小于90%但不小于80%，可再抽取相同数量的构件进行检验；当按两次抽样总和计算的合格率为90%及以上时，钢筋保护层厚度的检验结果仍应判为合格。

4. 每次抽样检验结果中不合格点的最大偏差均不应大于允许偏差的1.5倍。

### 5.3.5 检测报告

检测报告应包含以下内容：
（1）工程名称和设计、施工、建设、监理、委托单位名称；
（2）检测和报告日期；
（3）被测结构或构件名称，结构混凝土钢筋保护层设计厚度。
（4）结构混凝土钢筋保护层实测厚度，梁类构件和板类构件混凝土钢筋保护层的合格率；
（5）检测人、审核人和批准人签名及相关报告章。

## 5.4 混凝土预制构件结构性能检测

### 5.4.1 概述

混凝土预制构件质量检验的主要项目有外观质量、尺寸偏差和结构性能检验等三项，其中结构性能检验包括承载力、挠度、抗裂或裂缝宽度检验。

### 5.4.2 检验内容

混凝土预制构件专业企业生产的预制构件进场时，预制构件性能检验应符合下列规定：

1. 梁板类简支受弯预制构件进场时应进行结构性能检验，

并应符合下列规定：

（1）结构性能检验应符合国家现行相关标准的有关规定及设计要求，检验要求和试验方法应符合《混凝土结构工程施工质量验收规范》GB 50204—2015 的规定。

（2）钢筋混凝土构件和允许出现裂缝的预应力混凝土构件应进行承载力、挠度和裂缝宽度检验；不允许出现裂缝的预应力混凝土构件应进行承载力、挠度和抗裂试验。

（3）对大型构件及有可靠应用经验的构件，可只进行裂缝宽度、抗裂和挠度检验。其中，大型构件一般指跨度大于 18m 的构件，可靠应用经验是指该单位生产的标准构件在其他工程已多次应用。

（4）对使用数量较少的构件，当能提供可靠依据时，可不进行结构性能检验。其中，数量较少一般指数量在 50 件以内。

2. 对其他预制构件，除设计有专门要求外，进场时可不做结构性能检验。

3. 对进场时不做结构性能检验的预制构件，应采取下列措施：

（1）施工单位或监理单位代表应驻厂监督制作过程；

（2）当无驻厂监督时，预制构件进场时应对预制构件主要受力钢筋数量、规格、间距及混凝土强度等进行实体检验。实体检验宜采用非破损方法，也可采用破损方法，非破损方法应采用专业仪器并符合国家现行相关标准的有关规定。

### 5.4.3　依据标准

1.《混凝土结构设计规范》（GB 50010—2010）。

2.《混凝土结构工程施工质量验收规范》（GB 50204—2015）。

### 5.4.4　取样要求

1. 每批进场不超过 1000 个同类型预制构件为一批，在每批中应随机抽取一个构件进行检验。抽取预制构件时，宜从设计荷载最大、受力最不利或生产数量最多的预制构件中抽取。其中，同类型是指同一钢种、同一混凝土强度等级、同一生产工艺和同一结构形式。

2. 对所有进场时不做结构性能检验的预制构件，当无驻厂监督时，进场时应对预制构件主要受力钢筋数量、规格、间距及混凝土强度等进行实体检验。检查数量可根据工程情况由各方商定。一般情况下，可为不超过 1000 个同类型预制构件为一批，每批抽取构件数量的 2% 且不少于 5 个构件。

### 5.4.5 技术要求

1. 预制构件承载力检验应符合下列规定：

（1）当按现行国家标准《混凝土结构设计规范》（GB 50010—2010)的规定进行检验时，应满足下列公式的要求：

$$\gamma_u^0 \geqslant \gamma_0 [\gamma_u] \tag{5.4.5-1}$$

式中 $\gamma_u^0$——构件的承载力检验系数实测值，即试件的荷载实测值与荷载设计值(均包括自重)的比值；

$\gamma_0$——结构重要性系数，按设计要求的结构等级确定，当无专门要求时取 1.0；

$[\gamma_u]$——构件的承载力检验系数允许值，按表 5.4-1 取用。

（2）当按构件实配钢筋进行承载力检验时，应满足下列公式的要求：

$$\gamma_u^0 \geqslant \gamma_0 \eta [\gamma_u] \tag{5.4.5-2}$$

式中 $\eta$——构件承载力检验修正系数，根据现行国家标准《混凝土结构设计规范》（GB 50010—2010)按实配钢筋的承载力计算确定。

构件的承载力检验系数允许值　　　表 5.4-1

| 受力情况 | 达到承载能力极限状态的检验标志 | | $[\gamma_u]$ |
|---|---|---|---|
| 受弯 | 受拉主筋处的最大裂缝宽度达到 1.5mm，或挠度达到跨度的 1/50 | 有屈服点热轧钢筋 | 1.20 |
| | | 无屈服点钢筋（钢丝、钢绞线、冷加工钢筋、无屈服点热轧钢筋） | 1.35 |
| | 受压区混凝土破坏 | 有屈服点热轧钢筋 | 1.30 |
| | | 无屈服点钢筋（钢丝、钢绞线、冷加工钢筋、无屈服点热轧钢筋） | 1.50 |
| | 受拉主筋拉断 | | 1.50 |
| 受弯构件的受剪 | 腹部斜裂缝达到 1.5mm，或斜裂缝末端受压混凝土剪压破坏 | | 1.40 |
| | 沿斜截面混凝土斜压、斜拉破坏，受拉主筋在端部滑脱或其他锚固破坏 | | 1.55 |
| | 叠合构件叠合面、接槎处 | | 1.45 |

承载力检验的荷载设计值是指承载能力极限状态下，根据构件设计控制截面上的内力设计值与构件检验的加载方式，经换算后确定的荷载值（包括自重）。

2. 预制构件的挠度检验应符合下列规定：

（1）当按现行国家标准《混凝土结构设计规范》（GB 50010—2010)规定的挠度允许值进行检验时，应满足下列公式的要求：

$$a_s^0 \leqslant [a_s] \tag{5.4.5-3}$$

式中　$a_s^0$——在检验用荷载标准组合值或荷载准永久组合值作用下的构件挠度实测值；

$[a_s]$——挠度检验允许值。

(2) 构件实配钢筋进行挠度检验或仅检验构件挠度、抗裂或裂缝宽度时,应符合下列公式的要求:

$$a_s^0 \leqslant 1.2 a_s^c \quad (5.4.5\text{-}4)$$

同时,还应符合式(5.4.5-3)的要求。

式中 $a_s^c$——在检验用荷载标准组合值或荷载准永久组合值作用下按实配钢筋确定的构件挠度计算值,按现行国家标准《混凝土结构设计规范》(GB 50010—2010)确定。

检验用荷载标准组合值或荷载准永久组合值是指正常使用极限状态下,采用构件设计控制截面上的荷载标准组合或准永久组合下的弯矩值,并根据构件检验加载方式换算后确定的组合值。

3. 挠度检验允许值 $[a_s]$ 应按下列公式进行计算:

按荷载准永久组合值计算钢筋混凝土受弯构件

$$[a_s] = [a_f]/\theta \quad (5.4.5\text{-}5)$$

按荷载标准组合值计算预应力混凝土受弯构件

$$[a_s] = \frac{M_g}{M_q(\theta-1)+M_k}[a_f] \quad (5.4.5\text{-}6)$$

式中 $M_k$——按荷载标准组合计算的弯矩值;

$M_q$——按荷载准永久组合计算的弯矩值;

$\theta$——考虑荷载长期作用对挠度增大的影响系数,按现行国家标准《混凝土结构设计规范》(GB 50010——2010)确定;

$[a_f]$——受弯构件的挠度限值,按现行国家标准《混凝土结构设计规范》(GB 50010—2010)确定。

4. 预制构件的抗裂检验应满足下列公式的要求:

$$\gamma_{cr}^0 \geqslant [\gamma_{cr}] \quad (5.4.5\text{-}7)$$

$$[\gamma_{cr}] = 0.95 \frac{\sigma_{pc} + \gamma f_{tk}}{\sigma_{ck}} \quad (5.4.5\text{-}8)$$

式中 $\gamma_{cr}^0$——构件的抗裂检验系数实测值,即试件的开裂荷载实测值与荷载标准值(均包括自重)的比值;

$[\gamma_{cr}]$——构件的抗裂检验系数允许值;

$\sigma_{pc}$——由预加力产生的构件抗拉边缘混凝土法向应力值,按现行国家标准《混凝土结构设计规范》(GB 50010—2010)确定;

$\gamma$——混凝土构件截面抵抗矩塑性影响系数,按现行国家标准《混凝土凝土结构设计规范》(GB 50010—2010)确定;

$f_{tk}$——混凝土抗拉强度标准值;

$\sigma_{ck}$——由荷载标准值产生的构件抗拉边缘混凝土法向应力值,按现行国家标准《混凝土凝土结构设计规范》(GB 50010—2010)确定。

5. 预制构件的裂缝宽度检验应满足下列公式要求:

$$\omega_{s.max}^0 \leqslant [\omega_{max}] \qquad (5.4.5-9)$$

式中 $\omega_{s.max}^0$——在荷载标准值下,受拉主筋处的最大裂缝宽度实测值(mm);

$[\omega_{max}]$——构件检验的最大裂缝宽度允许值,按表 5.4-2 取用。

构件检验的最大裂缝宽度允许值(mm)　　　表 5.4-2

| 设计要求的最大裂缝宽度限值 | 0.1 | 0.2 | 0.3 | 0.4 |
|---|---|---|---|---|
| $[\omega_{max}]$ | 0.07 | 0.15 | 0.20 | 0.25 |

6. 预制构件结构性能的检验结果应按下列规定验收:

(1)当预制构件结构性能的全部检验结果均符合以上 1～5 条的检验要求时,该批构件可判为合格。

(2)当预制构件的检验结果不能全部符合上述要求,但又能符合第二次检验的要求时,可再抽两个预制构件进行二次检验。第二次检验的指标,对承载力及抗裂检验系数的允许值应取以上第 1 条和第 4 条规定的允许值减 0.05；对挠度的允许值应取以上第 3 条规定允许值的 1.10 倍。当第二次抽取的两个试件的全部检验结果均符合第二次检验的要求时，该批构件可判为合格。

（3）当第二次抽取的第一个构件的全部检验结果均符合以上第 1~5 条要求时，该批构件的结构性能也可判为合格。

### 5.4.6 检测报告

检测报告应包含以下内容：
（1）工程名称和设计、施工、建设、监理、委托单位名称；
（2）结构或构件检测原因；
（3）检测和报告日期；
（4）被测混凝土预制构件数量及规格；
（5）混凝土预制构件正常使用短期荷载检验值下跨中挠度实测值、抗裂检验系数实测值、承载力检验系数实测值是否满足图集要求；
（6）检测人、审核人和批准人签名及相关报告章。

## 5.5 混凝土后置埋件现场力学性能检测

### 5.5.1 概述

随着旧房改造的全面开展、结构加固工程的增多、建筑装修的普及，后锚固连接技术发展较快，并成为不可缺少的一种新型技术。后锚固相对于先锚（预埋），具有施工简单、使用灵活等优点，我国应用已相当普遍，不仅既有工程，而且新建工程业已广泛采用，但由于国产与进口产品激烈竞争与混用局面，致使生产与使用严重脱节，进而危及整个结构的安全。

后锚固连接与预埋连接相比,可能的破坏形态较多且较为复杂,总体上说,失效概率较大,失效概率与破坏形态密切相关,且直接依赖于后置埋件的种类和锚固参数的设定,因此控制混凝土后置埋件的力学性能尤为重要。其中混凝土后置埋件的抗拔承载力现场检测,根据《建筑工程施工质量验收统一标准》(GB 50300—2013)要求为必检项目。然而破坏性检验会造成一定程度难于处理的基材结构的破坏。承载力现场检验,对于一般结构及非结构构件,可采用非破损检验;对于重要结构及生命线工程非结构构件,应采用破坏性检验,并尽量选在受力较小的次要连接部位。

### 5.5.2 依据标准

1.《建筑锚栓抗拉拔、抗剪性能试验方法》(DG/TJ 08—003—2013)。

2.《混凝土结构后锚固技术规程》(JGJ 145—2013)。

3.《建筑结构加固工程施工质量验收规范》(GB 50550—2010)。

4.《砌体结构工程施工质量验收规范》(GB 50203—2011)。

### 5.5.3 抽样要求

1. 依据 GB 50550—2010 或 JGJ 145—2013 标准

(1) 后锚固件应进行抗拔承载力现场非破损检验,满足下列条件之一时,还应进行破坏性检验:

① 安全等级为一级的后锚固构件;

② 悬挑结构和构件;

③ 对后锚固设计参数有疑问;

④ 对该工程锚固质量有怀疑;

⑤ 仲裁性检验。

(2) 对重要结构构件锚固质量采用破坏性检验方法确有困难时,若该批锚固件的连接系按规范规定进行设计计算,可在征得业主和设计单位同意的情况下，改用非破损抽样检验方法，但必须按表 5.5-1 确定抽样数量。

注：若该批锚固件已进行过破坏性试验，且不合格时，不得要求重作非破损检测。

（3）对一般结构构件，其锚固件锚固质量的现场检验可采用非破损检验方法。

（4）受现场条件限制无法进行原位破坏性检验时，可在工程施工的同时，现场浇筑同条件的混凝土块体作为基材安装锚固件，并应按规定时间进行破坏性检验，且应事先征得设计和监理单位的书面同意，并在现场见证试验（本条规定不适用于仲裁性检验）。

（5）锚固质量现场检验抽样时，应以同品种、同规格、同强度等级的锚固件安装于锚固部位基本相同的同类构件为一检验批，并应从每一检验批所含的锚固件中进行抽样。

（6）现场破坏性检验的抽样，应选择易修复和易补种的位置，取每一检验批锚固件总数的 1‰，且不少于 5 件进行检验。若锚固件为植筋，且种植的数量不超过 100 件时，可仅取 3 件进行检验。仲裁性检验的取样数量应加倍。

（7）现场非破损检验的抽样，应符合下列规定：

① 锚栓锚固质量的非破损检验

a）对重要结构构件❶及生命线工程❷的非结构构件❸，应按表 5.5-1 规定的抽样数量，对该检验批的锚栓进行检验；

---

❶ 重要结构构件：其自身失效将导致相关构件失效，并危及承重结构系统工作的构件；

❷ 生命线工程：指维持城市生存功能系统和对国计民生有重大影响的工程，主要包括供水、排水系统的工程；电力、燃气及石油管线等能源供给系统的工程；电话和广播电视等情报通信系统的工程；大型医疗系统的工程以及公路、铁路等交通系统的工程等。

❸ 非结构构件：除承重骨架体系以外的固定构件和部件，主要包括非承重墙体，附着于楼面和屋面结构的构件、装饰构件和部件、固定于楼面的大型储物架等。

表 5.5-1 重要结构构件及生命线工程的非结构构件锚栓锚固质量非破损检验抽样表

| 检验批的锚栓总数 | ≤100 | 500 | 1000 | 2500 | ≥5000 |
|---|---|---|---|---|---|
| 按检验批锚栓总数计算的最小抽样量 | 20%，且不少于5件 | 10% | 7% | 4% | 3% |

注：当锚栓总数介于两栏数量之间时，可按线性内插法确定抽样数量。

b) 对一般结构构件❶，应取重要结构构件抽样量的50%，且不少于5件进行检验；

c) 对非生命线工程的非结构构件，应取每一检验批锚固件总数的1‰，且不少于5件进行检验。

② 植筋锚固质量的非破损检验

a) 对重要结构构件及生命线工程的非结构构件，应取每一检验批植筋总数的3%，且不少于5件进行检验；

b) 对一般结构构件，应取每一检验批植筋总数的1%，且不少于3件进行检验；

c) 对非生命线工程的非结构构件，应取每一检验批锚固件总数的1‰，且不少于3件进行检验。

(8) 胶粘的锚固件，其检验宜在锚固胶达到其产品说明书标示的固化时间的当天进行，但不得超过7d进行。若因故需推迟抽样与检验日期，除应征得监理单位同意外，且不得超过3d。

(9) 按 JGJ 145—2013 标准要求：用于植筋的钢筋应使用热轧带肋钢筋或全螺纹螺杆，不得使用光圆钢筋和锚入部位无螺纹的螺杆。

2. 依据 DG/TJ 08—003—2013 标准

(1) 抗拉拔承载力性能试验时，应以同品种、同规格、同强度等级的锚栓为一检验批。对用于施工工程现场的锚栓，其还应

---

❶ 一般结构构件：其自身失效不会导致主要构件失效的构件。

包括安装于锚固部位基本相同的同类构件；

（2）批锚栓试件数量应按下述选取：

① 施工工程现场

a）破坏性试验，试件数量均不应少于3件；

b）非破坏性试验：一般结构构件，试件数量均不应少于3件；重要结构构件，试件数量均不应少于5件。

② 实验室进行的试验：试件数量均不应少于5件。

3. 依据 GB 50203—2011 标准

填充墙与承重墙、柱、梁的连接钢筋，当采用化学植筋的连接方式时，应进行实体检测。抽检数量按表5.5-2确定。

检验批抽检锚固钢筋样本最小容量　　　表5.5-2

| 检验批的容量 | 样本最小容量 | 检验批的容量 | 样本最小容量 |
| --- | --- | --- | --- |
| ≤90 | 5 | 281～500 | 20 |
| 91～150 | 8 | 501～1200 | 32 |
| 151～280 | 13 | 1201～3200 | 50 |

### 5.5.4 技术要求

1. 按 JGJ 145—2013 要求

（1）非破损检验的评定，应按下列规定进行：

① 荷载检验值：应取 $0.9f_{yk}A_s$ 和 $0.8N_{Rk,*}$ 的较小值。$f_{yk}$ 为钢材屈服强度标准值，$A_s$ 为钢材截面积，$N_{Rk,*}$ 为非钢材破坏承载力标准值。

② 试样在持荷期间，锚固件无滑移、基材混凝土无裂纹或其他局部损坏迹象出现，且加载装置的荷载示值在2min内无下降或下降幅度不超过5%的检验荷载时，应评定为合格；

③ 一个检验批所抽取的试样全部合格时，该检验批应评定为合格检验批；

④ 一个检验批中不合格的试样不超过5%时，应另抽3根试

样进行破坏性检验,若检验结果全部合格,该检验批仍可评定为合格检验批;

⑤ 一个检验批中不合格的试样超过5%时,该检验批应评定为不合格,且不应重做检验。

(2) 锚栓破坏性检验发生混凝土破坏,检验结果满足下列要求时,其锚固质量应评定为合格:

$$N_{Rm}^c \geqslant \gamma_{u,lim} N_{Rk,*} \quad (5.5-1)$$

$$N_{Rmin}^c \geqslant N_{Rk,*} \quad (5.5-2)$$

式中　$N_{Rm}^c$——受检验锚固件极限抗拔力实测平均值(N);

$N_{Rmin}^c$——受检验锚固件极限抗拔力实测最小值(N);

$N_{Rk,*}$——混凝土破坏受检验锚固件极限抗拔力标准值(N);

$\gamma_{u,lim}$——锚固承载力检验系数允许值,取为1.1。

(3) 锚栓破坏性检验发生钢材破坏,检验结果满足下列要求时,其锚固质量应评定为合格;

$$N_{Rmin}^c \geqslant \frac{f_{stk}}{f_{yk}} N_{Rk,s} \quad (5.5-3)$$

式中　$N_{Rmin}^c$——受检验锚固件极限抗拔力实测最小值(N);

$N_{Rk,s}$——锚栓钢材破坏受拉承载力标准值(N);

(4) 筋破坏性检验结果满足下列要求时,其锚固质量应评定为合格;

$$N_{Rm}^c \geqslant 1.45 f_y A_s \quad (5.5-4)$$

$$N_{Rmin}^c \geqslant 1.25 f_y A_s \quad (5.5-5)$$

式中　$N_{Rm}^c$——受检验锚固件极限抗拔力实测平均值(N);

$N_{Rmin}^c$——受检验锚固件极限抗拔力实测最小值(N);

$f_y$——植筋用钢筋的抗拉强度设计值(N/mm²);

$A_s$——钢筋截面面积(mm²)。

(5) 当检验结果不满足上述的规定时,应判定该检验批后锚固连接不合格,并应会同有关部门根据检验结果,研究采取专门措施处理。

2. 按 DJ/TJ 08-003-2013 计算评定

(1) 位移值的计算按以下方法确定单项任一给定荷载试验的位移:

① 锚栓抗拉拔试验位移按式(5.5-6)计算:

$$\Delta T = \frac{1}{2}(A_N - A_1 + B_N - B_1) \quad (5.5\text{-}6)$$

式中 $\Delta T$——锚栓抗拉拔试验位移,单位为毫米(mm);

$A_N$、$B_N$——加载至第 $N$ 级荷载时,A、B 百分表或位移传感器的读数值(mm);

$A_1$、$B_1$——初始荷载时 A、B 百分表或位移传感器的初始读数值(mm)。

② 试验结果以锚栓抗拉拔试验破坏时位移值或荷载检验值时的位移值的算术平均值和最大值表示,精确至 0.1mm。

(2) 荷载值的计算应按以下方法确定:

① 分别计算锚栓抗拉拔试验破坏时荷载值或荷载检验值的算术平均值并确定最小值;

② 试验结果分别以锚栓抗拉拔试验破坏时荷载值或荷载检验值的算术平均值和最小值表示,精确至 0.1kN;

(3) 当规定以抗拉拔的位移值作为判定依据时,以该组试件位移值的算术平均值和最大值表示;

(4) 当规定以抗拉拔的荷载作为判定依据时,以该组试件破坏荷载值或荷载检验值的算术平均值和最小值表示。

3. 按 GB 50203—2011 计算评定

(1) 抽检钢筋在检验值作用下应基材无裂缝、钢筋无滑移宏观裂损现象;持荷 2 min 期间荷载值降低不大于 5%;

(2) 检验批验收可按表 5.5-3、表 5.5-4 通过正常检验一次、二次抽样判定。

正常一次性抽样的判定  表 5.5-3

| 样本容量 | 合格判定数 | 不合格判定数 | 样本容量 | 合格判定数 | 不合格判定数 |
| --- | --- | --- | --- | --- | --- |
| 5 | 0 | 1 | 20 | 2 | 3 |
| 8 | 1 | 2 | 32 | 3 | 4 |
| 13 | 1 | 2 | 50 | 5 | 6 |

正常二次性抽样的判定  表 5.5-4

| 抽样次数与样本容量 | 合格判定数 | 不合格判定数 | 抽样次数与样本容量 | 合格判定数 | 不合格判定数 |
| --- | --- | --- | --- | --- | --- |
| (1)-5<br>(2)-10 | 0<br>1 | 2<br>2 | (1)-20<br>(2)-40 | 1<br>3 | 3<br>4 |
| (1)-8<br>(2)-16 | 0<br>1 | 2<br>2 | (1)-32<br>(2)-64 | 2<br>6 | 5<br>7 |
| (1)-13<br>(2)-26 | 0<br>3 | 3<br>4 | (1)-50<br>(2)-100 | 3<br>9 | 6<br>10 |

4. 按 GB 50550—2010 计算评定

(1) 非破损检验的荷载检验值应符合下列规定：

① 对植筋，应取 $1.15N_t$ 作为检验荷载；

② 对锚栓，应取 $1.3N_t$ 作为检验荷载。

注：$N_t$ 为锚固件连接受拉承载力设计值，应由设计单位提供；检测单位及其他单位均无权自行确定。

(2) 非破损检验的评定，应根据所抽取的锚固试样在持荷期间的宏观状态，按下列规定进行：

① 当试样在持荷期间锚固件无滑移，基材混凝土无裂纹或者其他局部损坏迹象出现，且施荷装置的荷载示值在 2min 内无下降或者下降幅度不超过 5% 的检验荷载时，应评定其锚固质量合格；

② 当一个检验批所抽取的试样全部合格时，应评定该批为合格批；

③ 当一个检验批所抽取的试样中仅有 5% 或者 5% 以下不合

格(不足一根,按一根计)时,应另抽 3 根试样进行破坏性检验。若检验结果全数合格,该检验批仍可评为合格批;

④ 当一个检验批所抽取的试样中超过 5%(不足一根,按一根计)不合格时,应评定该批为不合格批,且不得重做任何检验。

(3) 破坏性检验结果的评定,应按下列规定进行:

① 当检验结果符合下列要求时,其锚固质量评为合格:

$$N_{u,m} \geqslant [\gamma_u] N_t \qquad (5.5-7)$$

$$N_{u,min} \geqslant 0.85 N_{u,m} \qquad (5.5-8)$$

式中 $N_{u,m}$——受检验锚固件极限抗拔力实测平均值;

$N_{u,min}$——受检验锚固件极限抗拔力实测最小值;

$N_t$——受检验锚固件连接的轴向受拉承载力设计值;

$[\gamma_u]$——破坏性检验安全系数,按表 5.5-5 取用

② 当 $N_{u,m} < [\gamma_u] N_t$,或 $N_{u,min} < 0.85 N_{u,m}$ 时,应评该锚固质量不合格。

检验用安全系数 $[\gamma_u]$ 表 5.5-5

| 锚固件种类 | 破坏类型 | |
|---|---|---|
| | 钢材破坏 | 非钢材破坏 |
| 植筋 | ≥1.45 | — |
| 锚栓 | ≥1.65 | ≥3.5 |

### 5.5.5 检测报告

检测报告应包含以下内容:

(1) 工程名称和施工、建设、监理、委托单位名称;

(2) 检测和报告日期;

(3) 检测部位,品种,后置埋件直径,埋深,施工日期,混凝土设计强度等级及锚固材料;

(4) 给出每个后置埋件的抗拉负荷及检测后后置埋件状态描述;

(5) 检测人、审核人和批准人签名及相关报告章。

# 6 钢结构工程检测

## 6.1 钢结构工程用钢

### 6.1.1 概述

钢结构是以金属板材、管材和型材等热轧钢材或冷弯成型的薄壁型钢，在基本上不改变其断面特征的情况下经加工组装而成的结构，它具有总重量轻、跨度大、用料少、造价低、节省基础、施工周期短、安全可靠、造型美观等优点。钢结构工程广泛应用于单层工业厂房、仓库、商业建筑、办公大楼、多层停车场及民宅等建筑物。

钢结构工程用钢作为组成钢结构的主体材料，直接影响着结构的安全使用。建筑钢结构用钢必须具有较高的强度，较好的塑性、韧性，良好的冷、热加工和焊接性能，必要时还应该具有适应低温、有害介质侵蚀（包括大气锈蚀）以及重复荷载作用等性能。这些是建筑钢结构设计计算、制作、安装和安全使用所必须保证的指标。

钢结构工程用钢主要包括中厚板、彩涂板、冷轧板、H型钢等各类型钢以及焊接钢管等。

### 6.1.2 依据标准

1.《钢结构工程施工质量验收规范》（GB 50205—2001）。
2.《钢网架检验及验收标准》（JG 12—1999）。

3.《优质碳素结构钢》(GB/T 699—1999)。

4.《碳素结构钢》(GB/T 700—2006)。

5.《热轧工字钢尺寸、外形、重量及允许偏差》(GB/T 706—2008)。

6.《热轧槽钢尺寸、外形、重量及允许偏差》(GB/T 707—1988)。

7.《热轧钢板和钢带的尺寸、外形、重量及允许偏差》(GB/T 709—2006)。

8.《桥梁用结构钢》(GB/T 714—2000)。

9.《碳素结构钢和低合金结构钢热轧薄钢板和钢带》(GB/T 912—2008)。

10.《不锈钢棒》(GB/T 1220—2007)。

11.《低合金高强度结构钢》(GB/T 1591—2008)。

12.《连续热镀锌薄钢板和钢带》(GB/T 2518—2004)。

13.《碳素结构钢和低合金结构钢热轧厚钢板和钢带》(GB/T 3274—2007)。

14.《碳素结构钢和低合金结构钢热轧钢带》(GB/T 3524—2005)。

15.《高耐候结构钢》(GB/T 4171—2000)。

16.《焊接结构用耐候钢》(GB/T 4172—2000)。

17.《厚度方向性能钢板》(GB/T 5313—1985)。

18.《通用冷弯开口型钢尺寸、外形、重量及允许偏差》(GB/T 6723—2008)。

19.《冷弯型钢》(GB/T 6725—2002)。

20.《结构用冷弯空心型钢尺寸、外形、重量及允许偏差》(GB/T 6728—2002)。

21.《结构用无缝钢管》(GB/T 8162—1999)。

22.《热轧等边角钢尺寸、外形、重量及允许偏差》(GB/T 9787—1988)。

23.《热轧不等边角钢尺寸、外形、重量及允许偏差》(GB/T 9788—1988)。

24.《热轧L型钢尺寸、外形、重量及允许偏差》(GB/T 9946—1988)。

25.《热轧H型钢和剖分T型钢》(GB/T 11263—2005)。

26.《建筑用轻钢龙骨》(GB/T 11981—2008)。

27.《彩色涂层钢板及钢带》(GB/T 12754—2006)。

28.《建筑用压型钢板》(GB/T 12755—2008)。

29.《建筑结构用钢板》(GB/T 19879—2005)。

30.《焊接H型钢》(YB/T 3301—2005)。

31.《高层建筑结构用钢板》(YB 4104—2000)。

32.《结构用高强度耐候焊接钢管》(YB/T 4112—2002)。

### 6.1.3 检验内容和使用要求

1. 检测范围

根据《钢结构工程施工质量验收规范》(GB 50205—2001)规定,以下情况应对钢结构工程用钢进行见证取样复验:

(1) 国外进口钢材,但有国家出入境检验部门的检验报告且检验项目内容能涵盖设计和合同要求的除外;

(2) 钢材混批;

(3) 板厚等于或大于40mm,且设计有Z向性能要求的厚板;

(4) 建筑结构安全等级为一级,对大跨度钢结构中主要受力构件所采用的钢材;

(5) 设计有复验要求的钢材;

(6) 对质量有疑义的钢材。

主要指对质量证明文件真伪有疑义、质量证明文件不全(如缺少合格证、材质单等)、质量证明文件中的内容少于设计要求的项目(如强度、化学成分等主要指标)等钢材。

2. 检验内容

钢结构工程用钢应按现行国家产品标准进行检验，检测项目如下：

（1）对于承重结构选用的钢材，应进行抗拉强度，断后伸长率，屈服强度以及硫、磷等元素含量分析的试验；

（2）对于焊接结构用钢，还应进行碳含量以及影响碳含量计算的锰、镍、铬等元素含量分析的试验；

（3）对于焊接承重结构及重要的非焊接承重结构用钢材，还应进行冷弯试验；

（4）对于需要验算疲劳的焊接结构钢材，重要的受拉或受弯的焊接结构件，还应进行冲击性能试验；

（5）对于板厚等于或大于40mm，且设计有Z向性能要求的厚板，还应进行硫含量分析的试验和板厚方向的断面收缩率试验。

3. 使用要求

（1）当钢材表面有锈蚀、麻点或划痕等缺陷时，其深度不得大于该钢材厚度负允许偏差值的1/2。

（2）钢材表面的锈蚀等级应符合现行国家标准《涂装前钢材表面锈蚀等级和除锈等级》（GB 8923—1988)规定的C级及C级以上。

（3）钢材端边或断口处不应有分层、夹渣等缺陷。

### 6.1.4 取样要求

1. 取样批量和数量

常用钢材试样（化学分析和力学性能）取样要求和数量见表6.1-1。表中的批由同一牌号、同一质量等级、同一炉罐号、同一品种、同一尺寸、同一交货状态组成。一般情况下，每批的重量应不大于60t。

**常用钢材试样(化学分析和力学性能)取样批量和数量**　　表 6.1-1

| 项目＼种类 | 化学成分 | 拉伸试验 | 弯曲试验 | 常温冲击 | 低温冲击 | 时效冲击 | Z向性能 | 超声波探伤 |
|---|---|---|---|---|---|---|---|---|
| 碳素结构钢 | 1/炉罐 | 1/批 | 1/批 | 3/批 | 3/批 | — | — | — |
| 优质碳素结构钢 | 1/炉罐 | 2/批 | — | 2/批 | | | | |
| 低合金高强度结构钢 | 1/炉罐 | 1/批 | 1/批 | 3/批 | 3/批 | — | — | — |
| 焊接结构用耐候钢 | 1/炉罐 | 1/批 | 1/批 | 3/批 | — | | | |
| 高耐候结构钢 | 1/炉罐 | 1/批 | 1/批 | | | | | |
| 桥梁结构钢 | 1/炉罐 | 1/批 | 1/批 | 3/批 | 3/批 | 3/批 | | |
| 高层建筑用钢 | 1/炉罐 | 1/批 | 1/批 | 3/批 | 3/批 | | 3/批 | 逐张 |

2. 取样方法

力学性能试验用样坯的取样应按照钢材产品标准的规定进行，产品标准未规定时，应按国家标准《钢和钢产品力学性能试验取样位置及试样制备》(GB/T 2975—1998)进行。常用的样坯切取方法有冷剪法、火焰切割法、砂轮片切割法、锯切法等，无论采取哪种方法，都应遵循以下原则：

（1）应在外观及尺寸合格的钢产品上取样，试料应有足够的尺寸以保证机器加工出足够的试样进行规定的试验及复验。

（2）取样时，应对样坯和试样做出不影响其性能的标记，以保证始终能识别取样的位置和方向。

（3）取样的方向应按产品标准规定或双方协议执行。

（4）切取样坯时，应防止因过热、加工硬化而影响其力学及工艺性能。

采用火焰切割法取样时，由于材料是在火焰喷嘴下熔化而使样坯从整体中分离出来，在熔化区附近，材料承受了一个从熔化到相变点以下大温度区域,这一局部的高温将会引起材料性能的很大变化,因此,从样坯切割线至试样边缘必须留有足够的切割余量,以便通过试样加工将过热区的材料去除而不影响试样的性能。这一余量的规定为:一般应不小于钢材的厚度或直径,但最小不得少于20mm。对于厚度或直径大于60mm的钢材,其切割余量可根据供需双方协议适当减少。同理,采用冷剪法切取样坯时,在冷剪边缘会产生塑性变形,厚度或直径越大,塑性变形的范围也越大,为此,必须按表6.1-2留下足够的剪割余量。

冷剪样坯所留加工余量　　　　　　表6.1-2

| 厚度或直径(mm) | 加工余量(mm) | 厚度或直径(mm) | 加工余量(mm) |
| --- | --- | --- | --- |
| ≤4 | 4 | >20~35 | 15 |
| >4~10 | 厚度或直径 | >35 | 20 |
| >10~20 | 10 | | |

钢材的化学分析应按国家标准《钢和铁　化学成分测定用试样的取样和制样方法》(GB/T 20066—2006)进行,样品可以从按照产品标准中规定的取样位置取样,也可以从抽样产品中取得的用作力学性能试验的材料上取样。试样可用机械切削或用切割器从抽样产品中取得。

### 6.1.5 技术要求

钢材应符合现行国家产品标准和设计要求。钢材的某个检验项目不合格时,可按该产品标准规定的方法进行复验。

### 6.1.6 检测报告

检测报告中应包含委托单位、工程名称、检测对象、材料牌号、检测依据标准、检测结果、检测结论、检测人、审核人和批准人签名及相关报告章。

## 6.2 焊接材料

### 6.2.1 概述

焊接连接是钢结构的重要连接形式之一,其连接质量直接关系结构的安全使用。焊接材料对焊接施工质量影响重大,因此焊接材料的品种、规格、性能除应按设计要求选用外,同时应符合相应的国家现行产品标准的要求。

### 6.2.2 依据标准

1.《堆焊焊条》(GB/T 984—2001)。
2.《碳钢焊条》(GB/T 5117—1995)。
3.《低合金钢焊条》(GB/T 5118—1995)。
4.《埋弧焊用碳钢焊丝和焊剂》(GB/T 5293—1999)。
5.《气体保护电弧焊用碳钢、低合金钢焊丝》(GB/T 8110—2008)。
6.《碳钢药芯焊丝》(GB/T 10045—2001)。
7.《熔化焊用钢丝》(GB/T 14957—1994)。
8.《低合金钢药芯焊丝》(GB/T 17493—2008)。
9.《埋弧焊用低合金钢焊丝和焊剂》(GB/T 12470—2003)。
10.《氩》(GB/T 4842—2006)。
11.《焊接用二氧化碳》(HG/T 2537—1993)。
12.《电弧螺柱焊用圆柱头焊钉》(GB/T 10433—2002)。

### 6.2.3 检验内容和使用要求

1. 检测范围

《钢结构工程施工质量验收规范》(GB 50205—2001)规定出现以下重要的钢结构工程的焊接材料进行见证取样复验:

（1）建筑结构安全等级为一级的一、二级焊缝。

（2）建筑结构安全等级为二级的一级焊缝。

（3）大跨度结构中一级焊缝。

（4）重级工作制吊车梁结构中一级焊缝。

（5）设计要求。

（6）对质量有疑义的焊材。

主要指对质量证明文件真伪有疑义、质量证明文件不全（如缺少合格证、材质单等）、质量证明文件中的内容少于设计要求的项目（如强度、化学成分等主要指标）等焊材。

2. 检验内容

钢结构中常用的焊接材料应按现行国家产品标准进行检验，常用的检验项目有钢丝的化学成分、熔敷金属的化学成分、熔敷金属的力学性能以及焊条药皮的含水量等。

3. 使用要求

（1）焊条外观不应有药皮脱落、焊芯生锈等缺陷；焊剂不应受潮结块。

（2）焊条、焊丝、焊剂、电渣焊熔嘴焊接材料与母材的匹配应符合设计要求及国家现行行业标准《建筑钢结构焊接技术规程》（JGJ 81—2002）的规定。焊条、药芯焊丝、焊剂、熔嘴等在使用前，应按其产品说明书及焊接工艺文件的规定进行烘焙和存放。

### 6.2.4 取样要求

1. 取样批量和数量

每一生产批号取一个样。

2. 熔敷金属制样要求

焊接材料除钢丝外，一般在专门制备的熔敷金属试板上进行化学成分和力学性能试验。下面以碳钢药芯焊丝为例介绍熔敷试板的制样。

(1) 熔敷金属化学成分制样

熔敷金属化学分析试件一般应在平焊位置多层堆焊制成，堆焊的熔敷金属最小尺寸为40mm×13mm×13mm。试件堆焊的道间温度应不超过165℃，每道焊完后可将试块浸入水中冷却。此外化学分析试样也可以从力学性能试验用试件的熔敷金属上制取，仲裁试验用化学分析试样应按上述规定制取。

(2) 熔敷金属力学性能试验制样

试件的焊接应在平焊位置进行，焊接后角变形大于5°的试件应予以报废，焊后试件不允许矫正。为防止角变形超过5°，应预做反变形或在焊接过程中使试件受到拘束。试板应先定位焊，然后在试板温度不低于16℃时开始焊接，道间温度应控制在150±15℃，如果中断焊接，允许试件在室温下的静止空气中冷却。重新施焊时试件应预热至150±15℃。

### 6.2.5 技术要求

焊接材料应符合现行国家产品标准和设计要求。焊接材料的某个检验项目不合格时，可按该产品标准规定的方法进行复验。

### 6.2.6 检测报告

检测报告中应包含委托单位、工程名称、检测对象、材料牌号、检测依据标准、检测结果、检测结论、检测人、审核人和批准人签名及相关报告章。

## 6.3 紧固件连接工程

### 6.3.1 概述

紧固件连接是钢结构连接的主要形式，特别是高强度螺栓连接，更是钢结构连接最重要的形式之一。高强度大六角头螺栓连接副的扭矩系数、扭剪型高强度螺栓连接副的紧固轴力(预拉力)是影响高强度螺栓连接质量非常重要的因素,也是施工的重要依据,因此除要求生产厂家在出厂前要进行检验,且出具检验报告外,施工单位还应在使用前及产品质量保证期内及时抽样复验。

高强度螺栓连接抗滑移系数也是高强度螺栓连接的主要设计参数之一,直接影响连接的承载力,因此连接摩擦面无论由制造厂处理还是由现场处理,均应进行抗滑移系数测试。

### 6.3.2 依据标准

1.《六角头螺栓》(GB/T 5782—2000)。
2.《六角头螺栓 C 级》(GB/T 5780—2000)。
3.《钢结构用高强度大六角头螺栓》(GB/T 1228—2006)。
4.《钢结构用高强度大六角螺母》(GB/T 1229~1231—2006)。
5.《钢结构用高强度垫圈》(GB/T 1230—2006)。
6.《钢结构用高强度大六角头螺栓、大六角螺母、垫圈技术条件》(GB/T 1231—2006)。
7.《钢结构用扭剪型高强度螺栓连接副》(GB/T 3632—2008)。
8.《钢结构工程施工质量验收规范》(GB 50205—2001)。

其他紧固件,如有现行国家产品标准的,采用国标验收,没有现行国家产品标准的,应采用进口国产品标准或生产厂家的企业标准验收。

### 6.3.3 检验内容

高强度大六角头螺栓连接副的扭矩系数、扭剪型高强度螺栓连接副的紧固轴力(预拉力)和高强度螺栓连接抗滑移系数。

### 6.3.4 取样要求

1. 高强度大六角头螺栓连接副和扭剪型高强度螺栓连接副

的取样

高强度大六角头螺栓连接副和扭剪型高强度螺栓连接副的检验应按批进行,同一材料、炉号、螺纹规格、长度(当螺栓长度不大于 100mm 时,长度相差不大于 15mm;螺栓长度大于 100mm 时,长度相差不大于 20mm,可视为同一长度)、机械加工、热处理工艺及表面处理工艺的螺栓为同批;同一材料、炉号、螺纹规格、机械加工、热处理工艺及表面处理工艺的螺母为同批;同一材料、炉号、规格、机械加工、热处理工艺及表面处理工艺的垫圈为同批。由同批螺栓、螺母及垫圈组成的连接副为同批连接副。同批连接副的最大批量为 3000 套,检验时每批抽取 8 套。

2. 高强度螺栓连接抗滑移系数样品的制作

高强度螺栓连接抗滑移系数试验在专门制作的双摩擦面的二栓拼接的拉力试件上进行,制造厂和安装单位应分别以钢结构制造批为单位进行抗滑移系数试验,制造批可按分部子分部工程划分规定的工程量每 2000t 为一批,不足 2000t 的可视为一批,选用两种及两种以上表面处理工艺时每种处理工艺应单独检验。试件与所代表的钢结构件应为同一材质、同批制作、采用同一摩擦面处理工艺和具有相同的表面状态,并应用同批同一性能等级的高强度螺栓连接副,在同一环境条件下存放。每批三组试件,试件如图 6.3-1 所示,试件规格按《钢结构工程施工质量验收规范》(GB 50205—2001)执行。

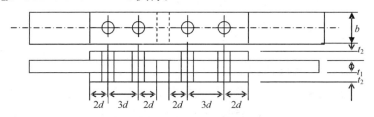

图 6.3-1 抗滑移系数二栓拼接的拉力试件

### 6.3.5 技术要求
紧固件应符合现行国家产品标准和设计要求。

### 6.3.6 检测报告
检测报告中应包含委托单位、工程名称、检测对象、性能等级、检测依据标准、检测结果、检测结论、检测人、审核人和批准人签名及相关报告章。

## 6.4 网架节点承载力检验

### 6.4.1 概述
钢网架结构作为一种空间铰接杆件体系，是一种高次超静定结构，当一根杆件退出工作，它可能很快形成一个失稳带而使整个结构破坏。

### 6.4.2 依据标准
1. 《钢网架螺栓球节点用高强度螺栓》(GB/T 16939—2016)。
2. 《钢结构工程施工质量验收规范》(GB 50205—2001)。
3. 《钢网架螺栓球节点》(JG/T 10—2009)。
4. 《钢网架焊接球节点》(JG/T 11—2009)。
5. 《网架结构工程质量检验评定标准》(JGJ 78—1991)。
6. 《钢网架检验及验收标准》(JG 12—1999)。

### 6.4.3 检验内容
《钢结构工程施工质量验收规范》(GB 50205—2001)规定对建筑结构安全等级为一级，跨度40m及以上的公共建筑钢网架结构，且设计有要求时，应对焊接球节点和螺栓球节点进行节点承载力试验。

（1）焊接球节点应按设计指定规格的球及其匹配的钢管焊接成试件，进行单向受拉、受压承载力试验；

（2）螺栓球节点应按设计指定规格的球最大螺栓孔螺纹进行抗拉强度保证荷载试验。

#### 6.4.4 取样要求

每项试验每批随机取3个试件进行试验。

#### 6.4.5 技术要求

1. 焊接球节点单向受拉、受压承载力试验破坏荷载值应大于或等于1.6倍设计承载力。

2. 螺栓球节点抗拉强度保证荷载试验当达到螺栓的设计承载力时，螺孔、螺纹及封板仍完好无损为合格。

#### 6.4.6 检测报告

检测报告中应包含委托单位、工程名称、检测对象、性能等级、检测依据标准、检测结果、检测结论、检测人、审核人和批准人签名及相关报告章。

## 6.5 钢结构工程无损检测

#### 6.5.1 概述

钢结构工程质量验收需要采用常规无损检测方法进行。常规无损检测方法包括超声波检测、射线检测、磁粉检测和渗透检测。钢结构工程无损检测的主要对象是金属焊缝接头和金属原材料。超声波检测主要检测金属焊缝接头和钢板内部缺陷，射线检测主要检测金属焊缝接头内部缺陷，磁粉检测主要检测铁磁性金属材料焊缝接头和重要部件表面缺陷,渗透检测主要检测奥氏体不锈钢金属材料焊接接头和重要部件表面缺陷。

1. 超声波检测(简称:UT)

钢结构检测中使用的仪器是 A 型反射式超声波探伤仪,超声波探伤仪通过探头发射超声波进入焊缝内部,若焊缝内部存在缺陷,超声波声束经缺陷反射后被探头接收,探伤人员根据荧光屏回波显示判断焊缝内部是否存在缺陷和缺陷质量等级。缺陷回波反射受许多方面因素的影响:如探头参数、焊缝参数、缺陷形状取向等。超声波探伤所得到的缺陷信号是被当量化的量,也就是说"相当于某一种类、某一尺寸的人工缺陷"的量,探伤人员可以根据缺陷回波的技术参数来判断可能的缺陷性质和实际大小。

2. 射线检测(简称:RT)

利用工业 X 射线机发射的 X 射线或放射性同位素产生的 γ 射线穿过焊缝材料,缺陷处和无缺陷处的钢材(焊缝)吸收射线能力有差别,使置于背面的射线胶片得到不同的射线能量,经暗室处理产生留有缺陷影像的射线底片,探伤人员可以根据底片所反映的缺陷对其进行直观的定性、定量评定。但射线照相探伤同样也受到诸如薄形缺陷方向性、射线因透照场散射线、大厚度难以选择射线源、对现场防护和用电安全要求高等因素的影响。

3. 磁粉检测(简称:MT)

利用铁磁性材料表面或近表面处缺陷产生的漏磁场吸附磁粉来达到检测钢结构表面质量的目的。其局限性在于只能检测铁磁性材料,且需要选择磁化装置和磁化规范等参数。磁粉检测速度快、成本低、操作简单实用,它是验证、检查钢结构表面质量的有效方法,尤其是采用多方向磁化或旋转磁场磁化法对类似表面裂缝的检查。

4. 渗透探伤(简称：PT)

通过喷洒、刷涂或浸渍等方法将渗透能力很强的渗透剂施加到已清洗干净的钢结构构件表面，待渗透液因毛细管作用原理渗入表面开口缺陷内后，擦拭祛除表面多余渗透液再均匀地施加显像剂，显像剂能够将已渗入缺陷中的渗透液引到表面来，探伤人员就可以通过显像剂与渗透液的反差或利用荧光作用在紫外线灯下观察到与缺陷实际走向、尺寸相符的缺陷显像痕迹。

### 6.5.2 依据标准

1.《钢结构工程质量验收规范》(GB 50205—2001)。
2.《焊缝无损检测超声检测技术、检测等级和评定》(GB/T 11345—2013)。
3.《钢结构超声波探伤及质量分级法》(JG/T 203—2007)。
4.《厚钢板超声波检验方法》(GB/T 2970—2004)。
5.《城市桥梁工程施工质量验收规范》(DGJ 08—117—2005)。
6.《金属熔化焊焊接接头射线照相》(GB/T 3323—2005)。
7.《无损检测 焊缝磁粉检测》(JB/T 6061—2007)。
8.《无损检测 焊缝渗透检测》(JB/T 6062—2007)。
9.《钢结构焊接规范》(GB 50661—2012)。

### 6.5.3 抽样要求

1. 焊接球焊缝应进行无损检测，检查按每一规格数量的5%进行抽查，且不应少于3个。

2. 设计要求全熔透的一级和二级焊缝应采用超声波探伤进行内部缺陷的检验，若超声波探伤不能对缺陷作出判断时，应采用射线探伤。检测频率见表6.5-1。

碳素结构钢应在焊缝冷却到环境温度、低合金结构钢应在完成焊接 24h 以后，进行焊缝探伤检验。

3. 根据《城市桥梁工程施工质量验收规范》（DGJ 08—117—2005），上海地区新建、改建、扩建的城市各类桥梁（包括轨道交通高架桥、人行天桥等），全熔透的一级和二级焊缝用超声波进行内部缺陷的检验，超声波探伤不能对缺陷作出判断时，应采用射线探伤。检测比例见表 6.5-2。

### 6.5.4 技术要求

1. 焊接球焊缝应进行无损检测，其质量应符合设计要求，当设计无要求时应符合表 6.5-1 中规定的二级质量标准。

2. 一、二级焊缝质量应符合表 6.5-1 的要求。

**一、二级焊缝质量等级及缺陷分类**　　　　表 6.5-1

| 焊缝质量等级 | | 一级 | 二级 |
|---|---|---|---|
| 内部缺陷超声波探伤 | 评定等级 | Ⅱ | Ⅲ |
| | 检验等级 | B 级 | B 级 |
| | 探伤比例 | 100% | 20% |
| 内部缺陷射线探伤 | 评定等级 | Ⅱ | Ⅲ |
| | 检验等级 | AB 级 | AB 级 |
| | 探伤比例 | 100% | 20% |

注：探伤比例的计算方法应按以下原则确定：
1. 对工厂制作焊缝，应按每条焊缝计算百分比，且探伤长度应不小于 200mm，当焊缝长度不足 200mm 时应对整条焊缝进行探伤；
2. 对现场安装焊缝，应按同一类型、同一施焊条件的焊缝条数计算百分比，探伤长度应不小于 200mm，并不少于 1 条焊缝。

一级和二级焊缝表面不得存在裂纹、表面气孔、夹渣和弧坑裂纹等表面缺陷。一般碳钢和合金钢焊缝应采用磁粉检测进行检测，对于不具有铁磁性特性的奥氏体不锈钢焊缝而言，应采用渗透检测。

3. 城市桥梁工程焊缝超声波探伤范围及检验等级见表 6.5-2。

**焊缝超声波探伤内部质量等级** 表 6.5-2

| 焊缝质量级别 | 探伤比例 | 探伤部位(mm) | 板厚(mm) | 检验等级 |
|---|---|---|---|---|
| Ⅰ、Ⅱ级横向对接焊缝 | 100% | 全长 | 10～46 | B |
| | | | >46～56 | B(双面双侧) |
| Ⅱ级纵向对接焊缝 | 100% | 焊缝两端各1000 | 10～46 | B |
| | | | >46～56 | B(双面双侧) |
| Ⅱ级角焊缝 | 100% | 两端螺栓孔部位并延长500,板梁主梁及纵横梁跨中加探1000 | 10～46 | B |
| | | | >46～56 | B(双面双侧) |

超声波缺陷等级评定有特定规定,缺陷评级根据缺陷指示长度判定,Ⅰ、Ⅱ级焊缝判定中单个缺陷指示长度与板厚之间关系产生变化,缺陷指示长度小于8mm,按5mm计算。

Ⅰ级对接焊缝按照接头数量的10%进行射线检测,检测范围为该抽检焊缝两端各拍一张,检测长度250～300mm,若该焊缝总长大于1.2m,则焊缝中部加拍一张,检测长度为250～300mm。焊缝射线检测质量等级为B级,Ⅱ级合格。

### 6.5.5 检测报告

检测报告中应包含委托单位、工程名称、检测对象、材料牌号、仪器设备、校准试块、检测依据标准、检测数量、检测部位示意图、检测时机、检测结果、检测人、审核人和批准人签名及相关报告章。

# 7 建筑幕墙和门窗工程检测

## 7.1 建筑幕墙

### 7.1.1 概述

近十余年来，建筑幕墙作为建筑物外围护结构的工程越来越多。建筑幕墙是由玻璃、铝板、石材等面板材料与铝合金型材等金属框架组成的、不承担主体结构所传递荷载和作用的外围护结构。建筑幕墙与传统外墙相比较其优点是：有较好的建筑艺术效果；墙体自重轻；干作业便于施工；工业化程度高；便于维护；适用于老工程改造。其缺点是：造价较高；抗风、抗震性能较弱；能耗较大；光反射影响。

建筑幕墙可分为：构件式幕墙、单元式幕墙、点支承式玻璃幕墙、全玻璃幕墙、双层幕墙。构件式幕墙、单元式幕墙按镶嵌材料可分为：玻璃幕墙、石材幕墙、金属幕墙和人造板材幕墙；点支承式玻璃幕墙按支承结构可分为：索杆结构、钢结构、自平衡、玻璃肋；全玻璃幕墙可分为隐框、半隐框、明框幕墙；双层幕墙可分为外通风幕墙、内通风幕墙。

建筑幕墙使用的主要材料有：玻璃、密封材料、结构胶、铝合金型材及板材、石材、钢材、不锈钢、五金件等。

### 7.1.2 依据标准

1.《建筑装饰装修工程质量验收规范》（GB 50210—2001）。

2.《建筑幕墙》(GB/T 21086—2007)。

3.《玻璃幕墙工程技术规范》(JGJ 102—2003)。

4.《建筑幕墙气密、水密、抗风压性能检测方法》(GB/T 15227—2007)。

5.《建筑幕墙平面内变形性能检测方法》(GB/T 18250—2000)。

6.《天然饰面石材试验方法》(GB/T 9966.1～9966.8—2001)。

7.《建筑材料放射性核素限量》(GB 6566—2010)。

8.《硫化橡胶或热塑性橡胶 压入硬度试验方法 第1部分：邵氏硬度计法（邵尔硬度）》(GB/T 531.1—2008)《硫化橡胶或热塑性橡胶 压入硬度试验方法 第2部分：便携式橡胶国际硬度计法》(GB/T 531.2—2009)。

9.《建筑用硅酮结构密封胶》(GB 16776—2005)。

10.《建筑密封胶系列产品标准》(JC/T 881～JC/T 885—2001)。

11.《建筑锚栓抗拔、抗剪性能试验方法》(DG/TJ 08—003—2013)。

12.《硅酮建筑密封胶》(GB/T 14683—2003)。

### 7.1.3 检验内容和使用要求

1. 检验内容

（1）石材的弯曲强度、寒冷地区石材的耐冻融性、室内用花岗石的放射性；

（2）硅酮结构密封胶的邵氏硬度、相容性和剥离粘结；

（3）石材用密封胶的耐污染性；

（4）后置埋件的现场拉拔强度；

（5）水密性、气密性、抗风压性、平面内变形性能；

（6）铝塑复合板的剥离强度。

2. 使用要求

建筑幕墙实施工业产品生产许可证管理。施工单位选用上述产品时，其生产企业必须取得《全国工业产品生产许可证》。获证企业及其产品可通过国家质监总局网站www.aqsiq.gov.cn查询。上海市对用于建设工程的建筑幕墙产品实行备案管理，获证企业及其产品可通过上海市建材管理信息系统查询。

### 7.1.4 取样要求

1. 取样批量和数量

进场后需要复验材料。同一厂家生产的同一品种、同一类型的进场材料应至少抽取一组样品进行复验。

2. 取样要求

（1）石材的弯曲强度试样厚度（$H$）可按实际情况确定。当试样厚度（$H$）不大于68mm时，宽度为100mm；当试样厚度大于68mm时，宽度为$1.5H$。试样长度为$10 \times H + 50$mm，长度尺寸偏差±1mm，宽度、厚度尺寸偏差±0.3mm。

试样上应标明层理方向，试样两个受力面应平整且平行。正面与侧面夹角应为$90°\pm0.5°$，试样不得有裂纹、缺棱和缺角。试样上下两面应分别标记出支点的位置（图7.1-1）。

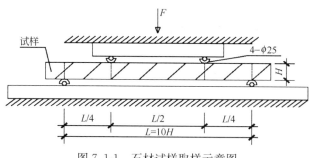

图7.1-1 石材试样取样示意图

每种试验条件下的试样取五个为一组。如进行干燥、水饱和条件下的垂直和平行层理的弯曲强度试验应制备20个试样。

（2）寒冷地区石材的耐冻融性试样尺寸：边长50mm的正方体或$\phi50$mm×50mm的圆柱体；尺寸偏差±0.5mm。每种试验条件下的试样取五个为一组。若进行干燥、水饱和、冻融循环后的垂直和平行层理的压缩强度试验需制备试样 30 个。

试样应标明层理方向。有些石材如花岗石，其分裂方向可分为下列三种：

① 裂理(rift)方向：最易分裂的方向；

② 纹理(grain)方向：次易分裂的方向；

③ 源粒(head-grain)方向：最难分裂的方向。

如需要测定此三个方向的压缩强度，则应在矿山取样，并将试样的裂理方向、纹理方向和源粒方向标记清楚。试样两个受力面应平行、光滑，相邻面夹角应为 90°±0.5°。试样上不得有裂纹、缺棱和缺角。

(3) 室内用花岗石的放射性

随机抽取样品两份，每份不少于 3kg。一份密封保存，另一份作为检验样品。

(4) 玻璃幕墙用结构胶的邵氏硬度试样厚度至少为 6mm，若试样厚度小于 6mm，可用不多于 3 层、每层厚度不小于 2mm 的光滑、平行试样进行叠加，但这样所测得的结果和在整块试样上所测出的硬度不能相比较。

试样必须有足够的面积，使压针和试样接触位置距离边缘至少 12mm，试样的表面和压足接触的部分必须平整。

注：橡胶袖珍硬度计原则上不能在球形、不平整或粗糙的表面上进行硬度测量。但在特殊情况下是允许的，比如，测量胶辊的硬度，在这种情况下，所测得硬度与试样表面状况有关，因而和在标准试样上测量的结果不同。

(5) 玻璃幕墙用结构胶标准条件拉伸粘结性

铝材和玻璃规格为 40mm×50mm，铝材至少 5 块，无镀膜的无色透明浮法玻璃至少 15 块（以上铝材加工成铝板）。

(6) 玻璃幕墙用结构胶相容性试验

结构胶 3 支，同时应注明所用各类材料的产品名称、规格及生产厂家。

(7)石材用密封胶的污染性基材尺寸为25mm×25mm×75mm(图7.1-1),共需24块基材,制成12个试件。

底涂料——当制造商推荐使用底涂料时,则每个试件的两块基材中,一块基材加底涂料,另一块不加底涂料,试验结束后,分别记录加底涂料和不加底涂料基材的污染值。

(8)铝塑复合板180°剥离试验应在3张整板上取样,试样尺寸:25mm×350mm,试样数量为6块,取样位置为距板边距离不得少于50mm,每张板沿纵向横向各取1块。

试样应标明品种、规格尺寸、等级、采用的产品标准。

① 品种:按产品的用途分为外墙铝塑板(代号W)、内墙铝塑板(代号N);按表面涂层材质分为氟碳树脂型(代号FC)、聚酯树脂型(代号PET)、丙烯酸树脂型(代号AC)。

② 规格尺寸:长度,mm:2000、2440、3200

宽度,mm:1220、1250

厚度,mm:3、4

其他规格尺寸的铝塑板可由供需双方商定。

③ 等级:按外观质量,铝塑板分为优等品(代号A)和合格品(代号B);两个等级。

例如:规格为1220mm×2440mm×4mm、涂层种类为氟碳树脂的优等品外墙铝塑板标记为:W　FC　1220×2440×4　A GB*****

(9)幕墙物理性能

① 测试样品根据委托方提供的正式图纸、计算书确定,其类型及外形尺寸应具有代表性。

② 委托方提供的正式图纸、计算书,应明确幕墙的性能要求,即明确气密性、水密性、设计风压、平面内变形性能等性能指标。

③ 试件各组成部件应为生产厂家检验合格的产品,部件的

安装、镶嵌应符合设计要求。不得加设任何特殊的附件或采取其他特殊措施，试件所使用的材料（玻璃、密封材料、结构胶、铝合金型材及板材、石材、钢材、不锈钢、五金件等）应与建筑物上的幕墙采用的材料相同。

④ 检测过程中，建设单位或监理单位应在现场见证，以确保检测试件选用的材料、构造等与实际施工的相同。

（10）后置埋件的现场拉拔强度试验

取相同类型、相同规格和相同混凝土设计强度等级的三处锚栓，各处数量均应不少于3个。

### 7.1.5 技术要求

1. 石材的弯曲强度

弯曲强度按下式计算：

$$P_w = \frac{3FL}{4KH^2}$$

式中　$P_w$——弯曲强度（MPa）；
　　　$F$——试样破坏载荷（N）；
　　　$L$——支点间距离（mm）；
　　　$K$——试样宽度（mm）；
　　　$H$——试样厚度（mm）。

以每组试样弯曲强度的算术平均值作为弯曲强度，数值修约到0.1MPa。检测报告提供该组试样弯曲强度的平均值和标准偏差。

石材的弯曲强度不应小于8.0MPa。

2. 寒冷地区石材的耐冻融性

$$P = \frac{F}{S}$$

压缩强度按下式计算：

式中 $P$——压缩强度(MPa);
$F$——试样破坏载荷(N);
$S$——试样受力面面积($mm^2$)。

以每组试样压缩强度的算术平均值作为该条件下的压缩强度,数值修约到1MPa,检测报告提供该组试样压缩强度的平均值和标准偏差。

3. 室内用花岗石的放射性

(1) 内照射指数

《建筑材料放射性核素限量》(GB 6566—2010)中内照射指数是指:建筑材料中天然放射性核素镭-226的放射性比活度除以标准规定的限量而得的商。

表达式为:
$$I_{Ra}=\frac{C_{Ra}}{200}$$

式中 $I_{Ra}$——内照射指数;
$C_{Ra}$——建筑材料中天然放射性核素镭-226的放射性比活度,单位为贝可/千克($Bq·kg^{-1}$);
200——仅考虑内照射情况下,标准规定的建筑材料中天然放射性核素镭-226的放射性比活度限量,单位为贝可/千克($Bq·kg^{-1}$)。

(2) 外照射指数

《建筑材料放射性核素限量》(GB 6566—2001)中外照射指数是指:建筑材料中天然放射性核素镭-226、钍-232和钾-40的放射性比活度分别除以其各自单独存在时标准规定限量而得的商之和。

表达式为:
$$I_r=\frac{C_{Ra}}{370}+\frac{C_{Th}}{260}+\frac{C_K}{4200}$$

式中 $I_r$——外照射指数;
$C_{Ra}$、$C_{Th}$、$C_K$——分别为建筑材料中天然放射性核素镭-226、钍-232和钾-40的放射性比活度，单位为贝可/千克(Bq·kg$^{-1}$)；

370、260、4200——分别为仅考虑外照射情况下，标准规定的建筑材料中天然放射性核素镭-226、钍-232和钾-40在其各自单独存在时标准规定的限量，单位为贝可/千克(Bq·kg$^{-1}$)。

(3) 建筑主体材料

建筑主体材料中天然放射性核素镭-226、钍-232和钾-40的放射性比活度同时满足 $I_{Ra}\leqslant 1.0$ 和 $I_r\leqslant 1.0$ 时。

对于空心率大于25%的建筑主体材料，其天然放射性核素镭-226、钍-232和钾-40的放射性比活度同时满足 $I_{Ra}\leqslant 1.0$ 和 $I_r\leqslant 1.3$ 时。

(4) 装修材料

根据装修材料放射性水平大小分为以下三类：

A类装修材料

装修材料中天然放射性核素镭-226、钍-232和钾-40的放射性比活度同时满足 $I_{Ra}\leqslant 1.0$ 和 $I_r\leqslant 1.3$ 要求的为A类装修材料。A类装修材料产销与使用范围不受限制。

B类装修材料

不满足A类装修材料要求但同时满足 $I_{Ra}\leqslant 1.3$ 和 $I_r\leqslant 1.9$ 要求的为B类装修材料。B类装修材料不可用于Ⅰ类民用建筑的内饰面，但可用于Ⅰ类民用建筑的外饰面及其他一切建筑物的内、外饰面。

C类装修材料

不满足A、B类装修材料要求但满足 $I_r\leqslant 2.8$ 要求的为C类装修材料。C类装修材料只可用于建筑物的外饰面及室外其他用途。

4. 玻璃幕墙用结构胶的邵氏硬度

作用力：施加在压针上的力和硬度计算值的关系应符合下列

公式：

a) 邵尔 A 型硬度计

$$F = 550 + 75H_A$$

式中　$F$——施加在压针上的力(mN)；

　　　$H_A$——邵尔 A 型硬度计示值。

b) 邵尔 D 型硬度计

$$F = 445H_D$$

式中　$F$——施加在压针上的力(mN)；

　　　$H_D$——邵尔 D 型硬度计示值。

检测报告提供硬度测量结果的数值、平均值和范围。

5. 玻璃幕墙用结构胶标准条件拉伸粘结强度

玻璃幕墙用结构胶标准条件拉伸粘结强度应符合表 7.1-1 的要求。

**玻璃幕墙用结构胶标准条件拉伸粘结强度　　表 7.1-1**

| 项　目 | | 技术指标 |
|---|---|---|
| 拉伸粘结性 | 拉伸粘结强度 (MPa)不小于　23℃ | 0.60 |
| | 90℃ | 0.45 |
| | −30℃ | 0.45 |
| | 浸水后 | 0.45 |
| | 水-紫外线光照后 | 0.45 |
| | 粘结破坏面积(%)不大于 | 5 |
| | 23℃时最大拉伸强度时伸长率(%)不小于 | 100 |

6. 玻璃幕墙用结构胶相容性试验

(1) 测量结构胶与基材粘结性。将养护并浸水 7d 后的结构胶试件从防粘带处揭起，在与基材结合处以 90°方向拉扯并进行剥离，测量并计算粘结破坏面积的百分率。

(2) 测量结构胶与附件粘结性。将结构胶从与附件和玻璃结合处以90°方向拉扯并从附件及玻璃上剥离,测量并计算结构胶与附件及玻璃内聚破坏的百分率。

(3)试验报告提供试样的颜色及外观变化、玻璃粘结破坏百分率(%)、附件粘结破坏百分率(%)。

7. 石材用密封胶的污染性

试验结果用目测评价表明产生的变化及污染深度和宽度的平均值。

8. 铝塑复合板180°剥离试验应符合表7.1-2的要求。

**铝塑复合板180°剥离试验技术表** 表7.1-2

| 项 目 | 技 术 要 求 ||
|---|---|---|
| | 外墙板 | 内墙板 |
| 180°剥离试验(N/mm) | ≥7.0N/mm | ≥5.0N/mm |

9. 幕墙物理性能

(1)气密性能

以标准状态下压力差为10Pa的空气渗透量 $q$ 为分级依据,其分级指标应符合表7.1-3和表7.1-4的规定。

**建筑幕墙开启部分气密性能分级** 表7.1-3

| 分级代号 | 1 | 2 | 3 | 4 |
|---|---|---|---|---|
| 分级指标值 $q_L[m^3/(m·h)]$ | $4.0 \geqslant q_L > 2.5$ | $2.5 \geqslant q_L > 1.5$ | $1.5 \geqslant q_L > 0.5$ | $q_L \leqslant 0.5$ |

**建筑幕墙整体气密性能分级** 表7.1-4

| 分级代号 | 1 | 2 | 3 | 4 |
|---|---|---|---|---|
| 分级指标值 $q_A[m^3/(m^2·h)]$ | $4.0 \geqslant q_A > 2.0$ | $2.0 \geqslant q_A > 1.2$ | $1.2 \geqslant q_A > 0.5$ | $q_A \leqslant 0.5$ |

(2)水密性能

以发生渗漏现象的前级压力差值作为分级依据,其分级指标值应符合表7.1-5的规定。

建筑幕墙水密性能分级    表 7.1-5

| 分级代号 | | 1 | 2 | 3 | 4 | 5 |
|---|---|---|---|---|---|---|
| 分级指标值 $\Delta P$(Pa) | 固定部分 | $500 \leqslant \Delta P < 700$ | $700 \leqslant \Delta P < 1000$ | $1000 \leqslant \Delta P < 1500$ | $1500 \leqslant \Delta P < 2000$ | $\Delta P \geqslant 2000$ |
| | 可开启部分 | $250 \leqslant \Delta P < 350$ | $350 \leqslant \Delta P < 500$ | $500 \leqslant \Delta P < 700$ | $700 \leqslant \Delta P < 1000$ | $\Delta P \geqslant 1000$ |

注：5 级时需同时标注固定部分和开启部分 $\Delta P$ 的测试值。

（3）抗风压性能

以安全检测压力差值 $P_3$ 进行分级，其分级指标应符合表 7.1-6 的规定。

建筑幕墙抗风压性能分级    表 7.1-6

| 分级代号 | 1 | 2 | 3 | 4 | 5 | 6 | 7 | 8 | 9 |
|---|---|---|---|---|---|---|---|---|---|
| 分级指标值 $P_3$(kPa) | $1.0 \leqslant P_3 < 1.5$ | $1.5 \leqslant P_3 < 2.0$ | $2.0 \leqslant P_3 < 2.5$ | $2.5 \leqslant P_3 < 3.0$ | $3.0 \leqslant P_3 < 3.5$ | $3.5 \leqslant P_3 < 4.0$ | $4.0 \leqslant P_3 < 4.5$ | $4.5 \leqslant P_3 < 5.0$ | $P_3 \geqslant 5.0$ |

注：1. 9 级时需同时标注 $P_3$ 的测试值。如：属 9 级(5.5kPa)。
2. 分级指标值 $P_3$ 为正、负风压测试值绝对值的较小值。

（4）平面内变形性能

以建筑物层间相对位移值 $\gamma$ 表示。要求幕墙在该相对位移范围内不受损坏，其分级指标应符合表 7.1-7 的规定。

建筑幕墙平面内变形性能分级    表 7.1-7

| 分级代号 | 1 | 2 | 3 | 4 | 5 |
|---|---|---|---|---|---|
| 分级指标值 $\gamma$ | $\gamma < 1/300$ | $1/300 \leqslant \gamma < 1/200$ | $1/200 \leqslant \gamma < 1/150$ | $1/150 \leqslant \gamma < 1/100$ | $\gamma \geqslant 1/100$ |

注：表中分级指标为建筑幕墙层间位移角。

（5）物理性能检验结果判定

① 各项测试均达到设计相应性能等级的要求，合格通过。

② 因制作、安装而产生的缺陷，允许采取补救措施，但不允许变更设计，增加或更换零配件，变更装配工艺应重新试验。如个别地方安装不严密，局部密封胶不饱满产生的漏气、漏水，允许调整、修补，重新再进行试验，如果合格，仍可认为通过。

③ 因设计不合理，用料不合格而使测试不合格者，本次试验不合格，重新进行设计。

10. 后置埋件的现场拉拔强度试验计算及破坏的判定

(1) 位移量的计算

按以下方法确定单项任一给定荷载试验的位移(精确至 0.1mm)。

锚栓抗拉拔试验位移 $\Delta T$，按下式计算：

$$\Delta T = 1/2(A_N - A_1 + B_N - B_1)$$

锚栓抗剪试验位移 $\Delta S$，按下式计算：

$$\Delta S = A_N - A_1$$

式中　$A_N$、$B_N$——加载至第 $N$ 级荷载时，$A$、$B$ 百分表或位移传感器读数值(mm)；

　　　$A_1$、$B_1$——初始荷载时，$A$、$B$ 百分表或位移传感器的初始读数值(mm)。

以 3 个试验锚栓位移测值的算术平均值作为该组试件的位移值。3 个测值中的最大或最小值中，有 1 个与中间值的差超过 15%时，则取最大位移测值作为该组试件位移值。

(2) 破坏荷载值的计算

以 3 个锚栓试验至破坏荷载测值的算术平均值作为该组试件的抗拉拔、抗剪破坏荷载值(精确至 0.1kN)。3 个测值中的最大值或最小值中，有 1 个与中间值的差超过 15%时，则取最小测值作为该组试件的破坏荷载值。

(3) 破坏的判定

试件发生以下任何一种或一种以上情况，即可判定为破坏：
① 构件锥形剪切破坏；
② 构件沿锚栓的部位周边裂缝，导致锚固失效的破坏；
③ 锚栓的拉出或拉断、剪断；
④ 化学粘结锚栓与构件之间的粘结破坏；
⑤ 锚栓任一零件包括五金附件开裂或损坏。

当规定以位移量作为破坏的判定依据时，应使施加荷载所相对应的该组试件位移值符合设计规定的要求。

当规定以荷载作为破坏的判定依据时，应使该组试件荷载值符合设计规定的要求。

### 7.1.6 检测报告

检测报告应包括工程名称、委托单位、样品名称、规格型号、生产企业、成产批号/日期、代表数量、检测依据标准、检测结果、检测结论、检测人、审核人和批准人签名及相关报告章。

## 7.2 建筑门窗

### 7.2.1 概述

建筑门窗主要包括木门窗、铝合金门窗和塑料门窗等种类，建筑门窗的物理性能主要包括气密性、水密性、抗风压性能、保温性能、隔声性能五项性能指标。

### 7.2.2 依据标准

1.《建筑外门窗气密、水密、抗风压性能分级及检测方法》(GB/T 7106—2008)。

2.《建筑外窗气密、水密、抗风压性能现场检测方法》(JG/T

211—2007)。

3.《铝合金门窗》(GB/T 8478—2008)。

#### 7.2.3 检验内容和使用要求

1. 检验内容

建筑外墙金属窗、塑料窗的抗风压性能、气密性、水密性。

2. 使用要求

(1) 建筑外窗实施工业产品生产许可证管理,建筑外窗生产企业必须取得《全国工业产品生产许可证》。获证企业及其产品可通过国家质监总局网站 www.aqsiq.gov.cn 查询。

上海市对建筑门窗产品实施建设工程材料备案管理,建筑门窗生产企业必须取得《上海市建设工程材料备案证明》。获证企业及其产品可通过上海市建筑建材业网站 www.ciac.sh.cn "专题专栏"＝＞"建材管理"中查询。

(2) 50(含 50)mm 系列以下单腔结构型材的塑料门窗禁止在新建、改建、扩建的建筑工程中使用。

(3) 普通钢窗新建住宅、商办楼和公共建筑,禁止设计、使用普通钢窗。

(4) 手工机具制作的塑料门禁止用于房屋建筑。

(5) 无预热功能焊机制作的塑料门窗不得用于严寒、寒冷和夏热冬冷地区的房屋建筑。

(6) 非中空玻璃单框双玻门窗不得用于城镇住宅建筑和公共建筑。

(7) 非断热金属型材制作的单玻窗不得用于具有节能要求的房屋建筑。

(8) 32 系列实腹钢窗、25 系列、35 系列空腹钢窗不得用于住宅建筑。

(9) 普通单玻建筑外门窗禁止在新建节能建筑中使用。

### 7.2.4 取样要求

气密性、水密性、抗风压性能：同一窗型、同一规格尺寸应至少检测三樘试件。

### 7.2.5 技术要求

1. 建筑外窗的气密性能

（1）采用压力差为10Pa时的单位缝长空气渗透量 $q_1$ 和单位面积空气渗透量 $q_2$ 作为分级指标，分级指标值见表7.2-1。

建筑外窗气密性能分级表　　　　表7.2-1

| 分级 | 1 | 2 | 3 | 4 | 5 | 6 | 7 | 8 |
|---|---|---|---|---|---|---|---|---|
| 单位缝长分级指标值 $q_1$ [m³/(m·h)] | $4.0 \geq q_1 > 3.5$ | $3.5 \geq q_1 > 3.0$ | $3.0 \geq q_1 > 2.5$ | $2.5 \geq q_1 > 2.0$ | $2.0 \geq q_1 > 1.5$ | $1.5 \geq q_1 > 1.0$ | $1.0 \geq q_1 > 0.5$ | $q_1 \leq 0.5$ |
| 单位面积分级指标值 $q_2$ [m³/(m²·h)] | $12 \geq q_1 > 10.5$ | $10.5 \geq q_2 > 9.0$ | $9.0 \geq q_2 > 7.5$ | $7.5 \geq q_2 > 6.0$ | $6.0 \geq q_2 > 4.5$ | $4.5 \geq q_2 > 3.0$ | $3.0 \geq q_2 > 1.5$ | $q_2 \leq 1.5$ |

（2）分级指标值的确定

为了保证分级指标值的准确度，采用由100Pa检测压力差下的测定值±$q_1'$值或±$q_2'$值，按式（5）或式（6）换算为10Pa检测压力差下的相应值±$q_1$[m³/(m·h)]值，或±$q_2$[m²/(m²·h)]值。

$$\pm q_1 = \frac{\pm q_1'}{4.65}$$

$$\pm q_2 = \frac{\pm q_2'}{4.65}$$

式中　$q_1'$——100Pa作用压力差下单位缝长空气渗透量值，m³/(m·h)；

　　　$q_1$——10Pa作用压力差下单位缝长空气渗透量值，m³/

$(m \cdot h)$；

$q_2'$——100Pa 作用压力差下单位面积空气渗透量值，$m^3/(m^2 \cdot h)$；

$q_2$——10Pa 作用压力差下单位面积空气渗透量值，$m^3/(m^2 \cdot h)$。

将三樘试件的 $\pm q_1$ 值或 $\pm q_2$ 值分别平均后对照表1确定按照缝长和按面积各自所属等级。最后取两者中的不利级别为该组试件所属等级。正、负压测值分别定级。

2. 建筑外窗水密性能

（1）采用严重渗漏压力差的前一级压力差作为分级指标。分级指标值 $\Delta P$ 列于表 7.2-2 中。表 7.2-2 中××××级窗适用于热带风暴和台风地区（《建筑气候区划标准》GB 50178—1993 中的ⅢA和ⅣA地区）的建筑。

建筑外窗水密性能分级表(Pa)　　表 7.2-2

| 分级 | 1 | 2 | 3 | 4 | 5 | ××××① |
|---|---|---|---|---|---|---|
| 分级指标 $\Delta P$ | $100 \leqslant \Delta P < 150$ | $150 \leqslant \Delta P < 250$ | $250 \leqslant \Delta P < 350$ | $350 \leqslant \Delta P < 500$ | $500 \leqslant \Delta P < 700$ | $\Delta P \geqslant 700$ |

① ××××表示用≥700Pa 的具体值取代分级代号。

（2）检测结果的评定

记录每个试件严重渗漏时的检测压力差值。以严重渗漏时所受压力差值的前一级检测压力差值作为该试件水密性能检测值。如果检测至委托方确认的检测值尚未渗漏，则此值为该试件的检测值。

三试件水密性检测值综合方法为：一般取三樘检测值的算术平均值。如果三樘检测值中最高值和中间值相差两个检测压力级以上时，将最高值降至比中间值高两个检测压力级后，再进行算术平均（3个检测值中，较小的两值相等时，其中任一值可视为中间值）。

最后，以此三樘窗的综合检测值向下套级。综合检测值应大于或等于分级指标值。

3. 建筑外窗抗风压性能

（1）采用定级检测压力差为分级指标。分级指标值 $P_3$ 列于表 7.2-3。$P_3$ 值与工程的风荷载标准值 $W_K$ 相对比，应大于或等于 $W_K$。工程的风荷载标准值 $W_K$ 的确定方法见《建筑结构荷载规范》（GB 50009—2012）。

建筑外窗抗风压性能分级表（kPa） 表 7.2-3

| 分级代号 | 1 | 2 | 3 | 4 | 5 | 6 | 7 | 8 | X.X[①] |
|---|---|---|---|---|---|---|---|---|---|
| 分级指标值 $P_3$ | $1.0 \leq P_3 < 1.5$ | $1.5 \leq P_3 < 2.0$ | $2.0 \leq P_3 < 2.5$ | $2.5 \leq P_3 < 3.0$ | $3.0 \leq P_3 < 3.5$ | $3.5 \leq P_3 < 4.0$ | $4.0 \leq P_3 < 4.5$ | $4.5 \leq P_3 < 5.0$ | $P_3 \geq 5.0$ |

① 表中×.×表示用≥5.0kPa 的具体值取代分级代号。

（2）检测结果的评定

① 变形检测的评定

注明相对面法线挠度达到 $\frac{l}{300}$ 时的压力差值 $\pm P_1$。

② 反复加压检测的评定

如果经检测，试件未出现功能障碍和损坏时，注明 $\pm P_2$ 值或 $\pm P_2'$ 值，如果经检测试件出现功能障碍或损坏时，记录出现的功能障碍、损坏情况，及其发生部位，并以试件出现功能障碍或损坏时压力差值的前一级压力差值定级。工程检测时，如果出现功能障碍或损坏时的压力差值低于或等于工程设计值时，该外窗判为不满足工程设计要求。

③ 定级检测的评定

试件经检测未出现功能障碍和损坏时，注明 $\pm P_3$ 值，按 $\pm P_3$ 值中绝对值较小者定级。如果经过检测，试件出现功能障碍或损坏时，记录出现功能障碍或损坏的情况及其发生的部位。以试件出现功能障碍或损坏所对应的压力差值的前一级压力差值进行定级。

④ 工程检测的评定

试件未出现功能障碍和损坏时,注明±$P_3$值,判为满足工程设计要求。否则判为不满足工程设计要求。如果 2.5 倍 $P_1$ 值低于工程设计要求时,便进行定级检测,给出所属级别,但不能判为满足工程设计要求。

⑤ 三试件综合评定

定级检测时,以三试件定级值的最小值为该组试件的定级值。工程检测时,三试件必须全部满足工程设计要求。

### 7.2.6 检测报告

检测报告应包括工程名称、委托单位、样品名称、规格型号、生产企业、成产批号/日期、代表数量、检测依据标准、检测结果、检测结论、检测人、审核人和批准人签名及相关报告章。

# 8 建筑节能工程检测

## 8.1 概　　述

目前，我国城乡既有建筑总面积达450多亿平方米，这些建筑在使用过程中，其采暖、空调、通风、炊事、照明、热水供应等方面不断消耗大量的能源。建筑能耗已占全国总能耗近30%。据预测，到2020年，我国城乡还将新增建筑300亿平方米。能源问题已成为制约经济和社会发展的重要因素，建筑能耗必将对我国的能源消耗造成长期的、巨大的影响。要解决建筑能耗问题，根本出路是坚持开发与节约并举、节约优先的方针，大力推进节能降耗，提高能源利用效率。

所谓建筑节能，是指在保证和提高建筑舒适性的条件下，合理使用能源，不断提高能源利用效率。通过采取合理的建筑设计和选用符合节能要求的墙体材料、屋面隔热材料、门窗、空调等措施所建造的房屋，与没有采取节能措施的房屋相比，在保证相同的室内热舒适环境条件下，它可以提高电能利用效率，减少建筑能耗。

建筑节能涉及内容广泛，工作面广，是一项系统工程。与原来专业分工不同，它包含有建筑、施工、采暖、通风、空调、照明、家电、建材、热工、能源、环境等许多专业内容。从建设程序看，建筑节能与规划、设计、施工、监理、检测等过程都密切相关，不可分割。建筑物的朝向、布局、地面绿化率、自然通风效果等与规划有关的性能都能带来良好的节能效果。从建筑技术看，建筑节能包含了众多技术，如围护结构保温隔热技术、建筑遮阳技术、太阳能与建筑一体化技术、新型供冷供热技术、照明节能技术等等。从建筑材料看，建筑节能包含了墙体材料、节能型门窗、节能玻璃、保温材料等等。

## 8.2 依据标准

1.《建筑节能工程施工质量验收规范》（GB 50411—2007）。
2.《通风与空调工程施工质量验收规范》（GB 50243—2002）。
3.《膨胀聚苯板薄抹灰外墙外保温系统》（JG 149—2003）。
4.《胶粉聚苯颗粒外墙外保温系统》（JG 158—2013）。
5.《外墙外保温工程技术规程》（JGJ 144—2004）。
6.《硬泡聚氨酯保温防水工程技术规程》（GB 50404—2007）。
7.《建筑保温砂浆》（GB/T 20473—2006）。
8.《夏热冬冷地区居住建筑节能设计标准》（JGJ 134—2010）。
9.《采暖居住建筑节能检验标准》（JGJ 132—2009）。
10.《绝热稳态传热性质的测定标定和防护热箱法》（GB/T 13475—2008）。
11.《建筑外门窗保温性能分级及检测方法》（GB/T 8484—2008）。
12.《建筑外窗气密、水密、抗风压性能现场检测方法》（JG/T 211—2007）。
13.《绝热用模塑聚苯乙烯泡沫塑料》（GB/T 10801.1—2002）。
14.《绝热用挤塑聚苯乙烯泡沫塑料》（GB/T 10801.2—2002）。
15.《膨胀珍珠岩绝热制品》（GB/T 10303—2001）。
16.《绝热用岩棉、矿渣棉及其制品》（GB/T 11835—2007）。
17.《柔性泡沫橡塑绝热制品》（GB/T 17794—2008）。

18.《建筑绝热用玻璃棉制品》(GB/T 17795—2008)。
19.《泡沫玻璃绝热制品》(JC/T 647—2005)。
20.《墙体保温用膨胀聚苯乙烯板胶粘剂》(JC/T 992—2006)。
21.《外墙外保温用膨胀聚苯乙烯板抹面胶浆》(JC/T 993—2006)。
22.《公共建筑节能检测标准》(JGJ/T177—2009)。
23.《建筑节能工程施工质量验收规程》(DGJ 08—113—2009)。

## 8.3 节能材料与设备的基本规定

1. 自2006年12月1日，上海市对外墙外保温、外墙内保温材料实施建筑节能材料备案登记。施工单位选用外墙外保温、外墙内保温材料时，其供应商应当经本市建筑节能材料备案登记。经备案登记的供应商及其产品可通过上海市建筑建材业网站www.ciac.sh.cn"专题专栏"=>"综合执法"=>"公示公告"中查询，或通过上海市建筑材料行业协会网站查询。

2. 建筑节能工程的质量检测除外墙节能构造的现场实体检验外(可委托有资质的检测机构实施，也可由施工单位实施，但都必须见证取样)，应由具备资质的检测机构承担。

3. 建筑节能工程使用的材料设备等，必须符合设计要求及国家有关标准的规定。严禁使用国家明令禁止使用与淘汰的材料和设备，外墙内保温浆体材料不得用于大城市民用建筑外墙内保温工程。

4. 节能材料和设备进场验收应遵守下列规定：

（1）对材料和设备的品种、规格、包装、外观尺寸等进行检查验收，并应经监理工程师(建设单位代表)确认，并形成相应的验收记录。

（2）对材料和设备的质量证明文件进行核查，并应经监理工程师（建设单位代表）确认，纳入工程技术档案。进入施工现场用于节能工程的材料和设备均应具有产品质量保证书、出厂合格证、中文说明书及相关性能检测报告；定型产品和成套技术应有型式检验报告，进口材料和设备应按规定进行出入境商品检验。

（3）对材料和设备应按《建筑节能工程施工质量验收规范》（GB 50411—2007）的规定在施工现场抽样复验，复验为见证取样送检。上海地区应按照《建筑节能工程施工质量验收规程》（DGJ 08—113—2009）执行。

（4）现场配置的材料如保温浆料、聚合物砂浆等，应按照施工方案和产品说明书配制。如有特殊要求的材料，应按试验室给出的配合比配制。

（5）节能保温材料在施工使用时的含水率应符合设计要求、工艺要求及施工技术方案要求。当无上述要求时，节能保温材料在施工使用时的含水率不应大于正常施工环境湿度下的自然含水率，否则应采取降低含水率的措施。

5. 节能材料储存

（1）保温浆料胶凝材料应采用有内衬防潮塑料袋的编织袋或防潮纸袋包装，聚苯颗粒应用塑料编织袋包装，包装应无破损。在运输的过程中应采用干燥防雨的运输工具运输，如给产品盖上油布；使用有顶的运输工具等。以防止产品受潮、淋雨。在装卸的过程中，也应注意不能损坏包装袋。在堆放时，应放在有顶的库房内或有遮雨淋的地方，地上可以垫上木块等物品以防产品受潮，聚苯颗粒应放在远离火源及化学药品的地方。

（2）有机泡孔绝热材料一般可用塑料袋或塑料捆扎带包装。由于是有机材料，在运输中应远离火源、热源和化学药品，以防止产品变形、损坏。产品堆放在施工现场时，应放在干躁通风处，能够避免日光暴晒，风吹雨淋，也不能靠近火源、热源和化学药品，一般在70℃以上，泡沫塑料产品会产生软化、变形甚至熔融的现象，对于柔性泡沫橡塑产品，温度不宜超过105℃。产品堆放时也不可受到重压和其他机械损伤。

（3）无机纤维类绝热材料一般防水性能较差，一旦产品受潮、淋湿，则产品的物理性能特别是导热系数会变高，绝热效果变差。因此，这类产品在包装时应采用防潮包装材料，并且应在醒目位置注明"怕湿"等标志来警示其他人员。

在运输时也必须考虑到这一点，应采用干燥防雨的运输工具运输，如给产品盖上油布，使用有顶的运输工具等。

贮存在有顶的库房内，地上可以垫上木块等物品，以防产品浸水。库房应干燥、通风。堆放时还应注意不能把重物堆在产品上。

（4）无机多孔状绝热材料吸水能力较强，一旦受潮或淋雨，产品的机械强度会降低，绝热效果显著下降。而且这类产品比较疏松，不宜剧烈碰撞。因此在包装时，必须用包装箱包装，并采用防潮包装材料覆盖在包装箱上，应在醒目位置注明"怕湿"、"静止滚翻"等标志来警示其他人员。在运输时也必须考虑到这点，应采用干燥防雨的运输工具运输，如给产品盖上油布，使用有顶的运输工具等，装卸时应轻拿轻放。贮存在有顶的库房内或有遮雨淋的地方，地上可以垫上木块等物品以防产品浸水，库房应干燥、通风。泡沫玻璃制品在仓库堆放时，还要注意堆跺层高，防止产品跌落损坏。

## 8.4 检验内容及取样要求

根据《建筑节能工程施工质量验收规范》（GB 50411—

2007)和《建筑节能工程施工质量验收规程》（DGJ 08—113—2009），将节能工程明确定位为分部工程，然后又将此分部工程分为若干个分项工程，由于在不同的节能分项工程中，有很多节能材料检验内容和取样要求都不尽相同，现场检验内容也不相同，所以下面将根据各个分项工程分别进行列举。

1. 墙体节能工程

（1）应对保温材料的导热系数、密度、抗压强度或压缩强度；粘结材料的粘结强度；增强网的力学性能、抗腐蚀性能进行进场见证取样送检。有条件时，可进行外墙传热系数试验室检测，可采用热流计法或热箱法，墙体试件构造应与实际墙体相一致。

上海地区外墙外保温工程主要组成材料按表 8.4-1 规定进行复验，外墙内保温工程主要组成材料按 8.4-2 规定进行复验。

**外保温系统主要组成材料复验项目** 表 8.4-1

| 材 料 | 复 验 项 目 |
| --- | --- |
| EPS 板、XPS 板 | 密度、导热系数、抗拉强度、尺寸稳定性、燃烧性能 |
| 胶粉 EPS 颗粒保温浆料、水泥基保温砂浆 | 干密度、导热系数、抗压强度 |
| 钢丝网架 EPS 板 | EPS 板密度、导热系数 |
| 喷涂聚氨酯硬泡体 | 密度、导热系数、尺寸稳定性、断裂伸长率 |
| 保温装饰板 | 密度、导热系数、垂直于板面抗拉强度、芯材尺寸稳定性、燃烧性能 |
| 泡沫玻璃板 | 密度、导热系数、抗压强度 |
| 加气混凝土砌块 | 密度等级、导热系数、抗压强度 |

续表

| 材　料 | 复　验　项　目 |
|---|---|
| 胶粘剂、抹面胶浆、界面砂浆 | 原强度和浸水48h拉伸粘结强度 |
| 玻纤网格布 | 耐碱拉伸断裂强力、耐碱拉伸断裂强力保留率 |
| 钢丝网、腹丝 | 镀锌层质量、焊点拉拔力 |
| 锚固件 | 拉拔力 |
| 防火隔离带 | 保温材料燃烧性能、密度、导热系数、抗拉强度 |

注：1. 胶粘剂、抹面胶浆、界面砂浆制样后养护14d进行拉伸粘结强度检验；抗裂砂浆制样后养护24d进行拉伸粘结强度检验。发生争议时，以养护28d为准；
2. 同一生产企业、同一品种材料的导热系数、尺寸稳定性、燃烧性能以及现场喷涂PU硬泡体的断裂延伸率复验，单位工程只需做一次；
3. 用于防火隔离带的无机保温材料如岩（矿）棉、水泥基保温砂浆、泡沫玻璃板无需做燃烧性能；同一生产企业、同一品种材料的导热系数复验，单位工程只需做一次；
4. 外保温系统饰面层若采用隔热涂料时，其隔热涂料太阳反射比（太阳辐射反射系数）按设计和有关标准要求提供检验报告；
5. 当采用硬泡聚氨酯喷涂外墙外保温系统时，保温层的物理性能指标为现场发泡成型后的硬泡聚氨酯的相关性能；
6. 锚固件拉拔力的检测条件应与工程中墙体材料相同；
7. 保温板拉伸粘结强度测试时断缝应切割至基层墙体。

内保温系统现场复验项目　　　　　表8.4-2

| 材　料 | 复　验　项　目 |
|---|---|
| 聚苯板（EPS、XPS） | 密度、导热系数、燃烧性能级别 |
| 粘结石膏 | 干燥拉伸粘结强度 |
| 内保温砂浆 | 干密度、导热系数 |
| 中碱网格布、耐碱网格布 | 拉伸断裂强力 |
| 半硬质矿（岩）棉板 | 密度、导热系数、抗压强度 |
| 半硬质玻璃棉板（毡） | 密度、导热系数、抗压强度 |

注：1. 卫生间、厨房间墙体内保温系统应参照水泥基保温砂浆外墙外保温系统复验项目要求；
2. 对采用聚苯板内保温做法的燃烧性能级别复验抽样频次为每单位工程1次。

根据《建筑节能工程施工质量验收规范》(GB 50411—2007),同一厂家同一品种的产品,当单位工程建筑面积在20000m² 以下时各抽查不少于3次;当单位工程建筑面积在20000m² 以上时各抽查不少于6次。上海地区墙体节能工程所用材料进场复验抽样频次按下规定执行:

$a$) 同一厂家、同一品种产品,每6000m² 建筑面积(或保温面积5000m²)抽样不少于1次,不足6000m² 建筑面积(或保温面积5000m²)也应抽样1次。抽样应在外观质量合格的产品中抽取;

$b$) 单位工程建筑面积在6000~12000m²(或保温面积5000~10000m²)工程,同一厂家、同一品种的产品,抽样不少于2次,12000~20000m²(或保温面积10000~15000m²)工程,抽样不得少于3次;20000m²(或保温面积15000m²)以上的工程,每增加10000m² 建筑面积(或保温面积8000m²),抽样不得少于1次;

$c$) 对同一施工区域内单体建筑面积在500以下墙体节能工程,且同一厂家、同一品种的产品,按每增加建筑面积6000m²(或保温面积5000m²)抽样不少于1次;

$d$) 对墙体节能工程中凸窗或门窗等部位的配套保温系统(如门窗外侧洞口;凸窗非透明的顶板、侧板和底板等),均按同一厂家、同一品种产品抽样不得少于一次。

(2) 保温板材与基层及各构造层之间的粘结强度,其中保温板材与基层的粘结强度应做现场拉拔试验。每个检验批不少于3处。

(3) 后置锚固件数量、位置、锚固深度和拉拔力,其中拉拔力应做现场拉拔试验。每个检验批不少于3处。

(4) 饰面砖应做粘结强度拉拔试验。检验数量应符合《建筑工程饰面砖粘结强度检验标准》(JGJ 110—2008)相关规定。

(5) 外墙节能构造应做钻芯法现场实体检验,检验墙体保温材料种类、保温层的厚度、保温构造层的做法是否符合设计要求。

外墙节能构造检测取样部位应由监理(建设)与施工双方共同确定,不得在外墙施工前预先确定;取样部位应选取节能构造有代表性的外墙上相对隐蔽的部位,并且兼顾不同朝向和楼层;每个单位工程的外墙至少抽查不少于3处,每处一个检查点;当一个单位工程外墙有2种以上节能保温做法时,每种节能做法的外墙应抽查不少于3处;取样部位应均匀分布,不宜在同一个房间外墙上取2个或2个以上芯样。

(6)当外墙采用保温浆料做保温层时,应在施工中制作同条件养护试件,检测导热系数(300mm×300mm×30mm)、干密度、压缩强度(100mm×100mm×100mm)。保温浆料和保温砂浆的同条件养护试件应见证取样送检。每个检验批应抽样制作同条件养护试块不少于3组。上海地区外墙和外墙内侧采用保温砂浆做保温层时,其同条件养护试件制作和取样数量同上。

(7)有特殊要求时,也可进行保温系统抗冲击性能检验。

2. 幕墙节能工程

(1)应对幕墙节能工程使用保温材料的导热系数、密度;幕墙玻璃的可见光透射比、传热系数、遮阳系数、中空玻璃露点;隔热型材的抗拉强度、抗剪强度进行见证取样送检。同一厂家同一品种的产品,抽检不少于一组。

(2)幕墙的气密性能应符合设计规定的等级要求,气密性检测试件应包括幕墙的典型单元、典型拼缝、典型可开启部分。试件应按照幕墙工程施工图进行设计。试件设计应经建筑设计单位项目负责人、监理工程师同意并确认。

根据《建筑节能工程施工质量验收规范》(GB 50411—2007),当幕墙面积大于3000m$^2$或建筑外墙面积50%时,应现场抽取材料和配件,在检测试验室安装制作试件进行气密性能检测,检测结果应符合设计规定的等级要求。气密性能检测应对一个单位工程中面积超过 1000m² 的每一种幕墙均抽取一个试件进行检测。

上海地区气密性检测应对一个单位工程中面积超过 300m² 或者高度超过 24m 的每一种幕墙均抽取一个试件进行检测。

3. 门窗节能工程

(1) 建筑外窗进入施工现场时,应按地区类别对下列性能进行复检。同一厂家同一品种同一类型的产品各抽查不少于 3 樘(件)。

① 严寒、寒冷地区:气密性、传热系数和中空玻璃露点;

② 夏热冬冷地区(包括上海地区):气密性、传热系数、玻璃遮阳系数、可见光透射比和中空玻璃露点;

③ 夏热冬暖地区:气密性、玻璃遮阳系数、可见光透射比和中空玻璃露点。

上海地区现场取样送检数量应符合表 8.4-3 的要求。

现场取样送检数　　　　　表 8.4-3

| 项　目 | 数量 | 说　明 |
|---|---|---|
| 气密性 | 三扇 | — |
| 传热系数 | 一扇 | — |
| 中空玻璃露点 | 三扇 | — |
| 中空玻璃遮阳系数 | 3 块 | 100×100(mm)非钢化处理(普通白玻璃中空玻璃可不做) |
| 中空玻璃可见光透射比 | | |

注:数量不必叠加。

(2) 严寒、寒冷、夏热冬冷地区外窗现场气密性检测。每个单位工程的外窗至少抽查 3 樘。当一个单位工程外窗有 2 种以上品种、类型和开启方式时,每种品种、类型和开启方式的外窗应抽查不少于 3 樘。

4. 屋面、地面节能工程

(1) 保温隔热材料进场时应对导热系数、密度、抗压强度或压缩强度、燃烧性能进行见证取样送检。同一厂家同一品种的产品,各抽查不少于3组。

(2)上海地区屋面和地面节能工程所用保温隔热材料进场应对其导热系数、密度、抗压强度或压缩强度、燃烧性能进行复验。保温面积小于等于2500$m^2$屋面工程,同一厂家同一品种的屋面保温材料抽样不得少于1次;保温面积大于2500$m^2$且小于等于5000$m^2$,抽样不得少于2次;保温面积大于5000$m^2$以上工程,每增加5000$m^2$保温面积,抽样不得少于1次。

5. 采暖节能工程

(1)应对散热器的单位散热量、金属的热强度;保温材料的导热系数、密度、吸水率进行见证取样送检。

同一厂家同一规格的散热器按其数量的1%进行见证取样送检,但不得少于2组;同一厂家同一材质的保温材料见证取样送检的次数不得少于2次。

(2)采暖节能工程是一个系统工程,现场所检项目详见空调与采暖系统冷热源及管网节能工程。

6. 通风与空调节能工程

(1)应对风机盘管机组的供冷量、供热量、风量、出口静压、噪声及功率;绝热材料导热系数、密度、吸水率进行见证取样送检。上海地区还应对风机盘管机组的规格进行检测。

同一厂家的风机盘管机组按其数量的2%进行见证取样送检,但不得少于2台,上海地区风机盘管检测还应覆盖各种型号;同一厂家同一材质的绝热材料复检次数不得少于2次。

(2)通风与空调节能工程是一个系统工程,现场所检项目详见空调与采暖系统冷热源及管网节能工程。

7. 空调与采暖系统冷热源及管网节能工程

(1)应对绝热材料导热系数、密度、吸水率进行见证取样送检。同一厂家同一材质的绝热材料复检次数不得少于2次。

(2)采暖通风与空调工程安装完成后,应进行系统节能性能的检测,且应由建设单位委托具有相应资质的检测机构检测并出具报告。受季节影响未进行的节能性能检测项目，应在保修期内补做。检测主要项目及抽样要求见表8.4-4。

系统节能性能检测项目　　　表8.4-4

| 序号 | 检测项目 | 抽样数量 |
|---|---|---|
| 1 | 室内温度 | 居住建筑每户抽测卧室或起居室1间，其他建筑按房间总数抽测10% |
| 2 | 供热系统室外管网的水力平衡度 | 每个热源与换热站均不少于1个独立的供热系统 |
| 3 | 供热系统的补水率 | 每个热源与换热站均不少于1个独立的供热系统 |
| 4 | 室外管网的热输送效率 | 每个热源与换热站均不少于1个独立的供热系统 |
| 5 | 各风口的风量 | 按风管系统数量抽查10%，且不得少于1个系统 |
| 6 | 通风与空调系统的总风量 | 按风管系统数量抽查10%，且不得少于1个系统 |
| 7 | 空调机组的水流量 | 按系统数量抽查10%，且不得少于1个系统 |
| 8 | 空调系统冷热水与冷却水总流量 | 全数 |

注：系统节能性能检测的项目和抽样数量也可以在工程合同中约定，必要时可增加其他检测项目，但合同中约定的检测项目和抽样数量不应以上要求。

上海地区还应对现场设备总精度进行检测，用能系统的传感器按照总数的10%抽检，且不得少于10个，总数少于10个时全部检查。控制设备及执行器按照总数的20%抽检，且不得少于5个，设备数量少于5个时全部检查。

8. 配电与照明节能工程

（1）应对低压配电系统选择的电缆、电线的截面和每芯导体电阻值抽取符合抽样规格3m长的电线电缆进行见证取样送检。同一厂家各种规格总数的10%，且不少于2个规格。

（2）通电试运行时，应由建设单位委托具有相应资质的检测单位对照明系统的平均照度与照明功率密度进行检测，检查数量为每功能区检测不少于 2 处。

9. 其他检验内容

（1）围护结构传热系数现场检测，可采用热流计法对墙体、屋顶、门窗等构件进行现场检测，测得围护结构的热阻，计算出围护结构的传热系数。围护结构传热系数现场检测应由建设单位委托具备检测资质的检测机构承担；其检测方法、抽样数量、检测部位和合格判定标准等可在合同中约定。

（2）建筑围护结构的热工缺陷检测，可采用红外摄像法进行定性检测，此方法可以通过热像图进行分析判断是否存在热工缺陷（缺少保温材料、保温材料受潮、空气渗透等）以及缺陷类型和严重程度。

## 8.5 技术要求

1. 上海地区保温系统常用材料主要性能指标见表 8.5-1～表 8.5-9。当墙体节能工程所用材料复验项目性能检验出现不符合设计要求和标准规定的情况时，若一个参数不合格时，应扩大一倍数量抽样复验；若多个参数不合格，则判断该材料为不合格。

用于内保温保温板或复合板燃烧性能不应低于 B 级或 C 级，且组成材料应对人体和环境无害。

部分常用保温材料主要性能指标　　表 8.5-1

| 指标项目 \ 材料名称 | EPS 涂料饰面 | EPS 面砖饰面 | XPS | 硬质聚氨酯泡沫塑料 | 胶粉颗粒保温浆料 | 水泥基保温砂浆 | 泡沫玻璃保温板 | 岩（矿）棉板 |
|---|---|---|---|---|---|---|---|---|
| 表观密度（kg/m³） | 18～22 | 22～30 | 25～38 | ≥35 | 180～250 | ≤450（≤700） | ≤180 | ≤300 |
| 导热系数[W/(m·K)] | ≤0.039 | ≤0.039 | ≤0.035 | ≤0.024 | ≤0.060 | ≤0.080（≤0.10） | ≤0.06 | ≤0.044 |
| 压缩强度（MPa） | — | — | ≥0.20 | ≥0.15 | ≥0.20 | ≥0.20（≥2.50） | ≥0.50 | — |

续表

| 指标项目＼材料名称 | EPS 涂料饰面 | EPS 面砖饰面 | XPS | 硬质聚氨酯泡沫塑料 | 胶粉颗粒保温浆料 | 水泥基保温砂浆 | 泡沫玻璃保温板 | 岩(矿)棉板 |
|---|---|---|---|---|---|---|---|---|
| 抗拉强度*(MPa) | ≥0.10 | ≥0.15 | ≥0.20 | ≥0.10 | ≥0.1 | ≥0.10 | — | 0.0075 |
| 尺寸稳定性(%) | ≤0.5 | ≤0.5 | ≤1.2 | ≤1.5 | — | — | — | ≤1.0 |
| 水蒸气湿透系数(ng/Pa·m·s) | ≤4.5 | ≤4.5 | ≤3.5 | ≤6.50 | — | — | ≤0.05 | — |
| 吸水率(v/v)(%) | ≤4.0 | ≤4.0 | ≤2.0 | ≤3.0 | — | — | ≤0.5 | ≤1.0 |
| 线性收缩率(%) | — | — | — | — | ≤0.3 | ≤3.0 | — | — |
| 软化系数 | — | — | — | — | ≥0.5 | ≥0.5 | — | — |
| 燃烧性能 | 不低于E级 | 不低于E级 | 不低于E级 | 不低于E级 | B₁级 | A1级 | A1级 | A1级 |

注：*抗拉强度指垂直于板面方向的抗拉强度。

砂加气砌块主要性能指标  表8.5-2

| 项目＼密度级别 | B05 | B06 |
|---|---|---|
| 干密度(kg/m³) | ≤550 | ≤650 |
| 抗压强度(MPa) | ≥2.7 | ≥3.7 |
| 导热系数(W/(m·K)) | ≤0.13 | ≤0.16 |
| 干燥收缩值(mm/m) | ≤0.5 | ≤0.5 |

胶粘剂、界面剂及抹面(抗裂)砂浆主要性能指标  表8.5-3

| 项目＼材料名称指标 | | 胶粘剂 | 界面砂浆 | 抹面(抗裂)砂浆 | 抹面抗裂砂浆(有网体系) |
|---|---|---|---|---|---|
| 拉伸粘接强度(MPa)(与保温板) | 常温常态 | ≥0.10(EPS、PU)* ≥0.20(XPS) | ≥0.10 | ≥0.10(EPS、PU)* ≥0.20(XPS) | ≥0.10 |
| | 耐水 | ≥0.10(EPS、PU)* ≥0.20(XPS) | ≥0.10 | ≥0.10(EPS、PU)* ≥0.20(XPS) | ≥0.10 |
| | 耐冻融 | — | — | ≥0.10(EPS、PU)* ≥0.20(XPS) | ≥0.10 |

续表

| 项目 \ 材料名称指标 | | 胶粘剂 | 界面砂浆 | 抹面(抗裂)砂浆 | 抹面抗裂砂浆(有网体系) |
|---|---|---|---|---|---|
| 柔韧性 | 抗压强度、抗折强度(水泥基) | — | — | ≤3.0 | |
| | 开裂应变(非水泥基)(%) | — | — | ≥1.5 | |
| 拉伸粘接强度(MPa)(与水泥砂浆) | 常温常态 | ≥0.60 | — | ≥0.70(抗裂砂浆) | |
| | 耐水 | ≥0.40 | — | ≥0.50(抗裂砂浆) | |
| 压剪粘结强度(MPa)(与水泥砂浆) | 原强度 | — | ≥0.70 | — | |
| | 耐水 | — | ≥0.50 | — | |
| | 耐冻融 | — | ≥0.50 | — | |
| 可操作时间(h) | | 1.5～4.0 | — | 1.5～4.0 | 4.0 |

注：* 表示材料拉伸粘结强度不但要达到规定的指标，且破坏界面应在保温板上。界面砂浆专用于胶粉聚苯颗粒系统。

**耐碱网格布与钢丝网主要性能指标** 表8.5-4

| 项目 \ 材料名称 | | 耐碱网布 | | | 胶粉聚苯颗粒贴面砖系统(镀锌钢网) |
|---|---|---|---|---|---|
| | | EPS板系统 | XPS板、PU系统 | 胶粉聚苯颗粒涂料新系统、水泥基系统及其他粘贴面砖系统 | |
| 网孔中心距(mm) | | — | — | — | 12.7 |
| 丝径(mm) | | — | — | — | 0.9 |
| 单位面积质量(g/m²) | | ≥130(涂料饰面)<br>≥160(贴面砖) | ≥160 | ≥160 | |
| 断裂伸长率(%) | | ≤4 | ≤4 | ≤4 | |
| 断裂强力(N/50mm)(经纬向) | 普通型 | | | ≥1250 | |
| | 加强型 | | | ≥3000 | |
| 耐碱断裂强力保留率(经纬向)(%) | | ≥50(涂料饰面)<br>≥75(贴面砖) | ≥50(涂料饰面)<br>≥75(贴面砖) | ≥75 | |
| 耐碱断裂强力(N/50mm) | | ≥750(涂料饰面)<br>≥1250(贴面砖) | ≥750(涂料饰面)<br>≥1250(贴面砖) | | |

续表

| 项目 \ 材料名称 | 耐碱网格布 | | | 胶粉聚苯颗粒贴面砖系统（镀锌钢网） |
|---|---|---|---|---|
| | EPS板系统 | XPS板、PU系统 | 胶粉聚苯颗粒涂料新系统、水泥基系统及其他粘贴面砖系统 | |
| 焊点抗拉力(N) | — | — | — | >65 |
| 热镀锌质量($g/m^2$) | — | — | — | ≥122 |
| 玻璃中二氧化锆含量(%) | —（涂料饰面）<br>14.5±0.8<br>（贴面砖） | —（涂料饰面）<br>14.5±0.8<br>（贴面砖） | 14.5±0.8 | — |

中碱网格布主要性能指标　　表8.5-5

| 项目 | | 指标 | |
|---|---|---|---|
| | | A型玻纤布（被覆用） | B型玻纤布（粘贴用） |
| 单位面积质量($g/m^2$) | | ≥80 | ≥45 |
| 含胶量(%) | | ≥10 | ≥8 |
| 抗拉断裂荷载 | 径向(N/50mm) | ≥600 | ≥300 |
| | 纬向(N/50mm) | ≥600 | ≥300 |
| 网孔尺寸(mm×mm) | | 5×5 或 6×6 | 2.5×2.5 |

钢丝网架聚苯板　　表8.5-6

| 项次 | 项目 | 质量要求 |
|---|---|---|
| 聚苯板 | 外观 | 保温板正面有梯形凹凸槽（槽中距50mm），四周设有高低口 |
| | 对接 | ≤3000长板中聚苯板对接不应多于两处，且对接处需用聚氨酯粘牢 |
| 钢丝网架 | 焊点强度 | 抗拉力≥330N，无过烧现象 |
| | 焊点质量 | 网片漏焊脱焊点不超过焊点数的8%，且不应集中在一处。连续脱焊不应多于2点，板端200mm区段内的焊点不应脱焊虚焊，斜插钢丝不应漏焊、脱焊 |
| | 钢丝挑头 | 网边挑头长度≤6mm，插丝挑头≤5mm，穿透苯板挑头≥30mm |
| | 质量 | ≤4kg/$m^2$ |

粘结石膏和粉刷石膏砂浆主要性能指标　　　　表 8.5-7

| 项　目 | | | 粘结石膏 | 粉刷石膏砂浆 |
|---|---|---|---|---|
| 保水率(%) | | | — | ≥75 |
| 凝结时间(min) | 初凝时间 | | ≥25 | ≥60 |
| | 终凝时间 | | ≤120 | ≤240 |
| 强度(MPa) | 拉伸粘结强度 | 砂浆基材 | ≥0.50 | |
| | | 聚苯板基材 | ≥0.10,破坏界面在聚苯板上 | |
| | 抗压强度 | | ≥6.0 | ≥4.0 |
| | 抗折强度 | | ≥5.0 | ≥2.0 |
| | 压剪粘结强度 | | — | ≥0.3 |

锚栓性能指标　　　　表 8.5-8

| 试验项目 | 性能指标 |
|---|---|
| 单个锚栓抗拉承载力标准值(kN) | ≥0.30 |
| 单个对系统传热增加值 [W/(m²·K)] | ≤0.004 |

塑料锚栓性能指标　　　　表 8.5-9

| 试验项目 | 性能指标 |
|---|---|
| 单个锚栓抗拉承载力标准值(kN) | ≥0.80 |
| 单个对系统传热增加值 [W/(m²·K)] | ≤0.004 |

2. 中空玻璃的露点检测,有一块玻璃有结露或结霜现象,该批中空玻璃抗结露性能不合格。

3. 现场拉拔试验:

(1) 胶粘剂与基层拉伸粘结强度检测,粘结强度不应低于 0.3MPa,并且粘结面脱开面积不应大于 50%。

(2) 保温板现场粘结强度试验,拉伸粘结强度应满足设计要求。膨胀聚苯板为 0.1MPa,并且破坏界面应在膨胀聚苯板上。

(3) 抹面层与保温层的拉伸粘结强度应满足设计要求,并且破坏部位应位于保温层内。当采用膨胀聚苯板薄抹灰系统时,拉伸粘结强度不得小于 0.1MPa。

（4）胶粉聚苯颗粒外墙保温系统抗拉强度试验，拉伸粘结强度不得小于 0.1MPa，并且破坏部位不得位于各层界面。

（5）面砖粘结强度检验应符合《建筑工程饰面砖粘结强度检验标准》(JGJ 110—2008)的要求。

4. 外墙节能构造钻芯法：

（1）保温材料种类符合设计要求；

（2）保温层构造做法符合设计要求和施工方案要求；

（3）当实测芯样保温层厚度的平均值达到设计厚度的 95% 及以上且最小值不低于设计厚度的 90% 时，应判定保温层厚度符合设计要求；否则，应判定保温层厚度不符合设计要求。

上海地区各系统保温层厚度允许偏差应符合表 8.5-10 的要求。

**各系统保温层厚度允许偏差**　　　　表 8.5-10

| 序号 | 墙体保温系统 | 保温层厚度偏差控制 |
|---|---|---|
| 1 | 聚苯板(EPS、XPS)薄抹灰外墙外保温系统 | 50mm 以下厚度聚苯板(EPS、XPS)厚度偏差不应大于±1.5mm；50mm 及以上厚度聚苯板(EPS、XPS)厚度偏差不应大于±2.0mm |
| 2 | 胶粉聚苯颗粒保温浆料外墙外保温系统 | 保温层平均厚度应符合设计要求，最小厚度应不小于设计厚度的 90% |
| 3 | 硬泡聚氨酯喷涂外墙外保温系统 | 聚氨酯保温层平均厚度应符合设计要求，最小厚度不应小于设计厚度的 90% |
| 4 | 水泥基保温砂浆外墙外保温系统 | 保温层平均厚度应符合设计要求，最小厚度应不小于设计厚度的 90% |
| 5 | 保温装饰板外墙外保温系统 | 保温芯材厚度负偏差不应大于 1.5mm |
| 6 | 泡沫玻璃板外墙外保温系统 | 保温板厚度不应有负偏差 |
| 7 | 钢丝网架聚苯板(EPS)整浇外墙外保温系统 | 保温系统所用的聚苯板(EPS)厚度负偏差不应大于 1.5mm |

续表

| 序号 | 墙体保温系统 | 保温层厚度偏差控制 |
|---|---|---|
| 8 | 龙骨干挂内填矿物棉制品内保温系统 | 保温层平均厚度应符合设计要求,厚度负偏差不应大于1mm |
| 9 | 增强粉刷石膏聚苯板外墙内保温系统 | 聚苯板(EPS、XPS)厚度偏差不应大于±1.5mm |
| 10 | 用于内外组合保温系统内保温砂浆 | 保温层平均厚度应符合设计要求,最小厚度应不小于设计厚度的90% |

（4）当外墙节能构造现场实体检测出现不符合要求时，应委托有资质的见证检测机构增加一倍数量再次取样检验。仍不符合设计要求时应判定围护结构节能构造不符合设计要求。此时应根据检验结果委托原设计单位或其他有资质的单位重新验算房屋的热工性能，提出技术处理方案。

5. 保温系统抗冲击性能应符合设计要求及《外墙外保温工程技术规程》(JGJ 144—2004)中的规定，建筑物首层墙面及门窗口等宜受碰撞部位为10J级；建筑物二层以上墙面等不宜受碰撞部位为3J级。

6. 外窗现场气密性检测：

（1）结果应符合设计要求和《夏热冬冷地区居住建筑节能设计标准》(JGJ 134—2010)中的规定：建筑物1～6层的外窗及敞开式阳台门的气密性等级不应低于现行国家标准《建筑外窗空气密、水密、抗风压性能分级及检测方法》(GB/T 7106—2008)规定的4级；七层及七层以上的外窗及敞开式阳台门的气密性等级不应低于该标准规定的6级。

（2）上海地区外窗现场气密性检测出现不符合设计要求和标准规定的情况时，应委托有资质的检测机构扩大一倍数量抽样，对不符合要求的项目或参数再次检测，仍然不符合要求时应给出"不符合设计要求"的结论。

7. 围护结构(包括外墙、屋顶、外窗、外门等)的传热系数应符合设计要求及相关标准。

8. 采暖、通风与空调系统节能检测项目允许偏差或规定值见表8.5-11。

采暖、通风与空调系统节能检测
项目及允许偏差或规定值　　　　　　表8.5-11

| 序号 | 检测项目 | 允许偏差或规定值 |
|---|---|---|
| 1 | 室内温度 | 冬季不得低于设计计算温度2℃，且不应高于1℃；夏季不得高于设计计算温度2℃，且不应低于1℃ |
| 2 | 供热系统室外管网的水力平衡度 | 0.9～1.2 |
| 3 | 供热系统的补水率 | 0.5%～1% |
| 4 | 室外管网的热输送效率 | ≥0.92 |
| 5 | 各风口的风量 | ≤15% |
| 6 | 通风与空调系统的总风量 | ≤10% |
| 7 | 空调机组的水流量 | ≤20% |
| 8 | 空调系统冷热水与冷却水总流量 | ≤10% |
| 9 | 现场设备总精度 | 流量传感器总精度≤20%；其他≤5% |

9. 配电与照明节能工程现场检测：

（1）不同标称截面的电缆、电线每芯导体最大电阻应满足表8.5-12的要求。

不同标称截面的电缆、电线每芯导体最大电阻　　表8.5-12

| 标称截面($mm^2$) | 20℃时导体最大电阻($\Omega/km$)圆铜导体(不镀金属) |
|---|---|
| 0.5 | 36.0 |
| 0.75 | 24.5 |
| 1.0 | 18.1 |

续表

| 标称截面(mm²) | 20℃时导体最大电阻(Ω/km)圆铜导体（不镀金属） |
|---|---|
| 1.5 | 12.1 |
| 2.5 | 7.41 |
| 4 | 4.61 |
| 6 | 3.08 |
| 10 | 1.83 |
| 16 | 1.15 |
| 25 | 0.727 |
| 35 | 0.524 |
| 50 | 0.387 |
| 70 | 0.268 |
| 95 | 0.193 |
| 120 | 0.153 |
| 150 | 0.124 |
| 185 | 0.0991 |
| 240 | 0.0754 |
| 300 | 0.0601 |

（2）平均照度值不得小于设计值的90%。

（3）功率密度值应符合《建筑照明设计标准》（GB 50034—2013)中的规定。

10. 本书中未提到的其他节能材料及检测内容、相关性能技术指标可参照相关国家、行业、地方或企业标准规定和设计要求。

## 8.6 检测报告

检测报告应包括工程名称、委托单位、样品名称、规格型号、生产企业、成产批号/日期、代表数量、检测依据标准、检测结果、检测结论、检测人、审核人和批准人签名及相关报告章。

# 9 通风与空调工程检测

## 9.1 概　　述

1. 通风

所谓通风,就是将室外新鲜空气送至室内(直接引入或进行简单的处理),置换室内空气,保证室内空气的新鲜程度,以达到国家规定的卫生标准。

通风系统根据系统是否配置动力装置,可分为机械通风与自然通风两种。对于机械通风而言,如果室内有有害物产生且不能直接排放的,还需经除尘除害后再排放,并达到国家规定的废气排放标准。通风工程检测适用于机械通风的通风系统,其中不包括除尘及排放物浓度的检测。

2. 空调

所谓空调,不只是将室外新鲜空气引入室内,还要对空气进行热湿处理,以消除室内的余热余湿,保证室内的温湿度要求;对送入室内的空气进行过滤,以保证室内空气的洁净度;对送入空调区域的空气流速进行控制,以保证空调区域的空气流速。简言之,就是需对空调区域所需空气进行处理,以满足生产工艺或人体的舒适性要求。

空调系统根据其服务对象的要求不同,可以分为洁净空调系统(空调区域洁净要求高于其他空调系统),恒温恒湿空调系统(空调区域温湿度允许波动范围要求高于其他空调系统),舒适性空调系统(空调区域的温湿度、洁净度、气流速度以人员舒适为主要目的的空调系统）。

空调工程检测目前暂不包括净化性能参数的检测，即空调工程检测以舒适性空调系统为主，包括无净化要求的恒温恒湿空调系统。

空调系统根据其空气处理设备设置、负担室内负荷介质的不同划分成不同的系统。

按空气处理设备设置不同，可分为集中式空调系统（系统所有空气处理设备集中设置在一个空调机房内）、半集中式空调系统（系统除设集中空调机房外，还设有分散在空调房间的空气处理装置）、全分散式空调系统（根据是否需要空调来设置，空调设备集中了空气处理、过滤、输送的功能，如窗式空调机、分体空调机组成的空调系统）。

按负担室内负荷所用介质不同，可分为全空气空调系统（室内热湿负荷全部由经处理的空气来负担）、全水系统（室内热湿负荷全部由水来负担）、空气－水系统（室内热湿负荷由空气和水共同负担）、冷剂系统（室内热湿负荷由制冷剂负担）。

空调系统检测项目中的热工性能参数检测宜在负荷接近设计工况的条件下检测，检测期间系统的热力工况应保持相对稳定。

## 9.2 依 据 标 准

1.《采暖通风与空气调节设计规范》（GB 50019—2003）。
2.《公共建筑节能设计标准》（GB 50189—2005）。
3.《建筑给水排水及采暖工程施工质量验收规范》（GB 50242—2002）。
4.《通风与空调工程施工质量验收规范》（GB 50243—2002）。
5.《建筑节能工程施工质量验收规范》（GB 50411—2007）。
6.《夏热冬冷地区居住建筑节能设计标准》（JGJ 134—2010）。
7.《采暖通风与空气调节设备噪声功率级的测定工程法》

(GB/T 9068—1988)。

8.《组合式空调机组》(GB/T 14294—2008)。

9.《风机盘管机组》(GB/T 19232—2003)。

10.《通风与空调系统性能检测规程》(DG/TJ 08—802—2005)。

## 9.3 检验内容

1. 机组、新风机组、单元式空调机组、热回收装置、组合式空调机组、柜式空调的检测内容见表9.3-1。

机组新风机组单元式空调机组、热回收装置、
组合式空调机组、柜式空调的检测内容　　表 9.3-1

| 检测类别 | 检测内容 |
|---|---|
| 安 装 | 所安装设备规格、数量的核查 |
| | 设备安装位置、方向及与风管的连接核查 |
| | 设备内热交换器翅片、空气过滤器的核查,核查内容为清洁度、完好性、安装位置与方向 |
| | 过滤器阻力检测 |
| | 组合式空调机组漏风量检测(整体安装的组合式空调机组的漏风量数据由生产商提供,委托单位要求检测时应归入检测项目内) |
| 系 统 | 单机试运转和调试、风量平衡调试 |
| | 总风量、新风量、回风量检测,以设计要求为标准,根据设备不同分别检测 |
| | 风压(动压、静压、机外余压)检测,以设计要求为标准,根据设备不同分别检测 |
| | 输入功率检测,检测方法采用电测法,电源电压偏差不大于±6%,频率偏差不大于±1% |
| | 水流量检测,以设计水流量为依据 |
| | 水温度检测 |

续表

| 检测类别 | 检测内容 |
|---|---|
| 系　统 | 风机转速检测，有风机的空调机组，在条件允许的情况下可以进行此项检测 |
| | 振动检测 |
| | 噪声检测 |

2. 风机的检测内容见表 9.3-2。

风机的检测内容　　　表 9.3-2

| 检测类别 | 检测内容 |
|---|---|
| 安　装 | 安装数量、规格核查 |
| | 安装位置、方向及与风管连接核查 |
| | 风量检测，按设计要求为标准 |
| | 风压检测 |
| | 功率检测 |

3. 风机盘管机组的检测内容见表 9.3-3。

风机盘管机组的检测内容　　　表 9.3-3

| 检测类别 | 检测内容 |
|---|---|
| 安　装 | 风量检测 |
| | 噪声检测 |
| | 各档风速对应执行情况核查 |

4. 绝热材料的检测内容见表 9.3-4。

绝热材料的检测内容　　　表 9.3-4

| 检测类别 | 检测内容 |
|---|---|
| 施　工 | 材质、规格、厚度核查 |
| | 与风管、部件、设备的贴合及拼缝核查 |

5. 送/排风系统、空调风系统、空调水系统的检测内容见表 9.3-5。

送/排风系统、空调风系统、空调水系统的检测内容    表 9.3-5

| 检测类别 | 检 测 内 容 |
|---|---|
| 安装 | 系统核查,系统核查的内容包括通风空调风系统中送、回、排风系统的布置,空调水系统的布置 |
| | 系统附件和附件核查,内容包括安装的数量、规格,安装的位置、方向等 |
| 系统 | 风管严密性核查 |
| | 水管强度、密闭性、清洁度核查 |
| | 风系统风力平衡核查或调整 |
| | 水系统水力平衡核查或调整 |
| | 风口风量检测 |

注:系统附件指的是风或水系统中各种阀门、膨胀水箱、集气罐等;系统配件指的是风或水系统中各种自控装置及显示、计量仪表。

6. 水泵

空调水系统中的水泵类型有冷(热)水水泵(包括一次泵、二次泵)、冷却水水泵的检测内容见表 9.3-6。

空调水系统中的水泵检测内容    表 9.3-6

| 检测类别 | 检 测 内 容 |
|---|---|
| 安装 | 规格、数量核查 |
| | 位置及配管核查 |
| 性能参数 | 流量检测 |
| | 压力检测,检测内容包括水泵进出口两端压力 |
| | 振动检测 |
| | 功率检测 |

7. 系统冷热源设备、辅助设备及其管网系统的检测内容见表 9.3-7。

辅助设备指与冷热源设备分离,为冷热源设备正常工作必须配置的设备(分水器、集水器、冷却塔等,但不包括动力设备——

水泵);管网系统指系统设备(冷热源设备、辅助设备、动力设备)间的连接管网,而非系统输配管网。

**系统冷热源设备、辅助设备及其管网系统的检测内容**　　表 9.3-7

| 检测类别 | 检 测 内 容 |
|---|---|
| 安　装 | 管道系统核查。管道系统核查内容包括:管道的强度、密闭性、清洁度,管道的走向、间距等 |
| | 管道系统附配件核查,内容包括安装的数量、规格,安装的位置、方向等 |
| 系　统 | 单机试运转及调试报告核查 |
| | 供热系统室外管网的水力平衡度核查或调试,以核查为主,即核查水力平衡调试记录。未做调试的,将水力平衡调试纳入检测工作范围 |
| | 水温检测,内容包括制冷设备、制热设备、冷却设备进出口两端的水温 |
| | 供热系统的补水率检测 |
| | 供热系统室外管网热输送效率 |

注:附件指的是管道系统中各种阀门、补水箱等;系统配件指的是管道系统中各种自控装置及显示、计量仪表。

8. 室内外环境参数的检测内容见表 9.3-8。

**室内外环境参数的检测内容**　　表 9.3-8

| 检测类别 | 检 测 内 容 |
|---|---|
| 室内空气环境 | 检测内容包括:室内干球温度、相对湿度、噪声。对气流有特殊要求的空调区域还应包括气流速度 |
| 室外空气环境 | 检测内容包括:室外干球温度、相对湿度 |

## 9.4　取样要求

1. 根据《通风与空调系统性能检测规程》(DG/TJ 08—802—2005)第 3.2 条

(1) 对于独立功能区通风与空调系统的综合效能检测和评

判，应包括该功能区全部系统和设备实际运行状况的检测。

（2）对竣工验收类性能检测、评价的通风与空调工程，应按系统总量抽检15%～25%，且不得少于一个系统；其中风机盘管机组性能检测应按照10%抽检。

（3）低压系统风管严密性检验，可采用漏光法进行检测；当漏光法检测不合格或不具备漏光法检测条件时，应按10%的抽检率且不得少于一个系统作漏风量检测。

中压系统的严密性检验，如具备漏光法条件，应在漏光法检测合格的基础上，对系统风管漏风量进行检测，抽检率为20%，且不得少于一个系统。

对高压系统，应全数进行漏风量检测。

（4）恒温恒湿空调系统中，室温允许波动范围大于或等于±1℃时，应抽检50%以上；室温允许波动范围等于±0.5℃或更小时，应全数进行检测。

2. 根据《节能工程施工质量验收规范》（GB 50411—2007）第14.2条

（1）室内温度的检测，按居住建筑每户抽测卧室或起居室1间，其他建筑按房间总数抽测10%。

（2）供热系统室外管网的水力平衡度的检测，按每个热源与换热站均不少于1个独立的供热系统抽测。

（3）供热系统的补水率的检测，按每个热源与换热站均不少于1个独立的供热系统抽测。

（4）室外管网的热输送效率的检测，按每个热源与换热站均不少于1个独立的供热系统抽测。

（5）各风口的风量的检测，按风管系统数量抽查10%，且不得少于1个系统。

（6）通风与空调系统的总风量的检测，按风管系统数量抽查10%，且不得少于1个系统。

（7）空调机组的水流量的检测，按系统数量抽查10%，且不得少于1个系统。

（8）空调系统冷热水、冷却水总流量的检测，应全数检测。

（9）系统节能性能检测的项目和抽样数量也可以在工程合同中约定，必要时可增加其他检测项目，但合同中约定的检测项目和抽样数量不应低于本规范的规定。

## 9.5 技 术 要 求

1. 单项指标应符合设计要求。设计无要求时，参考相关规范要求。对有工艺或特殊要求的，应符合相关要求。工业建筑中相关参数有特殊要求的，应符合相关工业企业规范和标准。

2.《节能工程施工质量验收规范》（GB 50411—2007）第14.2有如下要求：

系统节能性能检测主要项目及要求见表9.5-1。

系统节能性能检测主要项目与要求　　　表 9.5-1

| 序号 | 检测项目 | 允许偏差或规定值 |
|---|---|---|
| 1 | 室内温度 | 冬季不得低于设计计算温度2℃，且不应高于1℃；夏季不得高于设计计算温度2℃，且不应低于1℃ |
| 2 | 供热系统室外管网的水力平衡度 | 0.9～1.2 |
| 3 | 供热系统的补水率 | 0.5%～1% |
| 4 | 室外管网的热输送效率 | ≥0.92 |
| 5 | 各风口的风量 | ≤15% |
| 6 | 通风与空调系统的总风量 | ≤10% |
| 7 | 空调机组的水流量 | ≤20% |
| 8 | 空调系统冷热水、冷却水总流量 | ≤10% |

3.《通风与空调工程施工质量验收规范》(GB 50243—2002)第4.2.5条有如下要求：

(1) 矩形风管的允许漏风量应符合以下规定：

低压系统风管 $Q_L \leqslant 0.1056P^{0.65}$

中压系统风管 $Q_M \leqslant 0.0352P^{0.65}$

高压系统风管 $Q_H \leqslant 0.0117P^{0.65}$

式中　$Q_L$、$Q_M$、$Q_H$——系统风管在相应工作压力下，单位面积风管单位时间内的允许漏风量 $[(m^3/h) \cdot m^2]$；

　　　　$P$——风管系统的工作压力(Pa)。

(2) 低压、中压圆形金属风管、复合材料风管以及采用非法兰形式的非金属风管的允许漏风量，应为矩形风管规定值的50%。

(3) 砖、混凝土风道的允许漏风量不应大于矩形低压系统风管规定值的1.5倍。

(4) 排烟、除尘、低温送风系统按中压系统风管的规定。

## 9.6　检测报告

检测报告内应包括以下基本信息：

(1) 基本概况，包括工程特性、系统类别、室外气象条件、室内负荷状况及检测对象、范围、目的等；

(2) 检测依据，包括规范、图纸、设计文件和设备的技术资料等；

(3) 主要仪器名称、型号、精度等级等；

(4) 主要数据取值与检测方法；

(5) 检测结果；

(6) 检测结论；

(7) 检测人、审核人和批准人签名及相关报告章。

# 10 室内环境污染检测

## 10.1 概 述

民用建筑工程室内空气质量的优劣,不仅关系到人民群众的身心健康,而且更大程度上关系到人民群众的生活质量。为了预防和控制民用建筑工程室内环境污染,在工程验收阶段,要求进行室内环境污染各项技术指标的检测,以加强民用建筑工程的室内环境质量的监督管理。民用建筑工程室内环境污染物主要来源于民用建筑工程中所使用的建筑材料和装修材料。在日常生活中这些材料会释放出多种有毒有害物质,从而造成空气污染,目前必须控制的有氡、甲醛、氨、苯及总挥发性有机化合物(TVOC)。

1. 氡

氡(radon)是一种放射性气体,惰性气体,无色,无味。氡元素有几种同位素:氡—222、氡—220、氡—219 等,分别来自不同的镭同位素镭—226、镭—224、镭—223。镭同位素分别由寿命非常长的铀—238(半衰期 $4.49\times10^9$ 年)、钍—232(半衰期 $1.39\times10^{10}$ 年)、铀—235(半衰期 $7.13\times10^8$ 年)衰变而来。氡—222 的半衰期为 3.82 日,氡—220 的半衰期为 54.5s,氡—219 的半衰期为 3.92s。氡气在土壤、水泥、沙石、砖块中形成后,一部分会跑到空气中来,会被人体吸入体内,在体内形成内照射。

2. 甲醛

甲醛(formaldehyde)是无色、具有强烈气味的刺激性气体,相对密度 1.06,略重于空气,易溶于水,其 35%～40%的水溶液通称福尔马林。各种人造木板(刨花板、纤维板、胶合板等)中由于使用了胶粘剂，因而可能含有甲醛；某些化纤地毯、塑料地板、油漆涂料等也含有一定量的甲醛；凡是大量使用胶粘剂的环节，总会有甲醛释放。

3. 氨

氨(ammonia)，易被液化成无色液体，易溶于水、乙醇和乙醚，相对密度0.5971。在一些建筑工程中由于使用了高碱混凝土膨胀剂和含氨水、尿素、硝铵的混凝土外加剂，这些含有大量氨类物质的外加剂在墙体中随着温、湿度等环境因素的变化而还原成氨气从墙体中缓慢释放出来，造成室内空气中氨的浓度不断增高。

4. 苯

苯(benzene)是一种无色、具有特殊芳香气味的液体，沸点为80.1℃，能与醇、醚、丙酮和四氯化碳互溶，微溶于水。室内空气中苯主要来自涂料和胶粘剂。如果长期接触一定浓度的甲苯、二甲苯会引起慢性中毒，可出现头痛、失眠、精神萎靡、记忆力减退等神经衰弱样症候群。苯已经被世界卫生组织确定为强致癌物质。

5. 总挥发性有机化合物(TVOC)

总挥发性有机化合物(Total Volatile Organic Compound，TVOC)，从广义上说，任何液体或固体在常温常压下自然挥发出来的有机化合物的总和，来源于各种涂料、胶粘剂及人造材料等，由于成分极其复杂，无法逐个分别表示，以其总量TVOC表示。由于与国标标准检测方法的不同，《民用建筑工程室内环境污染控制规范》(GB 50325—2010)对总挥发性有机化合物(TVOC)定义为：是指在本规范规定的检测条件下，所测得空气中挥发性有机化合物的总量。如果长期处在室内TVOC含量较高的情况下，易引起"建筑物综合症"，降低机体免疫力，并且TVOC中的部分成分可能致癌，对健康危害极大。

## 10.2 依据标准

1.《民用建筑工程室内环境污染控制规范(2013年版)》(GB 50325—2010)。

2.《环境空气中氡的标准测量方法》(GB/T 14582—1993)。

3.《公共场所空气中氨测定方法—靛酚蓝分光光度法》(GB/T 18204.25—2000)。

4.《公共场所空气中甲醛测定方法—酚试剂分光光度法》(GB/T 18204.26—2000)。

## 10.3 抽样要求

民用建筑工程验收时,必须进行室内环境污染物浓度检测,即进行室内氡、甲醛、氨、苯和总挥发性有机化合物(TVOC)的浓度检测。

1. 取样批量

(1)民用建筑工程验收时,应抽检有代表性的房间室内环境污染物浓度,抽检数量不得少于5%,并不得少于3间;房间总数少于3间时,应全数检测。

(2)民用建筑工程验收时,凡进行了样板间室内环境污染物浓度检测且检测结果合格的,抽检数量减半,并不得少于3间。

(3)当室内环境污染物浓度检测结果不符合规定时,应查找原因并采取措施进行处理,并可对不合格项进行再次检测。再次检测时,抽检量应增加1倍,并应包含同类型的房间及原不合格房间。

以上"房间"指自然间,在概念上可以理解为建筑物内形成的独立封闭、使用中人们会在其中停留的空间单元。计算抽检房间数量时,一般住宅建筑的有门卧房、有门厨房、有门卫生间及厅等均可理解为"自然间",作为基数参与抽检比例计算。"抽检有代表性的房间"指不同的楼层和不同的房间类型(如住宅中的卧室、厅、厨房、卫生间等)。对于室内氡浓度测量来说,考虑到土壤氡对建筑物低层室内影响较大,因此,一般情况下,建筑物的低层应增加抽检数量,向上可以减少。在计算抽检房间数量时,低层停车场不列入范围。

2. 取样数量

室内环境污染物浓度检测点数量见表 10.3-1。

**室内环境污染物浓度检测点数设置** 表 10.3-1

| 房间使用面积($m^2$) | 检测点数(个) |
| --- | --- |
| <50 | 1 |
| ≥50 且<100 | 2 |
| ≥100 且<500 | 不少于 3 |
| ≥500 且<1000 | 不少于 5 |
| ≥1000 且<3000 | 不少于 6 |
| ≥3000 | 每 1000$m^2$ 不少于 3 |

3. 取样方法

(1)民用建筑工程及室内装修工程的室内环境质量验收,应在工程完工至少 7d 以后、工程交付使用前进行。

(2)民用建筑工程验收时,环境污染物浓度现场检测点应距内墙面不小于 0.5m、距楼地面高度 0.8~1.5m。检测点应均匀分布,避开通风道和通风口。

① 民用建筑工程中的建筑和装修材料在挥发污染物时,总是造成贴近墙面的地方浓度要高一些,如果现场检测取样时,取样点距内墙面距离太近,结果将失去代表性。如果取样点选在凸凹墙面处、拐角处,结果将也失去代表性。因此,现场检测取样时,为了避免墙面的局部影响,取样点应距内墙面不小于 0.5m 是适宜的。另外通风道中的气体,与被测量房间内的气体有很大

差别，因此，避开通风道和通风口取样是为了对某一个被测量的房间来说有更好的代表性。

② 现场检测取样时，取样点应距楼内地面(楼面)高度0.8～1.5m。

从氡、甲醛、氨、苯和总挥发性有机化合物（TVOC）五种污染物的理化性质来讲，它们的气态物质在空气中的比重各不相同，有的比空气轻，有的比空气重，在绝对平静的空气中，可能有的集中在室内空气的上部，有的可能集中在室内空气的下部，但只要稍有扰动（如人员走动），各部分空气就会混合起来。因此，一般说来，污染物比重不同造成的影响不大。0.8～1.5m是人的呼吸带高度，在这一高度取样检测，可以代表人吸入污染物的真实情况。

（3）民用建筑工程室内环境中甲醛、苯、氨、总挥发性有机物（TVOC）浓度检测时，对采用集中空调的民用建筑工程，应在空调正常运转的条件下进行；对采用自然通风的民用建筑工程，检测应在对外门窗关闭1h后进行。

室内通风换气是建筑正常使用的必要条件，由于采用自然通风换气的民用建筑工程受门窗开闭大小、天气等影响变化很大，换气率难以确定，而在关闭门窗的条件下检测可避免室外环境变化的影响，因此规定将充分换气的敞开门窗关闭1h后进行检测。采用集中空调的民用建筑工程其通风换气设计有相应的规定，通风换气在空调正常运转的条件下才能实现，在此平衡条件下检测，才能得到真实的室内氡浓度及甲醛等挥发性有机化合物浓度数据。

（4）在对甲醛、氨、苯、TVOC取样检测时，装饰装修工程中完成的固定式家具，应保持正常使用状态。

（5）民用建筑工程室内环境中氡浓度检测时，对采用集中空调的民用建筑工程，应在空调正常运转的条件下进行；对采用自然通风的民用建筑工程，应在房间的对外门窗关闭24h以后进行。

（6）布点应该考虑现场的平面布局和立体布局，高层建筑物的立体布点应有上、中、下三个监测平面，并分别在三个平面上布点。

（7）当房间内有2个及以上检测点时，应采用对角线、斜线、梅花状布点，并取各点检测结果的平均值为该房间的检测值。

（8）采样时应准确记录采样现场的温度和大气压。

## 10.4 技术要求

1. 民用建筑工程分类

民用建筑工程根据控制室内环境污染的不同要求，划分为以下两类：

（1）Ⅰ类民用建筑工程：住宅、医院、老年建筑、幼儿园、学校教室等民用建筑工程；

（2）Ⅱ类民用建筑工程：办公楼、商店、旅馆、文化娱乐场所、书店、图书馆、展览馆、体育馆、公共交通等候室、餐厅、理发店等民用建筑工程。

2. 室内环境污染物限量

民用建筑工程验收时，进行室内环境污染物浓度检测结果应符合表10.4-1的规定。

民用建筑工程室内环境污染物浓度限量　　　表10.4-1

| 污染物 | Ⅰ类民用建筑工程 | Ⅱ类民用建筑工程 |
| --- | --- | --- |
| 氡($Bq/m^3$) | ≤200 | ≤400 |
| 甲醛($mg/m^3$) | ≤0.08 | ≤0.1 |
| 苯($mg/m^3$) | ≤0.09 | ≤0.09 |
| 氨($mg/m^3$) | ≤0.2 | ≤0.2 |
| TVOC($mg/m^3$) | ≤0.5 | ≤0.6 |

注：1. 表中污染物浓度限量，除氡外均应以同步测定的室外上风向空气相应值为空白值；

2. 表中污染物浓度测量值的极限值判定，采用全数值比较法。

表 10.4-1 中室内环境污染物指标(除氡外)均需扣除室外空气空白值。这是因为室外空气污染程度不是工程建设单位能够控制的，很大程度上取决于大气污染程度的影响，工程建设的目标是控制建筑材料和装修材料所产生的污染，因此需扣除大气背景值。室外空气空白样品的采集应注意选择在上风向，并与室内样品同步采集。值得注意的是，室外空气空白点的设置，应根据检测点附近的具体情况，必要时可增加空白点的设置。

当室内环境污染物浓度的全部检测结果符合表 10.4-1 中限量值的规定时，可判定该工程室内环境质量合格。

3. 检测方法

(1) 民用建筑工程室内空气中氡的检测，所选用方法的测量结果不确定度不应大于 25%(置信度 95%)，方法的探测下限不应大于 $10Bq/m^3$。

氡的测定不局限于径迹刻蚀法、活性炭盒法、闪烁瓶法、双滤膜法、气球法，还可以使用现场连续氡检测仪法。

(2) 民用建筑工程室内空气中甲醛检测，也可采用现场检测方法，测量结果在 $0.01\sim0.60mg/m^3$ 测定范围内的不确定度应小于或等于 20%。当发生争议时，应以《公共场所卫生标准检验方法》(GB/T 18204.26—2000)中酚试剂分光光度法的测定结果为准。

这里所说的"不确定度应小于或等于 20%"指仪器的测定值与标准值(标准气体定值或标准方法测定值)相比较，总不确定度≤20%。

(3) 民用建筑工程室内空气中氨的检测，应采用《公共场所卫生标准检验方法》(GB/T 18204.25—2000)中靛酚蓝分光光度法的测定。

(4) 民用建筑工程室内空气中苯的检测方法，应符合《民用建筑工程室内环境污染控制规范》(GB 50325—2010)附录 F 的规定。

(5) 民用建筑工程室内空气中总挥发性有机化合物(TVOC)

的检测方法，应符合《民用建筑工程室内环境污染控制规范》(GB 50325—2010)附录 G 的规定。

## 10.5 见证要点

现场见证除应满足 1.2.3 的要求外，见证人还应填写表 10.5-1。

室内空气检测现场见证表　　　　表 10.5-1

| 工程名称 | | | | 工程地点 | | | |
|---|---|---|---|---|---|---|---|
| 建设单位 | | | | 施工单位 | | | |
| 监理单位 | | | | 检测单位 | | | |
| 装修概况 | 房间类别 | | 地面 | 墙面 | | 顶面 | 其他 |
| | | | | | | | |
| | | | | | | | |
| | | | | | | | |
| | | | | | | | |
| 抽检依据 | 房间建筑面积，m² | <50 | ≥50 且<100 | ≥100 且<500 | ≥500 且<1000 | ≥1000 且<3000 | ≥3000 |
| | 工程各类自然间总数 | | | | | | |
| | 抽检各类自然间总数 | | | | | | |
| | 设置测点数 | | | | | | |
| 检测人员姓名及证书编号 | | | | 见证人员姓名及证书编号 | | | |
| 现场主要测量设备的种类、数量及编号 | | | | | | | |
| 检测日期 | | | | 检测开始及结束时间 | | | |
| 异常情况记录 | | | | | | | |

## 10.6 检测报告及不合格处理

1. 检测报告表式

检测报告中应包括委托单位、工程名称、工程简况、工程规模、工程自然间统计、检测日期、检测项目、使用的主要仪器设备、检测依据、检测结果、检测结论、检测人、审核人和批准人签名及相关报告章。

2. 不合格处理

检测报告应由建设单位、监理单位、检测单位根据国家标准或设计要求共同确认会签，满足10.4中技术要求。

（1）当室内环境污染物浓度检测结果不符合10.4中限值要求时，应查找污染源，当确定是某种材料引起污染时，应及时更换或处理。

（2）工程经过整改后，可对不合格项进行再次检测，再次检测时，抽检量应增加一倍，并应包含同类型房间及原不合格房间。

（3）室内环境质量验收不合格的民用建筑工程，严禁投入使用。

# 11 市政道路工程检测

## 11.1 概 述

市政道路工程按工序划分为：路基、基层、面层、附属构筑物等。

路基是道路的基础，有土路基、粉煤灰路基和石灰土路基等；垫层是介于基层和土基之间的层次，有砂粒垫层和级配碎石垫层等；基层是路面结构中的承重部分，包括石灰土、石灰粉煤灰土、级配碎石、水泥稳定碎石、石灰粉煤灰稳定碎石及沥青稳定碎石等结构；面层是直接同行车和大气相接触的表面层次，分水泥混凝土与钢纤维混凝土、热拌沥青混凝土与沥青玛琋脂碎石(SMA)及再生沥青混合料等；附属设施包括侧平石、雨水井、隔离结构物等。

市政道路工程检测即是对上述工序中的各结构层(部位)工程实体等进行质量检测，以达到相应的施工技术规范和质量验收标准的要求。

现场检测中，对测点的选择应优先采用随机选点的方法。

## 11.2 依据标准

1.《城镇道路工程施工与质量验收规范》(CJJ 1—2008)。
2.《公路路基路面现场测试规程》(JTG E60—2008)。

## 11.3 取样要求

1. 压实度(或干密度)

(1) 路基：每1000m²、每压实层抽检3点，用环刀法、灌砂法或灌水法测定；

(2) 基层及底基层：每1000m²，每压实层抽检1点，除沥青稳定碎石基层用钻芯法测定外，其余结构种类用挖坑灌砂法测定；

(3) 面层(沥青混合料)：每1000m²测1点，用钻芯法测定。

2. 无侧限抗压强度(7d)

基层及底基层(石灰、粉煤灰稳定类)：每2000m²抽测1组(6块)。

3. 回弹弯沉

(1) 路基：每车道、每20m测1点，用贝克曼梁法测定；

(2) 基层及底基层(级配砂砾、碎石类、沥青碎石类)：设计规定时每车道、每20m测1点，用贝克曼梁法测定；

(3) 面层(沥青混合料)：每车道、每20m测1点，用贝克曼梁法或自动弯沉仪测定。

4. 路面厚度

(1) 水泥混凝土面层：每1000²m抽测1点，用钻芯法测定；

(2) 沥青混合料面层：每1000m²测1点，用钻芯法测定。

5. 路面平整度

(1) 水泥混凝土面层：用测平仪，每车道连续检测(每100m计算标准差$\delta$)；用3m直尺法，每车道、每20m测1点；

(2) 沥青混合料面层：用测平仪，每车道连续检测(每100m计算标准差$\delta$)；用3m直尺法，每车道、每20m，路宽<9m测1点，路宽9~15m测2点，路宽>15m测3点。

6. 抗滑性能

（1）水泥混凝土面层：测抗滑构造深度，每 1000m² 抽测 1 点，用手工铺砂法测定；

（2）沥青混合料面层：测抗滑摩擦系数，用摆式仪法，每 200m 测 1 点；用横向力系数测定车，全线连续检测。测抗滑构造深度，每 200m 测 1 点，用手工铺砂法测定。

## 11.4 技术要求

1. 压实度

（1）路基压实度应符合设计要求，其中土路基压实度还需符合表 11.4-1 规定。

路基压实度　　　　　表 11.4-1

| 填挖类型 | 路床顶面以下深度(cm) | 道路类别 | 压实度(%)（重型击实） |
|---|---|---|---|
| 挖方 | 0～30 | 城市快速路、主干路 | ≥95 |
| | | 次干路 | ≥93 |
| | | 支路及其他小路 | ≥90 |
| 填方 | 0～80 | 城市快速路、主干路 | ≥95 |
| | | 次干路 | ≥93 |
| | | 支路及其他小路 | ≥90 |
| | >80～150 | 城市快速路、主干路 | ≥93 |
| | | 次干路 | ≥90 |
| | | 支路及其他小路 | ≥90 |
| | >150 | 城市快速路、主干路 | ≥90 |
| | | 次干路 | ≥90 |
| | | 支路及其他小路 | ≥87 |

（2）基层及底基层压实度应符合表 11.4-2 规定。

**基层及底基层压实度** 表11.4-2

| 结构种类 | 检查项目 | 单位 | 规定值 | | | |
|---|---|---|---|---|---|---|
| | | | 基层 | | 底基层 | |
| | | | 城市快速路主干路 | 其他等级道路 | 城市快速路主干路 | 其他等级道路 |
| 石灰稳定类 | 压实度 | % | ≥97 | ≥95 | ≥95 | ≥93 |
| 水泥稳定类 | | | ≥97 | ≥95 | ≥95 | ≥93 |
| 级配砂砾类 | | | ≥97 | | ≥95 | |
| 级配碎石类 | | | ≥97 | | ≥95 | |
| 沥青稳定碎石类 | | | ≥95 | | | |

（3）面层

沥青混合料面层压实度，对城市快速路、主干路不应小于96%；对次干路及以下道路不应小于95%。

2. 无侧限抗压强度(7d)应符合设计要求。

3. 回弹弯沉

各结构层的代表弯沉值都应符合设计要求。

4. 路面厚度

（1）水泥混凝土面层：应符合设计要求，允许误差为±5mm。

（2）沥青混合料面层：应符合设计要求，允许偏差为+10～-5mm。

5. 路面平整度

路面平整度符合表11.4-3要求。

**面层平整度** 表11.4-3

| 结构种类 | 检查项目 | 单位 | 规定值 | | 备注 |
|---|---|---|---|---|---|
| | | | 城市快速路主干路 | 次干路、支路 | |
| 水泥混凝土面层 | 平整度 | 标准差δ | mm | ≤1.2 | ≤2 | 测平仪 |
| | | 最大间隙 | mm | ≤3 | ≤5 | 3m直尺法 |

续表

| 结构种类 | 检查项目 | | 单位 | 规定值 | | 备注 |
|---|---|---|---|---|---|---|
| | | | | 城市快速路主干路 | 次干路、支路 | |
| 沥青混合料面层 | 平整度 | 标准差δ | mm | ≤1.5 | ≤2.4 | 测平仪 |
| | | 最大间隙 | mm | — | ≤5 | 3m直尺法 |

6. 抗滑性能

面层的抗滑性能应符合设计要求。

## 11.5 检 测 报 告

检测报告应包括工程名称、委托单位、样品名称、规格、代表数量、检测依据标准、检测结果、检测结论、检测人、审核人和批准人签名及相关报告章。

# 12 文件汇编

## 12.1 建设工程质量检测管理办法

中华人民共和国建设部令第 141 号

《建设工程质量检测管理办法》已于 2005 年 8 月 23 日经第 71 次常务会议讨论通过,现予发布,自 2005 年 11 月 1 日施行。

建设部部长　汪光焘
二〇〇五年九月二十八日

### 建设工程质量检测管理办法

**第一条**　为了加强对建设工程质量检测的管理,根据《中华人民共和国建筑法》、《建设工程质量管理条例》,制定本办法。

**第二条**　申请从事对涉及建筑物、构筑物结构安全的试块、试件以及有关材料检测的工程质量检测机构资质,实施对建设工程质量检测活动的监督管理,应当遵守本办法。

本办法所称建设工程质量检测(以下简称质量检测),是指工程质量检测机构(以下简称检测机构)接受委托,依据国家有关法律、法规和工程建设强制性标准,对涉及结构安全项目的抽样检测和对进入施工现场的建筑材料、构配件的见证取样检测。

**第三条**　国务院建设主管部门负责对全国质量检测活动实施监督管理,并负责制定检测机构资质标准。

省、自治区、直辖市人民政府建设主管部门负责对本行政区域内的质量检测活动实施监督管理，并负责检测机构的资质审批。

市、县人民政府建设主管部门负责对本行政区域内的质量检测活动实施监督管理。

**第四条** 检测机构是具有独立法人资格的中介机构。检测机构从事本办法附件一规定的质量检测业务，应当依据本办法取得相应的资质证书。

检测机构资质按照其承担的检测业务内容分为专项检测机构资质和见证取样检测机构资质。检测机构资质标准由附件二规定。

检测机构未取得相应的资质证书，不得承担本办法规定的质量检测业务。

**第五条** 申请检测资质的机构应当向省、自治区、直辖市人民政府建设主管部门提交下列申请材料：

（一）《检测机构资质申请表》一式三份；

（二）工商营业执照原件及复印件；

（三）与所申请检测资质范围相对应的计量认证证书原件及复印件；

（四）主要检测仪器、设备清单；

（五）技术人员的职称证书、身份证和社会保险合同的原件及复印件；

（六）检测机构管理制度及质量控制措施。

《检测机构资质申请表》由国务院建设主管部门制定式样。

**第六条** 省、自治区、直辖市人民政府建设主管部门在收到申请人的申请材料后，应当即时作出是否受理的决定，并向申请人出具书面凭证；申请材料不齐全或者不符合法定形式的，应当在5日内一次性告知申请人需要补正的全部内容。逾期不告知的，自收到申请材料之日起即为受理。

省、自治区、直辖市建设主管部门受理资质申请后，应当对申报材料进行审查，自受理之日起20个工作日内审批完毕并作出书面决定。对符合资质标准的，自作出决定之日起10个工作日内颁发《检测机构资质证书》，并报国务院建设主管部门备案。

**第七条** 《检测机构资质证书》应当注明检测业务范围，分为正本和副本，由国务院建设主管部门制定式样，正、副本具有同等法律效力。

**第八条** 检测机构资质证书有效期为3年。资质证书有效期满需要延期的，检测机构应当在资质证书有效期满30个工作日前申请办理延期手续。

检测机构在资质证书有效期内没有下列行为的，资质证书有效期届满时，经原审批机关同意，不再审查，资质证书有效期延期3年，由原审批机关在其资质证书副本上加盖延期专用章；检测机构在资质证书有效期内有下列行为之一的，原审批机关不予延期：

（一）超出资质范围从事检测活动的；

（二）转包检测业务的；

（三）涂改、倒卖、出租、出借或者以其他形式非法转让资质证书的；

（四）未按照国家有关工程建设强制性标准进行检测，造成质量安全事故或致使事故损失扩大的；

（五）伪造检测数据，出具虚假检测报告或者鉴定结论的。

**第九条** 检测机构取得检测机构资质后，不再符合相应资质标准的，省、自治区、直辖市人民政府建设主管部门根据利害关系人的请求或者依据职权，可以责令其限期改正；逾期不改的，可以撤回相应的资质证书。

**第十条** 任何单位和个人不得涂改、倒卖、出租、出借或者以其他形式非法转让资质证书。

**第十一条** 检测机构变更名称、地址、法定代表人、技术负责人，应当在3个月内到原审批机关办理变更手续。

**第十二条** 本办法规定的质量检测业务，由工程项目建设单位委托具有相应资质的检测机构进行检测。委托方与被委托方应当签订书面合同。

检测结果利害关系人对检测结果发生争议的,由双方共同认可的检测机构复检,复检结果由提出复检方报当地建设主管部门备案。

第十三条 质量检测试样的取样应当严格执行有关工程建设标准和国家有关规定,在建设单位或者工程监理单位监督下现场取样。提供质量检测试样的单位和个人,应当对试样的真实性负责。

第十四条 检测机构完成检测业务后,应当及时出具检测报告。检测报告经检测人员签字、检测机构法定代表人或者其授权的签字人签署,并加盖检测机构公章或者检测专用章后方可生效。检测报告经建设单位或者工程监理单位确认后,由施工单位归档。

见证取样检测的检测报告中应当注明见证人单位及姓名。

第十五条 任何单位和个人不得明示或者暗示检测机构出具虚假检测报告,不得篡改或者伪造检测报告。

第十六条 检测人员不得同时受聘于两个或者两个以上的检测机构。

检测机构和检测人员不得推荐或者监制建筑材料、构配件和设备。

检测机构不得与行政机关,法律、法规授权的具有管理公共事务职能的组织以及所检测工程项目相关的设计单位、施工单位、监理单位有隶属关系或者其他利害关系。

第十七条 检测机构不得转包检测业务。

检测机构跨省、自治区、直辖市承担检测业务的,应当向工程所在地的省、自治区、直辖市人民政府建设主管部门备案。

第十八条 检测机构应当对其检测数据和检测报告的真实性和准确性负责。

检测机构违反法律、法规和工程建设强制性标准,给他人造成损失的,应当依法承担相应的赔偿责任。

第十九条 检测机构应当将检测过程中发现的建设单位、监理单位、施工单位违反有关法律、法规和工程建设强制性标准的情况，以及涉及结构安全检测结果的不合格情况，及时报告工程所在地建设主管部门。

**第二十条** 检测机构应当建立档案管理制度。检测合同、委托单、原始记录、检测报告应当按年度统一编号，编号应当连续，不得随意抽撤、涂改。

检测机构应当单独建立检测结果不合格项目台账。

**第二十一条** 县级以上地方人民政府建设主管部门应当加强对检测机构的监督检查，主要检查下列内容：

（一）是否符合本办法规定的资质标准；

（二）是否超出资质范围从事质量检测活动；

（三）是否有涂改、倒卖、出租、出借或者以其他形式非法转让资质证书的行为；

（四）是否按规定在检测报告上签字盖章，检测报告是否真实；

（五）检测机构是否按有关技术标准和规定进行检测；

（六）仪器设备及环境条件是否符合计量认证要求；

（七）法律、法规规定的其他事项。

**第二十二条** 建设主管部门实施监督检查时，有权采取下列措施：

（一）要求检测机构或者委托方提供相关的文件和资料；

（二）进入检测机构的工作场地（包括施工现场）进行抽查；

（三）组织进行比对试验以验证检测机构的检测能力；

（四）发现有不符合国家有关法律、法规和工程建设标准要求的检测行为时，责令改正。

**第二十三条** 建设主管部门在监督检查中为收集证据的需要，可以对有关试样和检测资料采取抽样取证的方法；在证据可能灭失或者以后难以取得的情况下，经部门负责人批准，可以先行登记保存有关试样和检测资料，并应当在7日内及时作出处理决定，在此期间，当事人或者有关人员不得销毁或者转移有关试样和检测资料。

第二十四条　县级以上地方人民政府建设主管部门，对监督检查中发现的问题应当按规定权限进行处理，并及时报告资质审批机关。

第二十五条　建设主管部门应当建立投诉受理和处理制度，公开投诉电话号码、通讯地址和电子邮件信箱。

检测机构违反国家有关法律、法规和工程建设标准规定进行检测的，任何单位和个人都有权向建设主管部门投诉。建设主管部门收到投诉后，应当及时核实并依据本办法对检测机构作出相应的处理决定，于30日内将处理意见答复投诉人。

第二十六条　违反本办法规定，未取得相应的资质，擅自承担本办法规定的检测业务的，其检测报告无效，由县级以上地方人民政府建设主管部门责令改正，并处1万元以上3万元以下的罚款。

第二十七条　检测机构隐瞒有关情况或者提供虚假材料申请资质的，省、自治区、直辖市人民政府建设主管部门不予受理或者不予行政许可，并给予警告，1年之内不得再次申请资质。

第二十八条　以欺骗、贿赂等不正当手段取得资质证书的，由省、自治区、直辖市人民政府建设主管部门撤销其资质证书，3年内不得再次申请资质证书；并由县级以上地方人民政府建设主管部门处以1万元以上3万元以下的罚款；构成犯罪的，依法追究刑事责任。

第二十九条　检测机构违反本办法规定，有下列行为之一的，由县级以上地方人民政府建设主管部门责令改正，可并处1万元以上3万元以下的罚款；构成犯罪的，依法追究刑事责任：

（一）超出资质范围从事检测活动的；

（二）涂改、倒卖、出租、出借、转让资质证书的；

（三）使用不符合条件的检测人员的；

（四）未按规定上报发现的违法违规行为和检测不合格事项的；

（五）未按规定在检测报告上签字盖章的；

（六）未按照国家有关工程建设强制性标准进行检测的；

（七）档案资料管理混乱，造成检测数据无法追溯的；

（八）转包检测业务的。

**第三十条** 检测机构伪造检测数据，出具虚假检测报告或者鉴定结论的，县级以上地方人民政府建设主管部门给予警告，并处 3 万元罚款；给他人造成损失的，依法承担赔偿责任；构成犯罪的，依法追究其刑事责任。

**第三十一条** 违反本办法规定，委托方有下列行为之一的，由县级以上地方人民政府建设主管部门责令改正，处 1 万元以上 3 万元以下的罚款：

（一）委托未取得相应资质的检测机构进行检测的；

（二）明示或暗示检测机构出具虚假检测报告，篡改或伪造检测报告的；

（三）弄虚作假送检试样的。

**第三十二条** 依照本办法规定，给予检测机构罚款处罚的，对检测机构的法定代表人和其他直接责任人员处罚款数额 5％以上 10％以下的罚款。

**第三十三条** 县级以上人民政府建设主管部门工作人员在质量检测管理工作中，有下列情形之一的，依法给予行政处分；构成犯罪的，依法追究刑事责任：

（一）对不符合法定条件的申请人颁发资质证书的；

（二）对符合法定条件的申请人不予颁发资质证书的；

（三）对符合法定条件的申请人未在法定期限内颁发资质证书的；

（四）利用职务上的便利，收受他人财物或者其他好处的；

（五）不依法履行监督管理职责，或者发现违法行为不予查处的。

**第三十四条** 检测机构和委托方应当按照有关规定收取、支付检测费用。没有收费标准的项目由双方协商收取费用。

第三十五条 水利工程、铁道工程、公路工程等工程中涉及结构安全的试块、试件及有关材料的检测按照有关规定，可以参照本办法执行。节能检测按照国家有关规定执行。

第三十六条 本规定自 2005 年 11 月 1 日起施行。

附件一：

## 质量检测的业务内容

一、专项检测

（一）地基基础工程检测

1. 地基及复合地基承载力静载检测；
2. 桩的承载力检测；
3. 桩身完整性检测；
4. 锚杆锁定力检测。

（二）主体结构工程现场检测

1. 混凝土、砂浆、砌体强度现场检测；
2. 钢筋保护层厚度检测；
3. 混凝土预制构件结构性能检测；
4. 后置埋件的力学性能检测。

（三）建筑幕墙工程检测

1. 建筑幕墙的气密性、水密性、风压变形性能、层间变位性能检测；
2. 硅酮结构胶相容性检测。

（四）钢结构工程检测

1. 钢结构焊接质量无损检测；
2. 钢结构防腐及防火涂装检测；
3. 钢结构节点、机械连接用紧固标准件及高强度螺栓力学性能检测；
4. 钢网架结构的变形检测。

## 二、见证取样检测

（一）水泥物理力学性能检验；

（二）钢筋（含焊接与机械连接）力学性能检验；

（三）砂、石常规检验；

（四）混凝土、砂浆强度检验；

（五）简易土工试验；

（六）混凝土掺加剂检验；

（七）预应力钢绞线、锚夹具检验；

（八）沥青、沥青混合料检验。

## 附件二：

## 检测机构资质标准

一、专项检测机构和见证取样检测机构应满足下列基本条件：

（一）专项检测机构的注册资本不少于100万元人民币，见证取样检测机构不少于80万元人民币；

（二）所申请检测资质对应的项目应通过计量认证；

（三）有质量检测、施工、监理或设计经历，并接受了相关检测技术培训的专业技术人员不少于10人；边远的县（区）的专业技术人员可不少于6人；

（四）有符合开展检测工作所需的仪器、设备和工作场所；其中，使用属于强制检定的计量器具，要经过计量检定合格后，方可使用；

（五）有健全的技术管理和质量保证体系。

二、专项检测机构除应满足基本条件外，还需满足下列条件：

（一）地基基础工程检测类

专业技术人员中从事工程桩检测工作3年以上并具有高级或者中级职称的不得少于4名，其中1人应当具备注册岩土工程师资格。

（二）主体结构工程检测类

专业技术人员中从事结构工程检测工作 3 年以上并具有高级或者中级职称的不得少于 4 名，其中 1 人应当具备二级注册结构工程师资格。

（三）建筑幕墙工程检测类

专业技术人员中从事建筑幕墙检测工作 3 年以上并具有高级或者中级职称的不得少于 4 名。

（四）钢结构工程检测类

专业技术人员中从事钢结构机械连接检测、钢网架结构变形检测工作 3 年以上并具有高级或者中级职称的不得少于 4 名，其中 1 人应当具备二级注册结构工程师资格。

三、见证取样检测机构除应满足基本条件外，专业技术人员中从事检测工作 3 年以上并具有高级或者中级职称的不得少于 3 名；边远的县(区)可不少于 2 人。

## 12.2 上海市建筑工程质量监督管理办法

（上海市人民政府第 88 号令）

### 第一章 总 则

**第一条** （目的和依据）

为了加强对本市建设工程质量的监督管理，明确建设工程参与各方的质量义务，保证建设工程质量，根据国家法律、法规的有关规定，结合本市实际情况，制定本办法。

**第二条** （定义）

本办法所称的建设工程，是指房屋建筑、土木建筑、工程设备安装、管线敷设等工程。

本办法所称的建设工程质量，是指建设工程符合法律、法规、规章的规定和技术标准、设计文件以及建设工程合同的要求，达到安全、适用等特性的程度和状况。

**第三条** （适用范围）

本办法适用于本市范围内新建、改建、扩建的建设工程。但本市个人建造的自住房屋除外。

凡在本市从事建设工程活动的单位和个人，均应遵守本办法。

**第四条** （质量核验监督制度）

建设工程实行质量核验监督制度。凡本市范围内的建设工程，均应当由建设工程质量监督机构(以下简称质监机构)依照本办法进行质量核验，经核验合格后方可交付使用。

**第五条** （管理部门）

上海市建设委员会(以下简称市建委)是本市建设工程质量监督的行政主管部门；上海市建筑业管理办公室(以下简称市建管办)依照本办法，负责对本市建设工程质量监督的日常管理工作。

区、县建设行政管理部门依照本办法，负责其所辖区域内建设工程质量监督的管理工作。

**第六条** （质监机构及其职责分工）

上海市建设工程质量监督总站(以下简称市质监总站)负责全市建设工程质量核验监督的组织和管理工作，确定本市各质监机构的业务范围，并协调本市质监机构与国务院各部门在沪质监机构的业务范围划分。

市级各专业质监机构按其专业范围和职责分工，负责由市审批立项的建设工程的质量核验监督工作。

区、县质监机构负责由区、县审批立项的建设工程的质量核验监督工作。

国务院各部门在沪质监机构依照国家有关规定，负责本系统在本市的大中型建设工程或者指定专业范围内的建设工程的质量核验监督工作。

**第七条** （质监机构及其监督员的资质要求）

质监机构应当具备相应的建设工程质量核验监督条件和能力，并经建设部、市建委或者建设部、市建委授权的机构进行资质审核合格后,方可从事建设工程质量核验监督工作。

建设工程质量监督员(以下简称监督员)应当经建设部、市建委或者建设部、市建委授权的机构考核合格后,方可从事建设工程质量核验监督工作。

## 第二章 建设工程的质量要求

**第八条** (建设工程质量的基本要求)

建设工程质量应当达到下列基本要求:

(一)符合有关法律、法规、规章的规定;

(二)符合国家标准、行业标准和地方标准;

(三)符合设计文件和建设工程合同的要求。

**第九条** (建设工程参与各方的基本要求)

建设工程参与各方应当贯彻国家建设工程质量标准,推行科学的质量管理方法,并根据建设工程的性质和特点,健全相应的质量保证体系,完善质量管理制度。

建设工程的监理单位、勘察单位、设计单位和施工单位应当按其资质等级和经营范围承接建设工程任务。

建设单位应当根据建设工程的特点和技术要求,按有关规定确定具有相应资质等级的监理单位、勘察单位、设计单位和施工单位。

**第十条** (签订建设工程合同的要求)

建设单位与监理单位、勘察单位、设计单位、施工单位签订建设工程合同,应当符合有关法律、法规、规章的规定和技术标准,不得降低对建设工程的质量要求。对无强制性技术标准的建设工程,应当在建设工程合同中明确所采用的标准。

除前款规定外,建设工程合同中还应当明确建设工程参与各方的质量义务。

**第十一条** (勘察、设计文件的要求)

勘察、设计文件应当符合有关法律、法规、规章的规定和技术标准以及设计任务书的要求。

勘察文件应当反映建设工程地质、地形和地貌的状况，评价准确，数据可靠。

设计文件中应当注明建设工程使用的建筑材料、构配件和设备的规格、性能和质量要求，但不得强行指定生产厂家；施工图纸应当与其他设计文件相配套，标注的说明应当清晰、完整。

**第十二条** （材料和设备质量的基本要求）

建设工程使用的建筑材料、构配件和设备的质量应当符合下列基本要求：

（一）符合国家和行业的有关技术标准；

（二）符合产品或者其包装上注明采用的标准；

（三）符合以产品说明、实物样品等方式表明的质量状况；

（四）符合设计文件中注明的产品规格和性能；

（五）有产品质量检验合格证。

**第十三条** （检测单位的资质条件和检测要求）

建设工程质量检测单位（以下简称检测单位）应当经建设部、市建委、市技术监督局或者建设部、市建委、市技术监督局授权的机构进行资质审核合格后，方可承担建设工程的质量检测任务。

检测单位应当按其资质等级和经营范围承担建设工程质量检测任务，并严格执行有关法律、法规、规章和技术标准，出具的检测报告、鉴定报告应当真实、准确。

## 第三章 建设工程质量的核验监督

**第十四条** （建设工程质量核验监督的申报）

建设单位应当在建设工程开工前30日，向指定的质监机构办理建设工程质量核验监督的申报手续，并提交下列文件和资料：

（一）建设工程项目批准文件；

（二）建设单位与监理单位、勘察单位、设计单位、施工单位签订的建设工程合同；

（三）监理单位、勘察单位、设计单位的资质等级和经营范围的有关证明材料；

（四）施工单位的施工许可证和经营手册；

（五）有关建设工程质量保证条件的资料；

（六）有关概预算资料；

（七）与建设工程质量核验监督有关的其他文件和资料。

**第十五条** （建设工程质量核验监督申报的审核）

质监机构应当在收到本办法第十四条所列文件和资料后的15日内，作出审核决定。对符合规定要求的准予办理有关手续，并发给《上海市建设工程质量监督书》。

**第十六条** （质监费和管理费）

建设单位应当在办理建设工程质量监督申报手续时，向质监机构缴纳质量监督费。质量监督费由质监机构专款专用，不得挪作他用。

各质监机构应当在收取的质量监督费中，按规定的比例向市质监总站缴纳管理费。

质量监督费和管理费的标准由市建委提出，经市物价局会同市财政局核定后执行。

**第十七条** （建设工程参与各方开工前的义务）

建设单位或者其委托的监理单位应当在建设工程开工前履行下列义务：

（一）根据建设工程的性质和规模配备相应的质量管理人员；

（二）组织勘察单位、设计单位、施工单位进行设计交底和施工图纸会审。

施工单位应当在建设工程开工前履行下列义务：

（一）建立施工管理组织，并配备相应的技术和质量管理人员；

（二）按照设计文件规定的质量要求编制施工方案；

（三）按照施工方案明确对施工人员的技术要求；

（四）落实建设工程的其他质量保证条件。

**第十八条** （建设工程开工前的监督管理）

质监机构及其监督员在建设工程开工前行使下列监督职权：

（一）对施工现场的监理单位、施工单位的资质等级和经营范围进行复核；

（二）编制建设工程质量监督计划，并通知建设单位、监理单位和施工单位。

**第十九条** （建设工程参与各方施工中的义务）

施工单位在建设工程施工中，应当按照设计文件和建设工程合同组织施工，禁止偷工减料、粗制滥造或者以假充真、以次充好。

除前款规定外，施工单位还应当履行下列义务：

（一）对进入施工现场的建设材料、构配件和设备的出厂合格证进行核查。

（二）对进入施工现场的建筑材料、构配件和设备作进场试验；按规定需由检测单位检测或者鉴定的，应当委托检测单位检测或者鉴定并出具检测报告或者鉴定报告。

（三）根据施工状况需对设计文件作变更的，应当及时会同勘察单位、设计单位进行变更。

（四）执行施工规范和技术工艺标准，做好工序控制和质量检测。

（五）隐蔽工程完工后，及时通知建设单位或者其委托的监理单位进行验收。

建设单位或者其委托的监理单位在建设工程施工中，应当按照施工进度对建设工程的质量进行跟踪检查。隐蔽工程经验收合格的，建设单位或者其委托的监理单位应当签署有关证明。

**第二十条** （建设工程施工中的监督管理）

质监机构及其监督员在建设工程施工中行使下列监督职权：

（一）按照建设工程质量监督计划进行质量抽查、测试和核验，填写质量监督记录；

（二）检查施工单位技术操作人员的资质和合格证明；

（三）核查勘察单位、设计单位和施工单位与其资质等级相应的质量保证条件。

对不符合规定要求的施工作业，或者在抽查、测试和核验中发现建设工程质量严重不符合规定标准的，质监机构可责令施工单位进行整改或者暂停施工。

**第二十一条** （建设工程质量的中间核验）

建设工程的基础分部、结构分部或者建设工程质量监督计划确定的主要施工阶段完工后，施工单位应当在5日内向质监机构申请建设工程质量的中间核验。质监机构应当在7日内作出中间核验的决定；逾期不作出决定的，视作合格。

未经质监机构中间核验或者中间核验为不合格的建设工程，施工单位不得进行下道工序施工。

**第二十二条** （建设工程质量竣工核验的申请）

建设工程按设计文件和建设工程合同规定的要求竣工后，建设单位应当会同施工单位向质监机构申请建设工程质量竣工核验，并提交下列有关质量状况的资料：

（一）勘察、设计文件和建设工程竣工图；

（二）建设工程所用建筑材料、构配件和设备的出厂合格证；

（三）建设工程所用建筑材料、构配件和设备进场试验合格的检测报告或者鉴定报告；

（四）隐蔽工程验收合格的证明；

（五）建设工程质量中间核验合格的证明；

（六）与建设工程质量状况有关的其他技术资料。

**第二十三条** （建设工程质量竣工核验的要求）

质监机构应当在收到建设工程质量竣工核验申请后的10日内，对有关建设工程质量状况的资料进行全面核查，并核定建设工程的质量等级。

对核定为合格或者优良的建设工程，由质监机构发给《上海市建设工程质量核验证明书》，并在其中载明建设工程的质量等级。

未经质监机构核定质量等级或者经核定为质量不合格的建设

工程，不得进行竣工验收和交付使用。

**第二十四条** （建设工程竣工验收的要求）

建设单位取得《上海市建设工程质量核验证明书》后，可按规定组织各有关单位进行建设工程竣工验收。验收时，施工单位应当签署建设工程保修书，并提供建设工程使用、保养和维护的有关说明。

## 第四章  保修和损害赔偿

**第二十五条** （建设工程质量缺陷的保修单位）

建设工程交付使用后，在国家或者本市规定的建设工程保修期内，因施工、勘察、设计或者使用的建筑材料、构配件和设备等方面的原因出现质量缺陷，应当由施工单位负责维修。

本办法所称的质量缺陷，是指建设工程不符合国家或者本市现行的有关技术标准，不能达到正常使用功能要求的状况。

建设工程保修期，从建设工程交付使用之日起计算。

**第二十六条** （建设工程质量缺陷保修的经济责任）

建设工程因质量缺陷所发生的维修费用，按下列规定处理：

（一）因施工原因造成质量缺陷的，由施工单位承担。

（二）因勘察、设计方面的原因造成质量缺陷的，由勘察单位、设计单位承担。施工单位可通过建设单位向勘察单位、设计单位追偿。

（三）因建筑材料、构配件和设备质量不合格造成质量缺陷，属于施工单位采购的，由施工单位承担；属于建设单位采购的，由建设单位承担。施工单位或者建设单位可向生产单位或者供应单位追偿。

建设工程实行总承包的，因质量缺陷所发生的维修费用应当由总承包单位承担。

因使用不当造成质量缺陷的，由使用人承担维修费用。

因地震、洪水、台风等不可抗力造成质量缺陷的，施工单位、勘察单位、设计单位或者总承包单位不承担维修费用。

第二十七条 （保修程序）

施工单位自接到建设工程质量缺陷保修通知书之日起，应当在两周内到达现场维修。施工单位未按期维修的，建设单位应当再次通知施工单位。施工单位自接到再次通知书之日起1周内仍未维修的，建设单位可自行维修，有关费用先由原施工单位承担，再依照本办法第二十六条的规定处理。

第二十八条 （赔偿责任）

因建设工程质量缺陷造成人身和工程本身以外的财产损害，在建设工程保修期内的，受害人可向施工单位要求赔偿；超过建设工程保修期的，受害人可向建设单位要求赔偿。

施工单位或者建设单位可按照造成损害的责任，向其他有关单位追偿。

第二十九条 （质量责任纠纷的处理）

因建设工程质量责任发生纠纷，当事人可以自行协商或者由原质监机构调解解决。当事人不愿通过协商、调解解决或者协商、调解不成的，可以根据双方当事人的协议，向仲裁机构申请仲裁或者向人民法院起诉。

## 第五章 奖励和处罚

第三十条 （表彰和奖励的条件）

对下列单位和个人应当给予表彰和奖励：

（一）为提高建设工程质量作出显著成绩的单位和有关人员；

（二）出色完成质量核验监督工作的质监机构及其监督员；

（三）为创建市级以上优质建设工程作出贡献的单位和有关人员。

表彰和奖励的具体办法由市建委会同有关部门另行规定。

第三十一条 （对建设单位的处罚）

对建设单位违反本办法的行为，由市建管办或者区、县建设行政管理部门按下列规定予以处罚：

（一）不按规定确定相应的资质等级的勘察单位、设计单位、施工单位和监理单位的，或者不按规定办理建设工程质量核验监督申报手续的，责令限期改正，并可处5000元以上2万元以下罚款。

（二）擅自降低建设工程质量标准的，责令限期改正，并可处5000元以上1万元以下罚款。

（三）不按规定对隐蔽工程进行验收签证的，可处5000元以上1万元以下罚款。

（四）建设工程未经质监机构核定质量等级或者经核定为质量不合格而进行竣工验收和交付使用的，责令停止使用、限期改正，并可处1万元以上2万元以下罚款。

第三十二条 （对勘察、设计、监理单位的处罚）

对勘察单位、设计单位和监理单位违反本办法的行为，由市建管办或者区、县建设行政管理部门按下列规定予以处罚：

（一）超越资质等级和经营范围承接勘察、设计和监理任务的，责令停止建筑活动，并没收其违法所得。

（二）勘察、设计文件不符合本办法第十一条规定的，责令限期改正，并可处5000元以上1万元以下罚款。

（三）由于勘察、设计原因或者监理过失造成建设工程质量事故的，责令限期改正，并可处1万元以上2万元以下罚款；对直接责任人予以处分。

对违反本办法情节严重的，可由市建委对其作出降低资质等级或者吊销承接业务许可证的处理。

第三十三条 （对施工单位的处罚）

对施工单位违反本办法的行为，由市建管办或者区、县建设行政管理部门按下列规定予以处罚：

（一）超越资质等级和经营范围承接施工任务的，责令停止施工，并没收其违法所得。

（二）未对建筑材料、构配件和设备作进场试验，或者不按规定委托检测单位进行检测或者鉴定的，责令其限期改正，并可处5000元以上1万元以下罚款。

（三）不按照设计文件组织施工或者擅自变更设计文件的，责令停止施工、限期改正，并可处5000元以上2万元以下罚款。

（四）基础分部、结构分部或者建设工程质量监督计划确定的主要施工阶段完工后，未按规定申请建设工程质量中间核验或者经核验不合格而擅自进行下道工序施工的，责令停止施工、限期改正，并可处1万元以上2万元以下罚款。

（五）偷工减料、粗制滥造或者以假充真、以次充好，造成建设工程质量严重低劣的，或者因施工原因造成建设工程质量事故的，责令停止施工，并可处1万元以上2万元以下罚款；对直接责任人予以处分。

对违反本办法情节严重的，可由市建委对其作出降低资质等级或者吊销承接业务许可证的处理。

**第三十四条** （对材料和设备生产、供应单位的处罚）

生产单位和供应单位提供不符合规定要求的建筑材料、构配件、设备的，由技术监督部门依照产品质量法律、法规的规定进行处罚。

**第三十五条** （对检测单位的处罚）

检测单位伪造检测数据或者鉴定结论的，由市建管办或者区、县建设行政管理部门责令限期改正，并可处所收检验费用2倍以上5倍以下罚款，但最高不超过3万元；情节严重的，可取消其承担检测任务的资质。

**第三十六条** （对质监机构及其监督员的处理）

质监机构只收费不监督或者不按规定履行职责的，应当退还收取的质量监督费，并由其上级主管部门追究责任；情节严重的，可取消其对建设工程质量核验监督的资格。

监督员滥用职权、玩忽职守、徇私舞弊的，由所在的质监机构或者其上级主管部门予以处分；构成犯罪的，依法追究其刑事责任。

**第三十七条** （处罚文书和罚没款处理）

建设行政管理部门作出行政处罚,应当出具行政处罚决定书。收缴罚没款,应当开具市财政部门统一印制的罚没财物收据。罚没收入按规定上缴国库。

**第三十八条** (行政复议和行政诉讼)

当事人对建设行政管理部门的具体行政行为不服的,可以按照《行政复议条例》和《中华人民共和国行政诉讼法》的规定,申请行政复议或者提起行政诉讼。

当事人在法定期限内不申请复议,不提起诉讼,又不履行具体行政行为的,作出具体行政行为的部门可以依据《中华人民共和国行政诉讼法》的规定,申请人民法院强制执行。

## 第六章 附 则

**第三十九条** (应用解释部门)

本办法的具体应用问题,由市建委负责解释。

**第四十条** (施行日期)

本办法自1995年2月1日起施行。

## 12.3 关于颁发《上海市建设工程质量检测见证取样送样暂行规定》的通知

沪建建(97)第0244号

各区、县建委、建设局,外省市沪办及中央部属企业建管处、市各有关局(集团)总公司、各监理公司、房地产公司:

现将《上海市建设工程质量检测见证取样送样暂行规定》发给你们,请遵照执行。

附:《上海市建设工程质量检测见证取样送样暂行规定》

上海市建设委员会
一九九七年三月二十日

# 上海市建设工程质量检测见证取样送样暂行规定

为了保证建设工程质量检测工作的科学性、公正性和正确性，杜绝"仅对来样负责"而不对"工程质量负责"的不规范检测报告，根据建设部建监(1996)208号《关于加强工程质量检测工作的若干意见》及建监(1996)488号《建筑企业试验室管理规定》的要求，经研究决定本市建设工程质量检测实行见证取样送样制度，即在建设单位或监理人员见证下，由施工人员在现场取样并共同送至试验室，见证人员及取样人对试样的代表性和真实性负有法定责任。具体规定如下：

一、适用范围

本市所有建设工程所使用的全部原材料及现场制作的混凝土、砂浆所有试块，均实行见证取样送样制度。

本规定适用于本市建设工程所有检测机构，对外试验室和企业内部。

二、见证人资格

见证人应由建设单位或监理单位具备初级以上技术职称或具有建筑施工专业知识的人员担任，并经培训考核，取得"见证人员证书"后，方可履行其职责。

由市建设工程质量检测中心统一编写培训教材，考核大纲，负责对全市见证人员的统一考核及发证，并指导各区、县检测分中心开展见证人员的培训工作。

三、见证取样程序

1. 建设单位到质监站办理质监手续同时，向质监站递交书面授权书(附件一)，写明本工程现场委托的见证单位和见证人姓名，每单位工程见证人不少于2人。书面委托书同时递交给该工程检测试验单位，以便于检测单位和质监站检查有关资料时核对。

2. 施工企业施工人员在现场进行原材料取样和试块制作时，

必须有见证单位见证人在旁见证。见证人有责任对试样进行监护，并和施工人员一起将试样送检测试验单位。

3. 各检测机构试验室在接受试验任务时，应由送检单位填写试验委托单(附件二)，见证人应出示"见证人员证书"，并在试验委托单上签字。

4. 各检测机构试验室应在试验报告单备注中，注明见证单位及见证人姓名。一旦发生试验不合格情况，首先通知见证单位和工程受监质监站。

四、罚则

各检测机构试验室对无见证人签名的试验委托单及无见证人伴送的试件一律拒收，未注明见证单位和见证人的试验报告无效，不得作为质量保证资料和竣工验收资料，由质监站指定法定检测单位重新检测。

建设、施工、监理和检测试验单位凡以任何形式弄虚作假，或者玩忽职守者，将按有关法规严肃查处，情节严重者，依法追究刑事责任。

本规定从一九九七年五月一日起开始实行，考虑到见证人员培训工作量大面广，"见证人员证书"制度从一九九七年十月一日起开始执行。

一九九七年二月二十一日

## 12.4 关于颁发《上海市建设工程施工现场标准养护室管理规定》的通知

沪建建(98)第0144号

各区(县)建委(建设局)、外省市沪办建管处、市建工、住总、城建(集团)：

现将《上海市建设工程施工现场标准养护室管理规定》印发

给你们，请遵照执行。

附件：《上海市建设工程施工现场标准养护室管理规定》

上海市建设委员会
一九九八年三月三十一日

# 上海市建设工程施工现场标准养护室管理规定

**第一条** （目的和依据）

为进一步加强对建设工程施工质量的全面管理，强化结构工程质量控制，根据 GB 50204—92《混凝土结构工程施工验收规范》和国家工程施工验收规范的有关规定，结合本市施工现场的实际情况，特制定本规定。

**第二条** （实施范围）

本市行政区域内所有处于桩基及结构施工阶段的在建工程，在施工现场均必须按规定设置混凝土、砂浆试块的标准养护室。

**第三条** （管理部门）

上海市建筑业管理办公室负责管理本市建设工程施工现场标准养护室工作，市与区县建设工程质量监督站负责监督检查。

**第四条** （实施单位）

标准养护室由桩基和结构施工单位负责建立和管理，建设、监理单位负责督促检查，质量监督站负责监督抽查。

**第五条** （标准养护室的技术要求）

标准养护室的设置必须符合下列技术要求：

（一）房屋要求保温隔热，根据工程规模的大小确定标准养护室的面积，最小不少于 5 平方米；

（二）配置冷暖空调、电热棒等恒温装置，使室内温度控制在 $20\pm3℃$ 范围；

（三）有条件的大型工程应配置喷淋装置，使室内湿度大于 90%。一般中小型工程可砌水池养护，但须设立体积相仿的另一

预养水池(或水桶)作为置换水用。为节约面积,预养水池(或水桶)可设置在养护水池的上方,水温须与室温相同;

(四)标准养护室室内应设立水泥混合砂浆试块立柜,立柜内宜衬海绵等保湿材料,以控制湿度为60%～80%;

(五)标准养护室中须配置温度计、湿度计,温、湿度应由专人每天记录两次(上、下午各一次),同时必须建立标准养护室的管理制度并严格执行。

**第六条** (试块制作要求)

砂浆、混凝土试块应按规范标准制作,试块制作后应在终凝前用铁钉刻上制作日期、工程部位、设计强度等,不允许试块在终凝后用毛笔等书写。

**第七条** (评选条件)

工程施工现场设置标准养护室作为本市文明工地及标准化工地评选的必备条件。

**第八条** (审批规定)

个别特殊工程不宜在施工现场设立标准养护室的,由施工企业向工程质量监督站提出书面申请,应经质量监督站批准。

**第九条** (施行日期)

本规定于1998年4月1日起施行。

## 12.5 关于本市限期禁止工程施工使用现场搅拌砂浆的通知

沪建交联[2007]886号

各有关单位:

为贯彻落实商务部、公安部、建设部、交通部、质检总局、环保总局《关于在部分城市限期禁止现场搅拌砂浆工作的通知》,进一步提高建设工程质量,减少施工扬尘污染,依据相关规定,就本市限期禁止工程施工使用现场搅拌砂浆事宜通知如下:

一、限期禁止工程施工使用现场搅拌砂浆。

自本通知颁布之日起，凡在本市进行工程招标和编制施工图设计文件的建设工程，应当在招标文件、施工合同和施工图设计文件中明确按规定使用预拌砂浆。原已按规定在招标文件、施工合同和施工图设计文件中明确使用预拌砂浆的，继续依照执行。

2008年2月1日起，所有新建、改建、扩建工程施工禁止使用现场搅拌砂浆。

施工现场安置的搅拌机，只能用于对预拌湿砂浆或者包装干粉砂浆的搅拌，并且搅拌机应当置于封闭、配有吸尘和除尘装置的工棚内。

禁止施工使用现场搅拌砂浆是指禁止利用施工现场内黄砂、水泥和石灰膏等原材料，使用人力或搅拌机拌制各类砂浆。

预拌砂浆是指由专业厂（站）生产，并用于本市建设工程的各类砌筑、抹灰和地面（屋面）等普通干粉砂浆或者湿砂浆拌合物。预拌砂浆属于上海市建设工程新型材料。

二、预拌砂浆生产与使用应当符合上海市《预拌砂浆生产与应当用技术规程》（DG/T J08—502—2006）（以下简称《技术规程》）。

（一）预拌砂浆生产企业生产的预拌砂浆应当符合工程质量要求。

（二）预拌砂浆生产企业应当按规定使用散装水泥。普通干粉砂浆生产企业散装设施能力应当超过80%，并配置相应的散装干粉砂浆运输车辆和封闭式预拌砂浆存储搅拌罐。

（三）新建或者申请恢复预拌砂浆生产的企业，应当向上海市建材业管理办公室申请上海市新型建设工程材料认定。

三、预拌砂浆实行建设工程材料备案管理。市建筑建材业受理服务中心受理预拌砂浆生产企业的首次备案申请时，应当查验申报企业的新型建设工程材料认定证书。

四、建设单位应当将使用预拌砂浆费用纳入工程概算。依法必须招标的项目,招标人应当在招标文件中明确使用预拌砂浆,投标人应当参照政府发布的预拌砂浆指导价,将使用预拌砂浆的费用列入投标报价。

五、设计单位应当依据《技术规程》设计使用预拌砂浆,并在施工图设计文件中明确其品种和强度等级。

施工图设计文件审查机构应当对使用预拌砂浆情况进行审查,对不符合《技术规程》中强制性规定的施工图设计文件不予通过审查。

六、工程监理单位应当按照设计文件和施工验收规范,对使用预拌砂浆进行日常监理。对不按规定使用预拌砂浆的,监理工程师不得签署同意文件。

七、市区预拌砂浆运输原则上采用夜间运输。确因特殊情况,为保障内环线内施工工程对预拌砂浆需求,市建筑建材业市场管理总站根据市场每季度预拌砂浆使用情况,制订下一季度需用市区通行证计划。市公安交警管理部门根据实际需要核发月度《本市货运汽车通行证》。申报、使用市区通行证的车辆,应当符合车辆管理有关规定。

八、各级建设、环保、散装水泥等行政主管部门应当密切配合,加强所辖区域内禁止使用现场搅拌砂浆的督促检查,加强预拌砂浆生产和使用的协调推进,加大对禁止施工使用现场搅拌砂浆重要意义的宣传力度。

市建筑建材业市场管理总站和区(县)相关部门,应当对获得新材料认定证书的预拌砂浆生产企业加强动态督察,发现生产劣质预拌砂浆的行为应当及时移送建设行政执法部门依法查处,对整改不符合要求且逾期仍不改正的报请上海市建材业管理办公室撤销其新材料认定证书。

市和区(县)及各专业建设工程安全质量监督机构应当加强对禁止使用现场搅拌砂浆情况的监督检查,同时加强对预拌砂浆质量的检查,及时受理社会投诉和核查相关管理部门移送的督察意见书,积极查处违规行为,并向社会通报处理结果。

九、对未按本通知要求执行的企业,建设行政执法部门应当责令其整改,并按照相关规定进行处罚。

(一)施工现场未按规定禁止搅拌砂浆,或未按规定使用预拌砂浆的,依据《上海市扬尘污染防治管理办法》第二十一条第一款的规定对施工单位予以处罚。同时该项工程不得参加白玉兰奖、文明工地评选和绿色建筑评估,不予通过创建节约型工地考核;

(二)设计单位、施工图设计文件审查机构、工程监理单位未按规定进行设计、施工图审查和现场监理的,依照相关法规、规章予以处罚。

十、本通知颁布之日起施行。《上海市建设工程使用预拌砂浆若干规定》(沪建建〔2004〕620号)、《关于进一步做好预拌预拌砂浆推广使用工作的通知》(沪建建管〔2006〕第022号)同时废止。

市建设交通委<br>
市经委<br>
市环保局<br>
市公安局<br>
二〇〇七年十二月二十五日

## 12.6 关于推行使用《上海市建设工程检测合同示范文本(2008版)》的通知

各工商分局,各有关单位:

为规范建设工程检测行为,维护合同双方当事人的合法权益,保障建设工程安全,促进建设工程检测行业健康发展,根据《中华人民共和国合同法》等有关规定,上海市工商行政管理局、上海市建设工程检测行业协会联合制定了《上海市建设工程检测合同示范文本(2008版)》(以下简称《工程检测合同》),并决定自本通知下发之日起在全市范围内推行使用。现就有关事项通知如下：

一、自本通知下发之日起，在本市建设工程检测活动中，当事人均可使用《工程检测合同》，也可参照《工程检测合同》自行制定合同文本。

二、各工商分局、各有关单位应做好《工程检测合同》的宣传、推行使用和监督检查工作。

三、《工程检测合同》通过上海市工商行政管理局网站（www.sgs.gov.cn）予以公布。

四、《工程检测合同》由上海市工商行政管理局、上海市建设工程检测行业协会联合制定，任何单位和个人不得出于商业目的擅自翻印和出售。今后在未制定新的版本前，本版本延续使用。

上海市工商行政管理局<br>
上海市建设工程检测行业协会<br>
二〇〇八年十二月十四日

## 12.7 关于加强水泥土搅拌桩质量管理的通知

沪建建管(98)第261号

各区(县)建委(建设局)、各有关局(集团、总公司)、各外省市沪办建管处：

为了提高本市建设工程(尤其是量大面广的住宅工程)质量，加大地基加固质量的监督，加强水泥土搅拌桩的质量管理，有效控制建筑物沉降，特通知如下：

一、水泥土搅拌桩施工的钻机，必须安装经市有关部门认可的水泥浆量计量装置，每根桩施工必须有钻头各次下钻深度及提升高度的全过程记录和水泥浆量用量曲线图。未安装水泥浆量计量装置的钻机，一律不得施工。

二、水泥土搅拌桩在施工中必须加强搅拌，增加水泥与土拌合均匀性。最后一次喷浆程序完成后，必须进行复搅。钻头下、上往返一次称为一搅，喷浆一般在钻头旋转提升同时进行，一般要求做到两喷三搅或一喷二搅。两喷二搅是指钻头下钻到设计深度后上提，重复二次，其中在第一、第二次上提时重复两次喷浆。一喷二搅是指钻头下钻到设计深度后上提，重复两次，其中第一次上提时喷浆。

三、水泥土搅拌桩施工必须严格监控。施工单位应随时抽查水泥浆液比重（即水灰比），每工作班不少于4次，同时应提交每根桩完整的现场施工记录和注浆量记录。水泥土搅拌桩应按规定制作水泥土试块，每台班不少于1组试块（每组6块）。监理单位（或建设单位）现场管理人员每一台班应不少于2次抽查水泥浆液比重。

四、水泥土搅拌桩地基加固处理的设计、施工要有相应资质的单位承担。当地基加固设计与主体结构设计不是同一设计单位时，地基加固设计施工图必须加盖设计出图章并由主体结构设计单位认可并会签。地基加固的施工单位不得自行设计。

五、各级质量监督部门，应严格监督，认真检查，对违反规定的企业，按《上海市建筑市场管理条例》实施处罚。

六、本规定自1999年1月1日起执行。

上海市建筑业管理办公室<br>
一九九八年十一月三十日

## 12.8 关于转发建设部《关于印发〈房屋建筑工程和市政基础设施工程实行见证取样和送检的规定〉的通知》的通知

沪建建管［2000］第160号

各区（县）建委（建设局），各有关局（集团、总公司），各外省市沪办建管处，各有关单位：

现将建设部建建〔2000〕211号文《关于印发〈房屋建筑工程和市政基础设施工程实行见证取样和送检的规定〉的通知》转发给你们，请认真贯彻执行。

根据市建委(97)第0244号之《关于颁发〈上海市建设工程质量检测见证取样送样暂行规定〉的通知》精神，现将有关要求重申如下：

1. 本市所有建设工程所使用的全部原材料及现场制作的混凝土、砂浆所有试块，均实行见证取样送样制度；

2. 见证人员、取样人员必须经过培训，考试合格后持证上岗；

3. 各检测单位在接受试验业务时，必须检查"见证人员证书"，见证人员应当在试验委托单上签名。

附件：关于印发《房屋建筑工程和市政基础设施工程实行见证取样和送检的规定》的通知

上海市建筑业管理办公室<br>二〇〇〇年十一月三日

## 关于印发《房屋建筑工程和市政基础设施工程实行见证取样和送检的规定》的通知

建建〔2000〕211号

各省、自治区、直辖市建委(建设厅)，各计划单列市建委，新疆生产建设兵团：

为贯彻《建设工程质量管理条例》，规范房屋建筑工程和市政基础设施工程中涉及结构安全的试块、试件和材料的见证取样和送检工作，保证工程质量，现将《房屋建筑工程和市政基础设施工程实行见证取样和送检的规定》印发给你们，请结合实际认真贯彻执行。

# 房屋建筑工程和市政基础设施工程实行见证取样和送检的规定

**第一条** 为规范房屋建筑工程和市政基础设施工程中涉及结构安全的试块、试件和材料的见证取样和送检工作，保证工程质量，根据《建设工程质量管理条例》制定本规定。

**第二条** 凡从事房屋建筑工程和市政基础设施工程的新建、扩建、改建等有关活动，应当遵守本规定。

**第三条** 本规定所称见证取样和送检是指在建设单位或工程监理单位人员的见证下，由施工单位的现场试验人员对工程中涉及结构安全的试块、试件和材料在现场取样，并送至经过省级以上建设行政主管部门对其资质认可和质量技术监督部门对其计量认证的质量检测单位（以下简称"检测单位"）进行检测。

**第四条** 国务院建设行政主管部门对全国房屋建筑工程和市政基础设施工程的见证取样和送检工作实施统一监督管理。

县级以上地方人民政府建设行政主管部门对本行政区域内的房屋建筑工程和市政基础设施工程的见证取样和送检工作实施监督管理。

**第五条** 涉及结构安全的试块、试件和材料见证取样和送检的比例不得低于有关技术标准中规定应取样数量的30％。

**第六条** 下列试块、试件和材料必须实施见证取样和送检：

（一）用于承重结构的混凝土试块；

（二）用于承重墙体的砌筑砂浆试块；

（三）用于承重结构的钢筋及连接接头试件；

（四）用于承重墙的砖和混凝土小型砌块；

（五）用于拌制混凝土和砌筑砂浆的水泥；

（六）用于承重结构的混凝土中使用的掺加剂；

（七）地下、屋面、厕浴间使用的防水材料；

（八）国家规定必须实行见证取样和送检的其他试块、试件和材料。

**第七条** 见证人员应由建设单位或该工程的监理单位具备建筑施工试验知识的专业技术人员担任，并应由建设单位或该工程的监理单位书面通知施工单位、检测单位和负责该项工程的质量监督机构。

**第八条** 在施工过程中，见证人员应按照见证取样和送检计划，对施工现场的取样和送检进行见证，取样人员应在试样或其包装上作出标识、封志。标识和封志应标明工程名称、取样部位、取样日期、样品名称和样品数量，并由见证人员和取样人员签字。见证人员应制作见证记录，并将见证记录归入施工技术档案。

见证人员和取样人员应对试样的代表性和真实性负责。

**第九条** 见证取样的试块、试件和材料送检时，应由送检单位填写委托单，委托单应有见证人员和送检人员签字。检测单位应检查委托单及试样上的标识和封志，确认无误后方可进行检测。

**第十条** 检测单位应严格按照有关管理规定和技术标准进行检测，出具公正、真实、准确的检测报告。见证取样和送检的检测报告必须加盖见证取样检测的专用章。

**第十一条** 本规定由国务院建设行政主管部门负责解释。

**第十二条** 本规定自发布之日起施行。

## 12.9 关于进一步加强本市建设工程检测管理的通知

沪建建管〔2005〕第 154 号

各有关单位：

为进一步加强本市建设工程检测管理工作，规范检测市场和提升检测质量，充分发挥工程检测在建设工程安全质量保障体系中的重要作用，促进建设工程检测行业健康发展，现通知如下：

一、改变现有检测委托方式，从原来由施工单位委托检测任务改为由建设单位委托，且费用由建设单位支付。

二、不得"同体检测"，即施工企业内部试验室仅作为本企业内部质量管理体系中的一个部门，其出具的检测报告不得作为工程竣工验收备案的资料。

三、委托单位不得将同一单位工程中的同一类型检测项目，委托多家检测机构进行检测。

检测结果利害关系人对检测结果发生争议的，由双方共同认可的检测机构复检，复检结果由提出复检方报市、区工程质量安全监督部门备案。若无法就复检检测机构达成一致，或对复检结果有异议，可由各方共同向市建设工程检测行业协会申请协调。

四、加强检测行业信息化管理，所有检测机构应加入市建设工程检测行业协会的行业信息管理系统，并安排专人负责局域网以及通过互联网与信息管理系统控制中心连接的管理工作，确保网络正常连接，准确、及时地上传检测信息。对混凝土、水泥、钢筋等主要结构材料的力学性能试验全面实现检测数据自动采集。市建设工程检测行业协会应进一步加强行业信息化建设的推进工作，做好检测软件的研发、服务和推行工作。

五、建立健全检测机构档案管理制度，推广使用全市统一的检测委托合同（单）、原始记录和检测报告格式，检测委托合同（单）、原始记录，检测报告应当按年度和工程项目分别统一编号，编号应当连续，不得抽撤、涂改。

六、加强检测从业人员的培训和考核工作。检测机构从事检测管理、检测操作的人员，应当严格按照国家有关规定，经培训、考核合格后方可从事检测工作。检测管理、检测操作人员不得同时受聘两个以上（含两个）的检测机构从事检测工作。市建设工程检测行业协会应进一步加强和规范从业人员的培训、考核及继续教育工作。

七、建立工程、建材检测合同登记和检测结果上报制度。检测机构应将委托合同信息、检测结果按要求及时、准确地传输到行业信息管理系统控制中心,对检测中发现的不合格检测信息要在24小时内向工程所在地质监站报告。市建设工程检测行业协会应将信息汇总、整理传入市建筑建材业管理信息系统平台,确保管理部门加强对检测活动的过程监控。检测合同未经登记或检测结果未上报的检测报告不作为工程竣工验收备案的资料。

八、建立检测机构诚信手册管理制度。记录检测机构的良好或不良行为,作为机构资质就位、业务增项和行业评估、评比的重要依据,传入本市联合征信系统。定期向社会公布诚信手册记载内容和不良检测机构名单,并为委托方选择检测机构提供信息查询。

九、在工程建设中将全面推行质量安全风险管理体制,逐步实行由保险公司或风险管理单位委托机制,检测费用由风险管理单位统收统付,从投资预算中单列,保险公司或风险管理公司列入报价中,保证检测费用独立到位。推行检测机构参与抽样和取样制度,逐步将检测机构仅对来样负责转变为对工程现场质量负责,与见证取样相关各方共同对试样的真实性负责,确保试件能代表母体的质量状况。引入保险机制,推动检测机构参加职业责任险以分担检测机构存在的对检测结果判别错误的风险,并承担应有的经济责任。保险公司根据市建设工程检测行业协会对检测机构能力和行为评估的结果,设置浮动费率,激励检测单位提高业务水平,减少责任事故。

十、市建设工程检测行业协会应加强行业自律建设,制定、完善检测机构和从业人员的行为准则,在此基础上,组织编写《建设工程检测规范》(暂名)的地方标准。积极倡导检测机构及检测人员遵守"独立、公正、科学、诚信"的原则从事检测活动。

市、区两级建设工程安全质量和建材质量监督管理部门,应加强对检测机构以及检测行为的日常监管,并会同市建设工程检测行业协会制定相应的具体实施措施,切实落实上述意见,从而规范和健全本市检测行业各项管理制度,为工程安全和质量提供科学依据和保障。

上海市建筑业管理办公室<br>
二〇〇五年十一月二十五日

## 12.10 关于加强混凝土同条件养护管理工作的通知

沪建建管〔2006〕第 124 号

各有关单位:

对建设工程结构实体进行混凝土同条件养护试件检验是国家标准的要求,但一些工地存在留样数量偏少、温度累计不准确等不规范现象。为进一步规范混凝土同条件养护管理工作,保证建设工程质量,特作以下规定:

1. 对涉及混凝土结构安全的重要部位,均应制作、养护、检测混凝土同条件养护试件。

2. 开工前,施工单位应根据实际情况制定混凝土同条件养护计划。在满足《混凝土结构工程施工质量验收规范》(GB 50204—2002)等标准的基础上,同一强度等级的等效养护龄期同条件养护试件留置的数量,多层建筑每层不少于 1 组,中高层、高层建筑每 3 层不少于 1 组并且总数不少于 6 组。同时,施工单位还应留取用于确定是否符合拆模、吊装、张拉、放张以及施工期间临时负荷要求的同条件养护试件。

3. 施工单位可利用气象部门提供的资料进行温度累计,也可自行进行温度测量累计,但自行测量数据必须真实可靠。自行进行温度测量累计不准确的,应向气象部门申请重新取得温度资料。

4. 监理单位应认真审查施工单位制定的混凝土同条件养护

计划，核对施工单位留取试件的数量，检查试件的养护情况，督促施工单位做好温度累计工作。

5. 检测机构应核对温度累计记录，对混凝土同条件养护试件检测发现不合格的，应立即报告相关工程质量监督机构。

6. 各工程质量监督机构应加强对混凝土同条件养护管理工作的监督，发现未按规定留取同条件养护试件和同条件养护试件强度被判为不合格的，应责令停工，并责令施工单位委托检测机构对相应工程部位按照国家有关标准对结构实体进行检测。

上海市建筑业管理办公室<br>
二〇〇六年十一月十四日

## 12.11 关于进一步加强本市建设工程钢筋质量监督管理的通知

沪建安质监[2006]第089号

各有关单位：

为了保证本市建设工程质量和安全，杜绝劣质钢筋流入本市建设工程，根据《上海市建设工程材料管理条例》要求，进一步加强本市建设工程钢筋质量监督管理，有关规定通知如下：

一、本市建设工程建设单位、施工单位、水泥制品和混凝土构件生产企业、钢筋加工企业等钢筋使用单位（以下简称使用单位），采购的钢筋混凝土用热轧带肋钢筋、冷轧带肋钢筋、预应力混凝土用钢材（钢丝、钢棒和钢绞线）产品必须持有《全国工业产品生产许可证》（以下简称《生产许可证》）。

二、使用单位应严格执行钢筋质量验收制度，核查《生产许可证》、产品质量证明书、产品标牌、表面标志及其标示内容的一致性，并在《建设工程材料采购验收检验使用综合台账》（以下简称《综合台账》）中予以记录。使用单位应当收集并保存产品标牌。产品质量证明书应当是原件,复印件必须有保存原件单位的公章、责任人签名、送货日期及联系方式。

使用现场的钢筋应按产品规格分开堆放,并清晰标明生产单位、产品规格、进场数量、质量检测状态等。

三、钢筋产品质量检测过程中,取样和见证人员必须持有《取样人员证书》和《见证人员证书》,取样和见证人员必须共同参与取样和样品封存,截取的热轧带肋钢筋样品应当带有表面标志。

检测单位收样时应当查验送样人员的证件,核对取样员和见证员签字,核查样品的表面标志及对应产品的《生产许可证》,并在检测委托单上记录相应核查内容。检测单位应当拒绝接受不符合上述要求的样品。检测单位出具的热轧带肋钢筋检测报告中应标明被检产品的表面标志。

钢筋复验不合格,检测机构应当在 24 小时内向建设工程质量监督站(署)和监理单位及建设单位报告不合格信息。

四、钢筋复验不合格,使用单位应当按照有关规定,在监理单位的监督下对不合格钢筋及其所使用的建设工程进行处理和处置,并在《综合台账》备注栏中注明处理和处置情况。

钢筋首次复验不合格后,使用单位的加倍取样、样品封存以及送检应当有监理单位的见证和生产(销售)单位的现场确认。加倍复验不合格,使用单位应当会同监理单位就不合格钢筋的处理情况及时上报工程质量监督站(署)。

复验不合格退货的钢筋,使用单位必须会同监理单位办理退货手续,并在监理单位的监督下,将复验不合格批的所有钢筋端部和中间喷上不合格色标油漆后方可将该批钢筋清退现场。不合格色标统一规定为桔黄色,总长度不少于 30cm。

五、建设工程监理单位应当将建设工程使用的钢筋采购进场、检测、使用和不合格处理纳入建设工程监理范围。监理单位应当监督、检查使用单位对钢筋的质量检测及不合格处理,核查《生产许可证》、钢筋质量证明书、复验报告、产品标牌、表面标志及其一致性,并在《建设工程材料监理监督台账》中予以记录。未经监理单位签字认可的钢筋不得在建设工程中使用。

六、钢筋加工企业向建设工程提供成型钢筋,应出具有效"成型(半成型)钢筋出厂合格证",明示钢筋生产企业名称,《生产许可证》编号、生产企业出厂质量指标及加工企业的机械性能和焊接复验数据。

七、违反本通知规定的建设单位、施工单位、监理单位、检测单位、水泥制品和混凝土构件企业以及钢筋加工企业,将依据《建设工程质量管理条例》、《上海市建设工程材料管理条例》和《建设工程质量检测管理办法》有关条款予以处罚并通报。

八、各区(县)和专业建设工程质量监督站(署)、区(县)建材质量监督站(署)在各自职责范围内,严格按本通知要求执行。

上海市建设工程安全质量监督总站<br>
二〇〇六年七月十二日

## 12.12 关于印发《上海市建设工程材料监督管理告知要求》的通知

沪建安质监〔2006〕第156号

各建筑施工单位和监理单位:

为贯彻《上海市建设工程材料管理条例》和《关于印发〈上海市建设工程材料使用监督管理规定〉的通知》的精神,我站根据材料管理特点,结合本市实际情况,编制了《上海市建设工程材料监督管理告知要求》,现印发给你们,供在本市从事建筑业活动的施工单位、监理单位参照执行。

附件:《上海市建设工程材料监督管理告知要求》
1.《上海市禁止或者限制生产和使用的用于建设工程的材料目录》
2.《建设工程材料采购验收检验使用综合台账》
3.《建设工程材料采购验收检验使用综合台账》记录样张

上海市建设工程安全质量监督总站<br>二〇〇六年十一月八日

附件:

## 上海市建设工程材料监督管理告知要求

施工单位采购、验收、检测和使用建设工程材料,应当熟悉和掌握相关政策法规,并应遵循如下基本管理要求。

**一、制定建设工程材料管理制度**

施工单位应当结合本企业实际,建立有关建设工程材料合格供应商选择、材料购销合同签订、材料进场(库)验收、材料质量检测和标识、储存、保管、发放、台账记录、档案资料汇总及合规性评价的管理制度,以保证所采购和使用的建设工程材料符合规定的质量、安全和环保要求。

**二、建立对建设工程材料合格供应商及其产品的基本要求**

(一)施工单位评价和选择的合格供应商必须持有效的企业法人营业执照、税务登记证、企业法人代码证书。

(二)国家对钢筋混凝土用热轧带肋钢筋、冷轧带肋钢筋、预应力混凝土用钢材(钢丝、钢棒和钢绞线)、建筑防水卷材、水泥、建筑外窗、建筑幕墙、建筑钢管脚手架扣件、人造板、铜及铜合金管材、混凝土输水管、电力电缆等产品实施工业产品生产许可证管理。施工单位选用上述产品时,其生产企业必须取得《全国工业产品生产许可证》(以下简称《生产许可证》)。工业产品生产许可证管理依据是《中华人民共和国工业产品生产许可证管理条例》，《生产许可证》由国家质量监督检验检疫总局颁发，证书上带有国徽，有效期不超过5年。获证企业及其产品可通过国家质监总局网站www.aqsiq.gov.cn查询。

（三）本市对水泥、商品混凝土、商品砂浆、混凝土掺合料、混凝土外加剂、烧结砖、砌块、建筑用砂、建筑用石、排水管、给水管、电工套管、防水涂料、建筑门窗、建筑涂料、饰面石材、木制板材、沥青混凝土、三渣混合料等产品实施建设工程材料备案管理。施工单位选用上述产品时，其生产企业必须取得《上海市建设工程材料备案证明》（以下简称《建材备案证明》）。建设工程材料备案管理依据是《上海市建设工程材料使用监督管理规定》。《建材备案证明》获证企业及其产品可通过上海市建筑建材业网站www.ciac.sh.cn"专题专栏"=>"建材管理"中查询。

（四）自2006年12月1日，本市对外墙外保温、外墙内保温材料实施建筑节能材料备案登记。施工单位选用外墙外保温、外墙内保温材料时，其供应商应当经本市建筑节能材料备案登记。建筑节能材料备案登记依据是《关于加强本市建筑节能材料质量监督管理的通知》。经备案登记的供应商及其产品可通过上海市建筑建材业网站www.ciac.sh.cn"专题专栏"=>"综合执法"=>"公示公告"中查询，或通过上海市建筑材料行业协会网站查询。

（五）国家对建筑安全玻璃［包括钢化玻璃、夹层玻璃、（安全）中空玻璃，其中(安全)中空玻璃于2006年10月1日纳入认证范围，过渡期为1年半］、瓷质砖、混凝土防冻剂、溶剂型木器涂料、电线电缆、断路器、漏电保护器、低压成套开关设备等产品实施强制性产品认证(简称CCC、或3C认证)管理并采用认证标志，其生产企业必须取得《中国国家强制性认证证书》（以下简称3C证书）。3C认证管理的依据是《中华人民共和国认证认可条例》和《中华人民共和国实施强制性产品认证的产品目录》。

3C证书获证企业及产品可通过国家认证委网站www.cnca.gov.cn或中国强制性产品认证网站www.cccn.org.cn查询。

（六）建设工程材料供应商应有良好的社会信誉、业绩，本市建设工程可优先选用取得本市建材类行业协会评选出的行业质量诚信优胜企业的产品。建设工程材料供应商质量诚信管理的依据是《上海市建设工程材料使用监督管理规定》。质量诚信优胜企业可通过建筑建材业网站www.ciac.sh.cn"专题专栏"=>"综合执法"=>"公示公告"中查询，或通过协会设立、材料供应商提供的《上海市建筑材料企业质量诚信手册》查询。

建设工程材料使用单位可要求建设工程材料供应商提供《上海市建筑材料企业质量诚信手册》，查验和了解其质量诚信状况及相应的不良记录。

**三、建设工程材料进场（库）验收要求**

根据《建设工程质量管理条例》和《上海市建设工程材料管理条例》要求，施工单位应当对建设工程材料进行进货检验，检验时应当注意如下事项：

1. 核查所进场（库）材料是否属于禁止或者限制使用的建设工程材料。《上海市禁止或者限制生产和使用的用于建设工程的材料目录》详见附件1；

2. 核对进场（库）材料验收产品名称、品种规格、技术质量指标等与设计要求、技术标准和合同约定要求的符合性，核验数量及外观质量，核查相关证照、包装标志（或产品标牌）、产品标识（表面标志）及其标示的企业名称、产品名称、品种规格、质量等级等内容的一致性；

3. 核验进场（库）产品质量保证书。质量保证书必须字迹清楚并具有质量保证书编号、生产企业名称、用户单位名称、产品出厂检验指标（包括检验项目、标准指标值、实测值）以及生产企业地址、联系电话等内容。质量保证书应加盖生产单位公章或检验专用章；

材料使用现场的产品质量证明书应当是原件,复印件必须注明买受人名称、供应数量、原件保存单位,有供货单位公章、责任人签名、送货日期及联系方式;

4. 进场(库)建材属于全国工业产品生产许可证管理的产品时,必须验收由生产企业提供的《生产许可证》复印件(本市已发《建材备案证明》的产品除外),核查产品包装、质量证明书中的生产许可证编号及(QS)标志的符合性。生产许可证复印件由材料经销单位提供的,必须加盖经销单位公章,并有责任人签名、送货日期及联系方式;

5. 进场(库)建材属于本市建设工程材料备案管理的产品时,必须验收由供应单位提供的《上海市建设工程材料备案证明使用现场验证单》原件,该原件为防伪打印件,在紫外线灯光的照射下能显示出白玉兰花纹。非防伪打印的《上海市建设工程材料备案证明》复印件,视为无效;

6. 进场(库)建材属于建筑节能材料备案登记产品时,必须验收由供应商提供的《上海市建筑节能材料备案登记核验单》原件,该件亦为防伪打印件;

7. 进场(库)建材属于3C认证产品时,必须验收由生产企业提供的《中国国家强制性产品认证证书》复印件、认证标志和工厂代码,复印件由材料经销单位提供的,必须加盖经销单位公章,并有责任人签名、有送货日期及联系方式;

对于实施3C认证的建筑用钢化玻璃产品,还应注意:

(1) 产品质量合格证书上应标注执行GB 15763.2—2005《建筑用安全玻璃 第2部分:钢化玻璃》标准。此标准已代替GB 17841—1999《建筑幕墙用钢化玻璃和半钢化玻璃》和GB/T 9963—1998《钢化玻璃》中对幕墙用钢化玻璃的有关规定;

(2) 应有建筑安全玻璃《××××年度监督合格通知书》或《工厂检查报告》复印件;

(3) 应在建筑安全玻璃上标注3C认证标志和工厂代码等信

息［事先报经建设工程质量监督站(署)同意者除外］。

8. 凡是包装的建材产品，其包装标志必须完整，并具有生产企业名称、产品名称、品种规格、质量等级、执行标准名称及编号、数量、批号、生产日期(出厂日期)以及生产企业地址、联系电话等内容。

裸装的钢筋应当验收其每一捆钢筋扎件上的标牌(俗称吊牌)；

9. 应当验收进场材料的使用说明书或图集。

**四、建设工程材料质量检测要求**

根据《建设工程质量管理条例》和《上海市建设工程材料管理条例》要求，施工单位应当按照设计要求、施工技术标准和合同约定，在监理单位的见证下对进场(库)建材产品进行质量检测。质量检测中取样(及样品制作)人员和见证人员，必须分别取得《取样人员证书》和《见证人员证书》，共同参与材料取样和样品封存工作，并对所取样品的代表性和真实性负责。检测委托单上必须由取样和见证人员签名，他人不得代签；进场建设工程材料本身带有标识或标志的，如热轧带肋钢筋、小型混凝土砌块、烧结黏土砖等，抽取的样品应当优先选择标识或标志部分。

主要建设工程材料质量检测要求可参考附件 3。

**五、建立《建设工程材料采购验收检验使用综合台账》**

根据《上海市建设工程材料使用监督管理规定》要求，施工单位应当建立建设工程材料进场验证制度，严格核验相关的《生产许可证》、建材备案件、《中国国家强制性产品认证证书》、符合有关规定的产品质量保证书、有效期内的产品检测报告等供现场备查的证明文件和资料，应当按规定对进场的建设工程材料严格复试把关，并做好建设工程材料综合台账。为此，施工单位应当建立《建设工程材料采购验收检验使用综合台账》(以下简称《综合台账》)，并将建筑材料采购、进场验收、质量检测、使用等环节的工作在《综合台账》中予以记录。

《综合台账》详见附件 2。

## 六、建设工程材料的储存和堆放要求

施工现场堆放的建筑材料应注明"合格"、"不合格"、"在检"、"待检"等产品质量状态,注明该建材生产企业名称、品种规格、进场日期及数量等内容,并以醒目标识标明,工地应由专人负责建筑材料收货和发料。

1. 钢筋

建筑钢材应按不同的品种、规格分别堆放。在条件允许的情况下,建筑钢材应尽可能存放在库房或料棚内(特别是有精度要求的冷拉、冷拔等钢材),若采用露天存放,则料场应选择地势较高而又平坦的地面,经平整、夯实、预设排水沟道、安排好垛底后方能使用。为避免因潮湿环境而引起的钢材表面锈蚀现象,雨雪季节建筑钢材要用防雨材料覆盖。

2. 水泥

水泥在储存和运输工程中,应按不同强度等级、品种及出厂日期分别储运,水泥储存时应注意防潮,地面应铺放防水隔离材料或用木板加设隔离层。袋装水泥的堆放高度不得超过 10 袋。

即使是良好的储存条件,水泥也不宜久存。在空气中水蒸气及二氧化碳的作用下,水泥会发生部分水化和碳化,使水泥的胶结能力及强度下降。一般储存 3 个月后,强度降低约 10%~20%,6 个月后降低 15%~30%,1 年后降低 25%~40%。因此水泥的有效存储期为 3 个月。

存放时间过长或受潮的水泥要经过试验才能使用。水泥储存时间不宜过长,以免降低强度。水泥按出厂日期起算,超过三个月(快硬硅酸盐水泥为一个月)时,应视为过期水泥。虽未过期但已受潮结块的水泥,使用时必须重新试验确定强度等级。

不同品种的水泥不能混合使用。不同品种的水泥,具有不同的特性,如果混合使用,其化学反应、凝结时间等均不一致,势必影响混凝土的质量。对同一品种的水泥,但强度等级不同,或出厂期差距过久的水泥,也不能混合使用。

3. 墙体材料

墙体材料应按不同的品种、规格和等级分别堆放，垛身要稳固、计数必须方便。有条件时，墙体材料可存放在料棚内，若采用露天存放，则堆放的地点必须坚实、平坦和干净，场地四周应预设排水沟道、垛与垛之间应留有走道，以利搬运。堆放的位置既要考虑到不影响建筑物的施工和道路畅通，又要考虑到不要离建筑物太远，以免造成运输距离过长或二次搬运。空心砌块堆放时孔洞应朝下，雨雪季节墙体材料宜用防雨材料覆盖。

自然养护的混凝土小砌块和混凝土多孔砖产品，若不满 28 天养护龄期不得进场使用；蒸压加气混凝土砌块（板）出釜不满 5 天不得进场使用。

4. 防水卷材

（1）不同品种、型号和规格的卷材应分别堆放；

（2）卷材应贮存在阴凉通风的室内，避免雨淋、日晒和受潮，严禁接近火源；

（3）沥青防水卷材贮存环境温度不得高于 45℃；

（4）沥青防水卷材宜直立堆放，其高度不宜超过两层，并不得倾斜或横压，短途运输平放不宜超过四层；

（5）卷材应避免与化学介质及有机溶剂等有害物质接触；

（6）不同品种、规格的卷材胶粘剂和胶粘带，应分别用密封桶或纸箱包装；

（7）卷材胶粘剂和胶粘带应贮存在阴凉通风的室内，严禁接近火源和热源。

5. 防水涂料

（1）不同类型、规格的产品应分别堆放，不应混杂；

（2）避免雨淋、日晒和受潮，严禁接近火源；

（3）防止碰撞，注意通风。

6. 建筑涂料

（1）建筑涂料在储存和运输过程中，应按不同批号、型号及出厂日期分别储运；建筑涂料储存时，应在指定专用库房内，应保证通风、干燥、防止日光直接照射，其储存温度介于5～35℃；

（2）溶剂型建筑涂料存放地点必须防火，必须满足国家有关的消防要求，其他同上；

（3）对未用完的建筑涂料应密封保存，不得泄漏或溢出；

（4）存放时间过长要经过试验才能使用。

7. 建筑排水管

（1）产品在装卸运输时，不得受剧烈撞击、抛摔和重压；

（2）堆放场地应平整，堆放应整齐，堆高不超过1.5m，距热源1m以上，当露天堆放时，必须遮盖，防止暴晒；

（3）贮存期自生产日起一般不超过两年；

（4）一般情况下管件每包装箱重量不超过25kg，管件不同规格尺寸分别装箱，不允许散装。

8. 建筑给水管

（1）在运输时不得暴晒、沾污、抛摔、重压和损伤；

（2）应合理堆放，远离热源。管材堆放高度不超过1.5m，如室外堆放，应有遮盖物；

（3）管件应存放在库房内，远离热源。

9. 保温浆料

胶凝材料应采用有内衬防潮塑料袋的编织袋或防潮纸袋包装，聚苯颗粒应用塑料编织袋包装，包装应无破损。在运输的过程中应采用干燥防雨的运输工具运输，如给产品盖上油布；使用有顶的运输工具等。以防止产品受潮、淋雨。在装卸的过程中，也应注意不能损坏包装袋。在堆放时，应放在有顶的库房内或有遮雨淋的地方，地上可以垫上木块等物品以防产品受潮，聚苯颗粒应放在远离火源及化学药品的地方。

10. 商品砂浆

（1）预拌砂浆

① 砂浆运至储存地点后除直接使用外，必须储存在不吸水

的密闭容器内。夏季应采取遮阳措施，冬季应采取保温措施。砂浆装卸时应有防雨措施；

② 储存容器应有利于储运、清洗和砂浆装卸；

③ 储存地点的气温，最高不宜超过 37℃，最低不宜低于 0℃；

④ 储存容器标识应明确，应确保先存先用，后存后用，严禁使用超过凝结时间的砂浆，禁止不同品种的砂浆混存混用；

⑤ 砂浆必须在规定时间内使用完毕；

⑥ 用料完毕后储存容器应立即清洗，以备再次使用。

（2）干粉砂浆

① 袋装干粉砂浆的保质期为 3 个月；

② 散装干粉砂浆必须在专用封闭式筒仓内储存，筒仓应有防雨措施，储存期不超过 3 个月；

③ 不同品种和强度等级的产品应分别贮存，不得混杂。

11. 有机泡孔绝热材料贮存

有机泡孔绝热材料一般可用塑料袋或塑料捆扎带包装。由于是有机材料，在运输中应远离火源、热源和化学药品，以防止产品变形、损坏。产品堆放在施工现场时，应放在干燥通风处，能够避免日光暴晒，风吹雨淋，也不能靠近火源、热源和化学药品，一般在 70℃ 以上，泡沫塑料产品会产生软化、变形甚至熔融的现象，对于柔性泡沫橡塑产品，温度不宜超过 105℃。产品堆放时也不可受到重压和其他机械损伤。

12. 无机纤维类绝热材料贮存

无机纤维类绝热材料一般防水性能较差，一旦产品受潮、淋湿，则产品的物理性能特别是导热系数会变高，绝热效果变差。因此，这类产品在包装时应采用防潮包装材料，并且应在醒目位置注明"怕湿"等标志来警示其他人员。

在运输时也必须考虑到这一点，应采用干燥防雨的运输工具运输，如给产品盖上油布，使用有顶的运输工具等。

贮存在有顶的库房内,地上可以垫上木块等物品,以防产品浸水。库房应干燥、通风。堆放时还应注意不能把重物堆在产品上。

13. 无机多孔状绝热材料产品的贮存

无机多孔状绝热材料吸水能力较强,一旦受潮或淋雨,产品的机械强度会降低,绝热效果显著下降。而且这类产品比较疏松,不宜剧烈碰撞。因此在包装时,必须用包装箱包装,并采用防潮包装材料覆盖在包装箱上,应在醒目位置注明"怕湿"、"静止滚翻"等标志来警示其他人员。在运输时也必须考虑到这点,应采用干燥防雨的运输工具运输,如给产品盖上油布,使用有顶的运输工具等,装卸时应轻拿轻放。贮存在有顶的库房内或有遮雨淋的地方,地上可以垫上木块等物品以防产品浸水,库房应干燥、通风。泡沫玻璃制品在仓库堆放时,还要注意堆垛层高,防止产品跌落损坏。

**七、检测不合格建设工程材料处理**

1. 钢筋

钢筋复验不合格,使用单位应当按照有关规定在监理单位的监督下对不合格钢筋及其使用的建设工程进行处理和处置,并在《综合台账》备注栏中注明处理和处置情况。

钢筋首次复验不合格后,使用单位的加倍取样、样品封存以及送检应有监理单位的见证和生产(销售)单位的现场确认。加倍复验不合格,使用单位应当会同监理单位就不合格钢筋的处理情况及时上报建设工程质量监督站(署)。

对于复验不合格待退货的钢筋,使用单位应当会同监理单位办理退货手续,并在监理单位的监督下,将复验不合格批的所有钢筋端部和中间喷上不合格色标油漆后方可将该批钢筋清退现场。不合格色标统一规定为桔黄色,油漆总长度不少于30cm。

2. 其他

在材料采购使用过程中,出现材料检测不合格情况时,均应在《综合台账》备注栏中注明处理和处置情况。

附件1：《上海市禁止或者限制生产和使用的用于建设工程的材料目录》

附件2：《建设工程材料采购验收检验使用综合台账》

附件3：《建设工程材料采购验收检验使用综合台账》记录样张

上海市建设工程安全质量监督总站<br>
二〇〇六年十一月二十二日

## 12.13 关于进一步加强预拌混凝土质量监督管理的通知

沪建建管〔2007〕059号

各有关单位：

为加强本市预拌混凝土质量管理，确保建设工程质量，根据国家《建筑法》、《建设工程质量管理条例》和《上海市建设工程材料管理条例》等法律法规，进一步明确如下监督管理措施。

一、预拌混凝土生产企业应建立健全原材料进货检验制度。各种原材料检验合格后方可使用。混凝土配合比应根据设计要求、原材料性能、施工工艺和气候条件，通过试验确定。原材料检验数据应完整保存。每盘混凝土各种原材料实际用量数据应自动采集并保存三个月以上。

二、预拌混凝土供需合同应注明产品标准、强度、坍落度等技术指标和强度评定方法。预拌混凝土应按有关标准的要求进行浇筑、振捣和养护。预拌混凝土在施工现场和泵送过程中不得加水。

三、施工单位应在监理和预拌混凝土生产企业的见证下，在工程现场取样，进行坍落度试验和试件制作。从事混凝土取样、试件制作和试验的工作人员应经过岗位培训。

混凝土强度试件应标识清晰，数量应符合有关标准要求，并按规定进行养护。施工现场不得留有未标识的空白试件。预拌混凝土生产企业不得代替施工单位制作和养护混凝土强度试件。

四、工程检测单位应按标准和规范要求进行混凝土质量检测，发现混凝土标准强度试件检测结果没有达到设计要求的，或检测结果判为无效的，应在24小时内填写"预拌混凝土不合格信息快报表"（见附件）报市混凝土构件质监分站和工程质量监督机构，同时通知相关施工、监理单位。

五、建设工程混凝土强度可根据工程验收批情况分批评定。每个分项工程中，同一预拌混凝土生产企业生产供应的强度等级、龄期、生产工艺都相同，以及配合比基本相同的预拌混凝土，可作为同一验收批进行强度评定。混凝土强度评定，应包括该验收批中所有的混凝土标准强度试件检测的结果，不得擅自剔除没有达到设计要求的检测数据。

六、混凝土标准强度试件检测结果没有达到设计要求，且同一验收批混凝土强度评定不合格的，该工程质量监督机构应进行调查处理，市混凝土构件质监分站协同对预拌混凝土生产企业进行调查处理。工程建设单位（或施工单位）应委托本市有资质的检测机构（原混凝土标准强度检测单位除外）对工程实体强度进行检测。混凝土实体强度检测结果应在检测后的一周内由建设单位（或施工单位）报工程质量监督机构。

当混凝土标准强度检测结果小于设计强度75％的，由市安质监督总站组织调查处理。

七、因预拌混凝土质量原因造成工程返工、工程实体混凝土强度没有达到设计要求、混凝土凝结异常或浇筑后出现严重裂缝等质量问题的，建设单位（或施工单位）应在24小时内上报市混凝土构件质监分站和工程质量监督机构，并在一周内书面补报详细情况。

八、各级建设行政部门及其委托的工程质量监督机构，应加强预拌混凝土质量及施工质量监督管理。市混凝土构件质监分站协助市安质监督总站，具体对预拌混凝土生产企业、施工现场进行质量监督检查。

九、本通知自 9 月 1 日起施行。市安质监督总站应监督各项措施落实，必要时依法处理。

上海市建筑业管理办公室<br>
二〇〇七年七月二十四

## 12.14 关于落实本市建设工程质量检测管理若干措施的通知

沪建安质监〔2007〕第 104 号

各检测单位：

为加强本市建设工程检测管理工作，进一步落实建设部部长令《建设工程质量检测管理办法》、沪建交(2007)279 号《上海市建设交通委员会关于加强本市轨道交通工程检测管理的通知》、沪建建管(2007)44 号《关于进一步加强建设工程质量监督管理的通知》等文件精神，特制定相关具体实施意见。现将有关事项通知如下：

一、实行检测机构出具《建设工程检测报告确认证明》制度，发挥检测机构对工程现场的质量保障作用。

（一）在桩基、地基基础、主体结构及单位工程质量验收前，检测机构应向建设单位提交《建设工程检测报告确认证明》（以下简称《确认证明》），在《确认证明》中确认该工程质量检测情况，并作诚信承诺。《确认证明》书面格式详见附件一。

（二）在《确认证明》中，检测机构应将检测不合格信息详细列出，并经检测单位技术负责人和试验室负责人签字确认、加盖公章后，一份交建设单位、一份保存于检测机构档案。

（三）工程建设、施工、监理、设计等相关单位应对《确认证明》中涉及的检测不合格问题及时处理和整改。待处理完毕后，方可进行工程质量验收。质量监督机构应将《确认证明》作为建设单位能否组织质量验收的条件之一。

施工单位应把《确认证明》与相关检测报告一起归入质量竣工资料中。

二、加强本市建设工程检测信息管理，深入推进检测数据自动采集，实时反映本市工程质量检测动态，实现检测工作自动化、信息化，确保检测数据真实、准确。

（一）本市从事建设工程检测的各类检测机构应统一使用上海市建设工程检测行业信息管理系统（以下简称信息管理系统），并利用系统提供的计算机辅助软件（平台）管理检测全过程，出具带有防伪封面（纸张）和校验码的防伪检测报告。

检测机构应安排专人负责局域网以及通过互联网与控制中心连接的管理工作，确保网络正常连接，准确、及时地上传检测信息。

（二）实施检测数据自动采集，检测机构应在混凝土、水泥、钢筋等主要结构材料的力学性能试验全面实现检测数据自动采集的基础上，逐步开展混凝土非破损、砂浆抗压强度、桩承载力检测及桩身完整性检测等影响结构安全检测项目的自动采集工作。

预拌混凝土生产企业试验室和预制混凝土构件生产企业试验室也应逐步推广使用统一检测管理软件，在2007年12月30日前完成混凝土、水泥、钢筋等主要结构材料的力学性能试验实现检测数据自动采集。

（三）检测机构应建立检测结果上报制度，并对上报的检测信息的真实性负责。检测报表中的检测不合格信息应及时、完整、准确，报表中的内容应与检测档案中的检测不合格台账一致。对漏报、瞒报检测不合格信息的行为，将作为不良记录记入该单位的诚信手册；情节严重的，由行政主管部门按相关规定进行行政处罚。

各检测机构的信息管理系统应设置检测信息查询功能，便于工程质量监督机构对工程检测不合格信息及其他信息的查询，确保管理部门对工程安全质量的过程监控。

三、加强对检测不合格信息处理的监督管理,规范混凝土抗压强度检测不合格处理流程,确保工程结构安全。

(一)对混凝土立方体试件经检测确认为不合格的信息,检测机构应当通过检测信息管理系统上传,并在24小时内向市安质监总站及工程受监质量监督机构报告,同时通知建设单位(监理单位)。

检测机构若不能确认检测结果是否合格,则报告或通报混凝土标准养护28天抗压强度小于强度标准值100%的检测信息,对于同条件养护混凝土应乘以折算系数1.10、水下混凝土应提高强度标准值一个等级后进行判断。

(二)当混凝土标准强度试件检测结果达不到设计要求,且同一验收批混凝土强度评定不合格时,由工程受监质监站进行调查处理。建设单位应在上海市建设工程检测网(网址:http://www.shcetia.com/)上随机抽取有资质的骨干检测单位,委托对该试件代表的工程实体进行混凝土非破损强度检测,但该混凝土试件原检测单位不得承揽该项目混凝土非破损检测业务。工程实体混凝土强度检测结果应在检测后的一周内由建设单位(或施工单位)报受监监督机构。同时,由市混凝土构件质监分站对预拌混凝土企业进行调查处理。

当混凝土标准强度检测结果小于设计强度的75%时,由市安质监总站委托市混凝土事务所对提供预拌混凝土的企业进行质量评估,根据评估结论,按有关规定进行处理。

(三)市安质监总站将根据业绩考核、检测奖评选、动态检查等结果定期公布和调整参与混凝土不合格处理的骨干检测机构名录,首批名录详见附件二。

(四)检测机构应当严格按照相关标准进行检测,制定详细的检测方案,做到抽样具有代表性,检测数量符合批量评定要求,出具的报告内容规范完整,并采用统一封面。

检测机构应当及时将混凝土非破损检测结果反馈到受监质量

监督机构,并定期汇总到行业信息管理中心。建设单位或监理单位应见证混凝土非破损现场检测,与检测机构共同对抽样代表性负责。

(五)2007年9月1日起,各检测机构应统一使用混凝土非破损检测信息管理系统项目软件,实施检测数据自动采集。

四、各级质量监督机构应加强对工程建设参与各方包括检测机构质量行为和质量责任制履行情况的监管。重点核查检测业务委托情况、《确认证明》出具情况、检测不合格信息处理情况等有关内容。如发现工程验收资料中检测报告与《确认证明》不符或存在检测不合格质量问题未整改处理等工程现场质量隐患未消除的情况,不得同意建设单位组织工程质量验收。监理单位及施工企业对于现场桩基、混凝土非破损等检测人员,应检查检测上岗证,杜绝无证上岗现象,保证检测质量。

附件一:建设工程检测报告确认证明
附件二:混凝土非破损检测骨干检测机构名录(第一批)

上海市建设工程安全质量监督总站<br>二〇〇七年八月二十六日

附件一:

## 建设工程检测报告确认证明

| 工程概况 | 工程名称 | | | | |
|---|---|---|---|---|---|
| | 工程地址 | | | | |
| | 委托单位 | | | | |
| | 见证单位 | | | | |
| | 检测机构 | | 联系人 | | 电话 | |
| | 验收部位 | | 检测项目 | | 检测总数 | |

续表

| 检测不合格信息 | |
|---|---|
| 检测情况说明 | |
| 检测机构承诺 | 本单位根据"科学规范、诚实信用"原则开展检测工作,保证检测过程符合相关标准、规范、规程的要求,并对所提供的检测报告真实性和准确性负责<br>本单位与所检测的工程项目相关的设计、施工、监理单位无隶属关系或其他利害关系 |
| 技术负责人:　　　　　年　月　日 | 检测机构公章: |
| 检测机构负责人:　　　　年　月　日 | |

填写说明:

1. 验收部位可填写:桩基、基础、主体结构、装饰装修工程等。
2. 检测项目可填写:建筑材料、地基基础、钢结构、主体结构、节能材料、装饰材料、门窗幕墙、通风空调等。
3. 本报告中不合格是指不符合相应设计、产品及验收标准要求。
4. 检测不合格信息应详细填写不合格的检测项目内容、检测参数、报告编号、检测日期等。
5. 检测情况说明一栏中应填写:

　（1）检测中首次检测未达到设计及相关标准加倍复验或重新复验的情况;

　（2）由于检测数量未达到相关要求,重新补充检测的情况;

　（3）同一单位工程、同一检测项目重复或多次出具检测报告的情况;

　（4）未按相关规定、规范要求覆盖检测参数的情况;

　（5）在检测过程中发生的其他严重影响检测结论的情况。

　　如无上述情况,就填写"无"。

附件二：

## 混凝土非破损检测骨干检测机构名录

1. 上海长柠建设工程质量检测有限公司
2. 上海建耘建设工程检测有限公司
3. 上海闵衡建筑检测研究所有限公司
4. 上海市嘉定区建设工程质量检测中心
5. 上海市建设工程质量检测中心黄浦区分中心
6. 上海市建设工程质量检测中心静安区分中心
7. 上海市建筑科学研究院有限公司
8. 上海市中测行工程检测咨询有限公司
9. 上海同纳建设工程质量检测有限公司
10. 上海新高桥凝诚建设工程检测有限公司
11. 上海众合检测应用技术研究所
12. 上海市建设工程质量检测中心

上海市建设工程安全质量监督总站<br>
二〇〇九年六月十七日

## 12.15 关于印发《检测监督要点》的通知

沪建安质监〔2009〕第061号

各区、县、专业建设工程质量监督站：

  为进一步推进本市建设工程质量检测工作，指导和规范本市建设工程检测机构质量监督的内容与方法，统一监督标准，现将《检测监督要点》印发给你们，请遵照执行。

上海市建设工程安全质量监督总站<br>
二〇〇九年五月十九日

附件一：

# 检测监督管理要点

一、首次进场监督

监督机构在接到工程项目监督任务后，应通知检测机构参加首次监督会议，告知各项监督管理监督要求，并加强对检测业务委托工作的监督检查。

（一）监督检测单位的检测资质许可的情况，核查检测机构的资质范围和能力认可评估的情况，查看资质证书和能力评估证书。从事附件二中检测业务的单位应取得资质证书，从事附件二之外的工程质量检测，应取得评估认可证书。

（二）核查检测业务委托是否为建设单位，签订检测合同情况及检测机构与所检测工程项目相关的设计单位、施工单位、监理单位是否有隶属关系或者其他利害关系。

（三）对工程检测机构和监理单位提出现场检测的监督要求。

1. 要求检测机构在开展现场专项类检测之前将检测信息在市检测行业信息系统中登录，内容包括：检测单位名称、检测项目、情况、检测开始时间、检测地点及联系方式等。

2. 要求监理单位对地基基础、主体结构、钢结构、室内环境等现场项目实施现场见证。

二、过程监督检查

监督机构在工程监管中，应加强对检测机构在工程现场的质量行为的监督检查，具体如下：

（一）对地基基础、主体结构、钢结构、室内环境等工程现场检测的质量行为实施监管。

1. 监督机构通过市检测行业信息系统中提供的检测单位在工程现场开展检测的情况，到检测现场进行抽查，对检测机构的工作质量，现场检测人员和设备的情况实施监督。并及时将检测机构现场检测质量行为的不良记录，通过网络录入到市检测行业信息系统中。

2. 对进入施工现场的建筑材料、构配件和涉及结构安全的项目抽样检测实行见证取样的情况实施监管。

1）核查监理单位的见证人员的实际到位情况。

2）检查地基基础、主体结构、钢结构、室内环境等现场项目是否有监理见证的记录，检测报告或原始记录上的见证人是否和现场一致。

（二）核查检测机构出具的检测报告的真实性和有效性。

检测机构在从事建设部检测部长令规定质量检测业务，出具检测报告时，应加盖"检测专用章"。见证取样类检测报告，"检测专用章"盖于报告的左下侧。专项类检测报告，"检测专用章"盖于报告的首页，必要时可加盖骑缝章。

本市检测机构应使用上海市建设工程检测行业信息管理系统，并利用系统提供的计算机辅助软件（平台）管理检测全过程，出具带有防伪封面（纸张）和校验码的防伪检测报告，监督机构可通过报告上的防伪印和校验码，在互联网（www.scetia.com）验证报告的真伪。

三、节点验收控制

（一）在桩基、地基基础、主体结构及单位工程质量验收时，监督机构应核查检测机构提交《建设工程检测报告确认证明》的情况。

质量监督机构应重点核查《确认证明》出具情况、检测不合格信息处理情况等有关内容。如发现工程验收资料中检测报告与《确认证明》不符或存在检测不合格质量问题未整改处理等工程现场质量隐患未消除的情况，建设单位不得组织工程质量验收。

（二）检测结果不合格情况处理的监管要求

监督机构应通过检测不合格信息查询平台和《建设工程检测报告确认证明》，提供的检测不合格信息实施监督处理。

在工程验收监督中,核查施工单位对检测不合格的建材处置的相关情况,并在监督记录留存相关资料。检测不合格的建材的退换货记录和返工整改等资料(整改前后的影像图片),应由项目经理和总监签字认可。监理单位应在评估报告中,反映不合格建材的处置情况。

附件二:

## 建设工程检测资质分类

| 项目 | 产品或参数 |
| --- | --- |
| 见证取样检测 | 1. 水泥物理力学性能检验;<br>2. 钢筋(含焊接与机械连接)力学性能检验;<br>3. 砂、石常规检验;<br>4. 混凝土、砂浆强度检验;<br>5. 简易土工试验;<br>6. 混凝土掺加剂检验;<br>7. 预应力钢绞线、锚夹具检验;<br>8. 沥青、沥青混合料检验 |
| 主体结构工程现场检测 | 1. 混凝土、砂浆、砌体强度现场检测;<br>2. 钢筋保护层厚度检测;<br>3. 混凝土预制构件结构性能检测;<br>4. 后置埋件的力学性能检测 |
| 地基基础工程检测 | 1. 地基及复合地基承载力静载检测;<br>2. 桩的承载力检测;<br>3. 桩身完整性检测;<br>4. 锚杆锁定力检测 |
| 建筑幕墙工程检测 | 1. 建筑幕墙的气密性、水密性、风压变形性能、层间变位性能检测;<br>2. 硅酮结构胶相容性检测 |
| 钢结构工程检测 | 1. 钢结构焊接质量无损检测;<br>2. 钢结构防腐及防火涂装检测;<br>3. 钢结构节点、机械连接用紧固标准件及高强度螺栓力学性能检测;<br>4. 钢网架结构的变形检测 |

附件三：

## 检测相关法规及文件目录

建设部令第 141 号《建设工程质量检测管理办法》

DG/T J08—2042—2008《建设工程检测管理规程》

沪建建(97)第 0244 号《上海市建设工程质量检测见证取样送样暂行规定》

沪建研(2004)415 号《上海市建设工程材料使用监督管理规定》

沪建交(2007)279 号《上海市建设和交通委员会关于加强本市轨道交通工程检测管理的通知》

沪建建管(2004)第 081 号《关于认真贯彻上海市建设工程材料使用监督管理规定的通知》

沪建建管(2005)第 154 号《关于进一步加强本市建设工程检测管理的通知》

沪建建管(2006)第 032 号《关于开展建设工程质量检测机构资质审批工作的通知》

沪建建管(2006)第 124 号《关于加强混凝土同条件养护管理工作的通知》

沪建建管(2006)第 126 号《关于工程质量检测报告用印事宜的通知》

沪建建管(2007)044 号《关于进一步加强建设工程质量监督管理的通知》

沪建建管(2007)059 号《关于进一步加强预拌混凝土质量监督管理的通知》

沪建安质监 [2006] 第 089 号《关于进一步加强本市建设工程钢筋质量监督管理的通知》

沪建安质监 [2006] 第 154 号《关于加强本市建筑节能材料质量监督管理的通知》

沪建安质监 [2006] 第 164 号《关于落实建设单位委托建设

工程检测业务的通知》

沪建安质监［2007］第104号《关于落实本市建设工程质量检测管理若干措施的通知》

沪建安质监［2008］第112号《关于进一步加强建筑节能现场推进监管的若干规定》

沪建安质监［2008］第107号《关于进一步加强建筑门窗玻璃质量管理的通知》

## 12.16 关于进一步加强建筑门窗、玻璃质量管理的通知

沪建安质监［2008］第107号

各有关单位：

为了进一步加强建筑工程门窗、玻璃质量管理，加大建筑节能监管力度，根据国家《建筑节能工程施工质量验收规范》GB 50411等有关强制性标准要求，结合本市实际情况，现将加强本市建筑门窗、玻璃质量工作有关事项通知如下：

一、加强设计管理

设计单位在施工图设计总说明及门窗表中应明确门窗的气密性、水密性、抗风压性、传热系数、型材、玻璃及中空玻璃的空气层厚度、玻璃遮阳系数、玻璃可见光透射比等技术指标，标注选用门窗的图集编号。施工图设计文件审查机构在审查过程中，应对门窗的主要性能指标进行审查。门窗分包单位应严格按照设计单位的要求深化门窗设计，并经原设计单位签字盖章确认。

二、加强检测管理

1. 建设单位应委托通过评估认可的建筑门窗检测机构(见附件1)进行检测。

（1）同一厂家生产的同一品种、同一类型的建筑外窗应至少抽取一组(3樘)样品进行气密性、水密性、抗风压性、传热系

数、玻璃遮阳系数、可见光透射比和中空玻璃露点的复验,其中外窗传热系数、玻璃遮阳系数、可见光透射比和中空玻璃露点的检测要求见附件2。

（2）外窗气密性的现场实体检测,每单位工程的外窗至少抽查3樘,当单位工程外窗有2种以上品种、类型和开启方式时,每种品种、类型和开启方式的外窗应至少抽查3樘。

（3）委托建筑门窗产品检测时,应填写本市统一的建筑门窗《检测委托单》(见附件3)。

（4）未经检测或检测不合格的建筑门窗不得在本市建设工程中使用。

（5）检测前,建设单位应当与建筑门窗检测机构签订书面委托合同,并由建设单位将合同信息登记到检测行业信息管理系统,办理合同登记确认手续。

2. 建筑门窗进场时,施工单位应检查由门窗生产企业提供的《上海市建设工程材料备案证明使用现场验证单》及建筑门窗质量保证书、铝合金门窗型材质量保证书、建筑门窗配件质量保证书。门窗及门窗玻璃的取样应在见证人员见证下,按照标准、规范的要求随机抽取试样,见证人员应与施工单位送样人员共同将试样送达检测机构。

建筑门窗进行现场实体检测的,监理人员应对现场检测人员持证上岗情况和现场检测的关键环节进行旁站监理,留取反映现场检测情况的影像资料,并在现场检测原始记录上签名确认。

3. 建筑门窗检测机构应通过能力和行为评估认可,严格按照标准、规范的要求对所送样品或现场实体进行检测,并在检测报告中给出明确结论,判定是否满足该工程的设计要求。

检测结果不符合设计要求的,检测机构须在24小时内上报工程受监质量监督机构,同时通知建设单位(监理单位)。建筑节能分部工程验收时,建筑门窗检测机构应出具建筑门窗检测报告确认证明。

4. 加强建筑门窗及门窗玻璃检测信息的统计、分析工作，建筑门窗及门窗玻璃检测信息应纳入检测行业信息管理系统。建筑门窗检测机构应建立检测结果上报制度，并对上报检测信息的真实性负责。

三、加强制作质量管理

建筑门窗生产企业应完善质量保证体系，建立健全企业内部试验室，加强原材料和门窗配件的入库检验、加强生产过程控制和产品出厂检验，不断提高产品质量。

四、加强监督管理

本市各级质量监督机构应按本通知要求，加强施工现场建筑门窗及门窗玻璃的监管，认真检查门窗、玻璃出厂合格证、检验报告，对不符合要求的工程项目责令整改，对违反国家强制性标准规定的行为实施行政处罚，确保建筑门窗产品符合国家标准及相关管理要求。

附件：1.《已通过评估认可的建筑门窗检测机构名单》

2.《建筑门窗及门窗玻璃复验项目》

3.《检测委托单》（适用于建筑门窗检测）

上海市建设工程安全质量监督总站

二〇〇八年十二月一日

附件1

## 已通过评估认可的建筑门窗检测机构名单

| 序号 | 检测机构名称 | 检测参数 |
|---|---|---|
| 1 | 上海建科检验有限公司 | 气密性、水密性、抗风压性、传热系数、玻璃遮阳系数、可见光透射比、中空玻璃露点、气密性（现场） |

续表

| 序号 | 检测机构名称 | 检测参数 |
|---|---|---|
| 2 | 上海建筑门窗检测站 | 气密性、水密性、抗风压性、传热系数、气密性(现场) |
| 3 | 上海众合检测应用技术研究所有限公司 | 气密性、水密性、抗风压性、传热系数、气密性(现场) |
| 4 | 上海诚云建设工程质量检测有限公司 | 气密性、水密性、抗风压性、传热系数、气密性(现场) |
| 5 | 上海苏科建筑技术发展有限公司 | 气密性、水密性、抗风压性、传热系数、气密性(现场) |

备注：以上参数表中所列为《建筑装饰装修工程质量验收规范》(GB 50210—2001)和《建筑节能工程施工质量验收规范》(GB 50411—2007)中有复验要求的检测项目。

## 附件 2

## 建筑门窗及门窗玻璃复验项目

| 序号 | 检验项目 | 数量 | 备 注 |
|---|---|---|---|
| 1 | 外窗气密性<br>外窗水密性<br>外窗抗风压 | 3樘 | |
| 2 | 外窗传热性能 | 1樘 | 凸窗必测 |
| 3 | 中空玻璃露点 | 20块 | 制品无尺寸要求，现场取样 |
| 4 | 玻璃遮阳系数<br>玻璃可见光透射比 | 3块 | 非钢化处理<br>100×100(mm)<br>或 300×300(mm) |

附件3

# 检 测 委 托 单
## (适用于建筑门窗检测)

A-5-0801

| | | | | |
|---|---|---|---|---|
| 合同登记编号 | | 委托编号: | | 样品编号: |
| 工程名称 | | 委托单(甲)方 | | |
| 生产厂家 | | 样品名称 | | 规格型号 |
| 数 量 | | 生产日期 | | 开启方式 |
| 建筑类型 | □居住 □公共 □其他: | 使用部位: | 统一版本质量保证书编号 | 代表数量 |
| 检测项目及设计要求 | □气密性能: 级 □现场气密性能: Pa<br>□水密性能: 级 □传热系数: W/(m²·K)<br>□抗风压性能: 级 kPa<br>□其他: | 楼层数 | | |
| | | 检测方法 | □GB/T 7106—2002 □GB/T 7107—2002<br>□GB/T 7108—2002 □GB 13685—1992<br>□GB 13686—1992<br>□GB/T 16729—1997 | □GB/T 8484—2002<br>□JG/T 211—2007 |
| 框扇密封材料 | | 型材 | 生产厂家:<br>表面处理: | 品种: 壁厚: |
| 玻璃 | 颜色: 品种:<br>玻璃最大尺寸: 厚度(mm): | 五金件 | 生产厂家:<br>生产厂家:<br>生产厂家: | 品种: 规格:<br>品种: 规格:<br>品种: 规格: |
| 玻璃密封材料 | | 见证人<br>取样人 | 见证人证书编号<br>取样人证书编号 | 联系电话<br>联系电话 |
| 见证单位 | | 样品处理意见 | □废弃 □送样 □余样取回 | |
| 取样方式 | □自取 □邮寄 □其他 | 类别 | □比对 □抽样 □其他 | |
| | | 分包项目 | | 分包单位 |
| 承接方<br>(乙方)填写 | 样品外观检查 □无异常 □有异常(见样品描述)<br>检测偏离偏差 □无偏离要求 □有偏离要求(详见备注) | 附加条款 | 1. 对于送样检测,由取样员和见证人对样品的代表性和真实性负责;<br>2. 检测单位(乙方)仅对来样或(甲方)指定样品的检测数据负责;<br>3. 协议完成检测时间按乙方公示的承诺执行;<br>4. 收费按检测合同执行;<br>5. 委托单在送样人(代表甲方)和承接人(代表乙施工图纸和设计说明;<br>(乙方)信息 | |
| | | 备 注 | 1. 委托方在委托时需根据提供加盖章的门窗审图章的门窗施工图纸和设计说明;<br>2. 本委托单一式两份填写,检测机构和委托方各保存一份 | |
| 样品描述 | | | | |
| 承接人: | | 送样人: | | 委托日期: |

## 12.17 关于在本市禁止使用海砂生产混凝土的紧急通知

沪建安质监[2008]第077号

各混凝土及预制构件生产企业，各施工企业，各监理企业：

近期以来，受建筑用砂资源紧张及汛期禁采的周期性影响，导致本市建筑用砂供应偏紧，经总站跟踪检查发现有极少数混凝土生产企业使用海砂生产混凝土，给建设工程带来严重的安全质量隐患。为确保本市建设工程安全质量，再次重申严格禁止使用海砂生产混凝土及预制构件，并结合本市实际情况，特将有关事项紧急通知如下：

一、紧急暂停采购、使用舟山地区加工生产的机制砂。

二、严禁使用用海水冲洗工艺加工生产的机制砂。

三、各混凝土及构件生产企业在向建设工程提供混凝土或混凝土预制构件时，应同时提供生产用砂的备案证明现场验证单和质保书复印件，复印件应加盖混凝土生产企业公章。

四、凡使用混合配制砂生产混凝土的，混凝土供应单位应在混凝土质保书上明确，并注明各组分砂的规格及配制比例，同时提供各组分砂的备案证明验证单和质保书复印件。

五、施工单位和监理应严格审核混凝土质量资料，确保混凝土质量。

上海市建设工程安全质量监督总站
二○○八年八月二十七日